常见食品安全风险因子速查指南

主　编　尤坚萍

副主编　夏慧丽　徐子健　杨　明　钱　菁

编委会

序

“民以食为天，食以安为先”，食品安全关系人民群众身体健康和生命安全，关系中华民族未来。党的十九大报告中明确提出实施食品安全战略，让人民吃得放心。食品产业快速发展，安全标准体系逐步健全，检验检测能力不断提高，全过程监管体系基本建立，重大食品安全风险得到控制，人民群众饮食安全得到保障。

目前，我国食品安全总体形势稳中向好，但依然面临困难和挑战，监管形势依然复杂严峻。本书对历年国家及各省份市场监督管理部门公布的食品抽检信息进行了分析总结，汇编了日常积累的食品安全抽检经验、抽检过程中发现的问题及相关资料等。为提高监管的针对性，本书汇总了各类食品的主要风险，包括食品类别、高风险参数、判定依据、检测方法等。同时，结合各类食品的工艺特点、食品安全事件、消费者关注热点等信息，从风险描述和来源分析等方面解析常见的风险参数，并提出相应的监管建议。针对 34 类食品推荐了易超标的高风险参数，可作为政府监管部门在开展日常食品安全监管时的参考。

另外，为降低监管部门的执法风险，本书还对监管过程中常用法律法规进行了解读，包括《食品安全法实施条例》、《食品安全抽样检验管理办法》等；对抽样过程风险点进行了汇总和分析，包括抽样文件填写、抽样证据取证、抽样过程注意事项等。

最后，在本书的附录中，汇总了食品中可能存在的本底物质、国家禁用和限用的农药名录、国家禁限用兽药及水产养殖用药清单。

本书适用于食品安全监管人员和技术人员进行快速查阅，有助于精确发现常见食品的风险因子，明确监管重点，掌握科学判定的参考依据。同时，本书还有利于广大食品生产经营从业人员强化风险意识，提升产品质量，也可以作为普通消费者的消费指导用书。

通过执行最严谨的标准、最严格的监管、最严厉的处罚、最严肃的问责，进一步加强食品安全工作，确保人民群众“舌尖上的安全”。相信本书将有助于增强食品安全监管工作的规范性、科学性和有效性，也希望为持续提高食品安全水平、保障公众身体健康和生命安全起到积极的推动意义。

陈剑平

中国工程院院士

2020 年 11 月

目 录

第三章　食品安全监管常用法规解读

第四章　食品安全抽样风险

附　录

第一章　各类食品的主要风险参数

食品安全关系人民群众身体健康和生命安全。专业的食品领域第三方检测机构，可通过承接的政府关于食品安全的抽检工作，辅助政府做好食品安全监管，提升食品质量，促进国民身心健康。

2016 年以来，国家市场监督管理总局及原国家食品药品监督管理总局持续收集全国各级食品安全监管部门的监督抽检数据，按季度公布全国完成的食品安全抽检情况，对食品生产经营企业形成了巨大的威慑作用，对广大民众的科学理性消费产生了重要的引导作用，对食品行业的健康发展发挥了重要的促进作用。

2016—2019 年，全国共完成 11956638 批次食品样品的监督抽检，其中检验项目合格的样品 11678235 批次，不合格样品 278403 批次，样品总体合格率为 97.7%。历年监督抽检情况详见表 1–1。

表1–1　2016—2019年全国食品安全监督抽检整体情况

年份	样品总量 / 批次	检验合格样品数量 / 批次	不合格样品数量 / 批次	合格率
2016 年	1499903	1463787	36116	97.6%
2017 年	2364080	2310060	54020	97.7%
2018 年	3355882	3274679	81203	97.6%
2019 年	4736773	4629709	107064	97.7%
合计	11956638	11678235	278403	97.7%

以 2019 年为例，对全国食品安全监督抽检结果进行归类分析（将分散发布的数据进行有机整合），分析结果显示大宗食品合格率保持基本稳定，其中 5 类食品（粮食加工品，肉制品，蛋制品，乳制品，食用油、油脂及其制品）合格率分别为 99.0%、98.5%、99.6%、99.8%、98.6%，均高于总体合格率。下面分

别对各类食品监督抽检高风险参数进行描述。

一、粮食加工品

1. 类别

粮食加工品的主要分类及典型代表食品详见表 1–2。

表1–2　粮食加工品的分类

食品大类（一级）	食品亚类（二级）	食品品种（三级）	食品细类（四级）	典型代表食品
粮食加工品	小麦粉	小麦粉	通用小麦粉、专用小麦粉	1. 通用小麦粉包括特制一等小麦粉、特制二等小麦粉、标准粉、普通粉、高筋小麦粉、低筋小麦粉等；2. 专用小麦粉包括面包用小麦粉、面条用小麦粉、饺子用小麦粉、馒头用小麦粉、发酵饼干用小麦粉、酥性饼干用小麦粉、蛋糕用小麦粉、糕点用小麦粉等
	大米	大米	大米	籼米、粳米和糯米
	挂面	挂面	普通挂面、手工面	普通挂面和手工面
	其他粮食加工品	谷物加工品	谷物加工品	糙米、高粱米、黍米、稷米、小米、黑米、紫米、红线米、小麦米、大麦米、裸大麦米、莜麦米（燕麦米）、荞麦米、薏仁米、蒸谷米、八宝米类、混合杂粮类等
		谷物碾磨加工品	玉米粉、玉米片、玉米渣	玉米粉（片、渣）
			米粉	汤圆粉（糯米粉）、大米粉
			其他谷物碾磨加工品	麦片、莜麦粉、玉米自发粉、小米粉、高粱粉、荞麦粉、大麦粉、青稞粉、杂面粉、绿豆粉、黄豆粉、红豆粉、黑豆粉、豌豆粉、芸豆粉、蚕豆粉、黍米粉（大黄米粉）、稷米粉（糜子面）、混合杂粮粉等
		谷物粉类制成品	生湿面制品	生切面、饺子皮等
			发酵面制品	发酵面团、花卷、馒头等
			米粉制品	河粉、糍粑、米线、（广西）米粉等
			其他谷物粉类制成品	生干面制品、面糊、裹粉、煎炸粉、面筋、意大利面等

2. 监督抽检高风险参数

粮食加工品的监督抽检高风险参数、判定依据及相关检测方法等详见表1–3。

表1–3　监督抽检高风险参数推荐

食品细类（四级）	高风险参数	判定依据	检测方法
通用小麦粉、专用小麦粉	玉米赤霉烯酮	GB 2761	GB 5009.209—2016 食品安全国家标准　食品中玉米赤霉烯酮的测定
	脱氧雪腐镰刀菌烯醇	GB 2761	GB 5009.111—2016 食品安全国家标准　食品中脱氧雪腐镰刀菌烯醇及其乙酰化衍生物的测定
	赭曲霉毒素 A	GB 27618	GB 5009.96—2016 食品安全国家标准　食品中赭曲霉毒素 A 的测定
大米	镉（以 Cd 计）	GB 2762	GB 5009.15—2014 食品安全国家标准　食品中镉的测定
普通挂面、手工面	铅（以 Pb 计）	GB 2762	GB 5009.12—2017 食品安全国家标准　食品中铅的测定
谷物加工品	镉（以 Cd 计）	GB 2762	GB 5009.15—2014 食品安全国家标准　食品中镉的测定
玉米粉、玉米片、玉米渣	脱氧雪腐镰刀菌烯醇	GB 2761	GB 5009.111—2016 食品安全国家标准　食品中脱氧雪腐镰刀菌烯醇及其乙酰化衍生物的测定
	赭曲霉毒素 A	GB 2761	GB 5009.96—2016 食品安全国家标准　食品中赭曲霉毒素 A 的测定
	玉米赤霉烯酮	GB 2761	GB 5009.209—2016 食品安全国家标准　食品中玉米赤霉烯酮的测定
米粉	二氧化硫残留量	GB 2760	GB 5009.34—2016 食品安全国家标准　食品中二氧化硫的测定
其他谷物碾磨加工品	赭曲霉毒素 A	GB 2761	GB 5009.96—2016 食品安全国家标准　食品中赭曲霉毒素 A 的测定
生湿面制品	脱氢乙酸及其钠盐（以脱氢乙酸计）	GB 2760	GB 5009.121—2016 食品安全国家标准　食品中脱氢乙酸的测定
发酵面制品	脱氢乙酸及其钠盐（以脱氢乙酸计）	GB 2760	GB 5009.121—2016 食品安全国家标准　食品中脱氢乙酸的测定
	甜蜜素（以环己基氨基磺酸计）	GB 2760	GB 5009.97—2016 食品安全国家标准　食品中环己基氨基磺酸钠的测定
	铝的残留量（干样品，以 Al 计）	GB 2760	GB 5009.182—2017 食品安全国家标准　食品中铝的测定
米粉制品	山梨酸及其钾盐（以山梨酸计）	GB 2760	GB 5009.28—2016 食品安全国家标准　食品中苯甲酸、山梨酸和糖精钠的测定

续表

食品细类（四级）	高风险参数	判定依据	检测方法
米粉制品	脱氢乙酸及其钠盐（以脱氢乙酸计）	GB 2760	GB 5009.121—2016 食品安全国家标准　食品中脱氢乙酸的测定
	二氧化硫残留量	GB 2760	GB 5009.34—2016 食品安全国家标准　食品中二氧化硫的测定
其他谷物粉类制成品	苯甲酸及其钠盐（以苯甲酸计）	GB 2760	GB 5009.28—2016 食品安全国家标准　食品中苯甲酸、山梨酸和糖精钠的测定
	山梨酸及其钾盐（以山梨酸计）	GB 2760	GB 5009.28—2016 食品安全国家标准　食品中苯甲酸、山梨酸和糖精钠的测定

3. 高频不合格 / 问题参数

近年来，在各级政府开展的监督抽检、风险监测和评价性抽检中，针对粮食加工品，发现比较突出的不合格 / 问题参数为：

（1）小麦粉：脱氧雪腐镰刀菌烯醇。

（2）大米：镉。

（3）挂面：脱氢乙酸。

（4）其他粮食加工品：大肠菌群、菌落总数。

二、食用油、油脂及其制品

1. 类别

食用油、油脂及其制品的主要分类及典型代表食品详见表 1–4。

表1–4　食用油、油脂及其制品的分类

食品大类（一级）	食品亚类（二级）	食品品种（三级）	食品细类（四级）	典型代表食品
食用油、油脂及其制品	食用植物油（含煎炸用油）	食用植物油（半精炼、全精炼）	花生油	花生油
			玉米油	玉米油
			芝麻油	芝麻油
			橄榄油、油橄榄果渣油	橄榄油、油橄榄果渣油
			菜籽油	菜籽油

续表

食品大类（一级）	食品亚类（二级）	食品品种（三级）	食品细类（四级）	典型代表食品
食用油、油脂及其制品	食用植物油（含煎炸用油）	食用植物油（半精炼、全精炼）	大豆油	大豆油
			食用植物调和油	食用植物调和油
			其他食用植物油（半精炼、全精炼）	棉籽油、亚麻籽油、葵花籽油、油茶籽油、棕榈油、棕榈仁油、米糠油、核桃油、红花籽油、葡萄籽油、花椒籽油、椰子油、杏仁油等
		煎炸过程用油（餐饮环节）	煎炸过程用油	食品煎炸过程中的各种食用植物油
	食用动物油脂	食用动物油脂	食用动物油脂	食用猪油、食用牛油、食用羊油、食用鸡油、食用鸭油等
	食用油脂制品	食用油脂制品	食用油脂制品	食用氢化油、人造奶油（人造黄油）、起酥油、代可可脂（类可可脂）、植脂奶油等

2. 监督抽检高风险参数

食用油、油脂及其制品的监督抽检高风险参数、判定依据及相关检测方法等详见表 1–5。

表1–5　监督抽检高风险参数推荐

食品细类（四级）	高风险参数	判定依据	检测方法
花生油	酸价	GB 2716；产品明示标准及质量要求*	GB 5009.229—2016 食品安全国家标准　食品中酸价的测定
	过氧化值	GB 2716；产品明示标准及质量要求	GB 5009.227—2016 食品安全国家标准　食品中过氧化值的测定
	黄曲霉毒素 B_1	GB 2761	GB 5009.22—2016 食品安全国家标准　食品中黄曲霉毒素 B 族和 G 族的测定
	苯并 [a] 芘	GB 2762	GB 5009.27—2016 食品安全国家标准　食品中苯并 [a] 芘的测定
玉米油	酸价	GB 2716；产品明示标准及质量要求	GB 5009.229—2016 食品安全国家标准　食品中酸价的测定
	过氧化值	GB 2716；产品明示标准及质量要求	GB 5009.227—2016 食品安全国家标准　食品中过氧化值的测定
	苯并 [a] 芘	GB 2762	GB 5009.27—2016 食品安全国家标准　食品中苯并 [a] 芘的测定

续表

食品细类（四级）	高风险参数	判定依据	检测方法
芝麻油	酸价	GB 2716；产品明示标准及质量要求	GB 5009.229—2016 食品安全国家标准 食品中酸价的测定
	过氧化值	GB 2716；产品明示标准及质量要求	GB 5009.227—2016 食品安全国家标准 食品中过氧化值的测定
	苯并 [a] 芘	GB 2762	GB 5009.27—2016 食品安全国家标准 食品中苯并 [a] 芘的测定
橄榄油、油橄榄果渣油	酸价	GB 2716；产品明示标准及质量要求	GB 5009.229—2016 食品安全国家标准 食品中酸价的测定
	过氧化值	GB 2716；产品明示标准及质量要求	GB 5009.227—2016 食品安全国家标准 食品中过氧化值的测定
	苯并 [a] 芘	GB 2762	GB 5009.27—2016 食品安全国家标准 食品中苯并 [a] 芘的测定
菜籽油	酸价	GB 2716；产品明示标准及质量要求	GB 5009.229—2016 食品安全国家标准 食品中酸价的测定
	过氧化值	GB 2716；产品明示标准及质量要求	GB 5009.227—2016 食品安全国家标准 食品中过氧化值的测定
	苯并 [a] 芘	GB 2762	GB 5009.27—2016 食品安全国家标准 食品中苯并 [a] 芘的测定
大豆油	酸价	GB 2716；产品明示标准及质量要求	GB 5009.229—2016 食品安全国家标准 食品中酸价的测定
	过氧化值	GB 2716；产品明示标准及质量要求	GB 5009.227—2016 食品安全国家标准 食品中过氧化值的测定
	苯并 [a] 芘	GB 2762	GB 5009.27—2016 食品安全国家标准 食品中苯并 [a] 芘的测定
食用植物调和油	酸价	GB 2716；产品明示标准及质量要求	GB 5009.229—2016 食品安全国家标准 食品中酸价的测定
	过氧化值	GB 2716；产品明示标准及质量要求	GB 5009.227—2016 食品安全国家标准 食品中过氧化值的测定
	苯并 [a] 芘	GB 2762	GB 5009.27—2016 食品安全国家标准 食品中苯并 [a] 芘的测定
其他食用植物油（半精炼、全精炼）	酸价	GB 2716；产品明示标准及质量要求	GB 5009.229—2016 食品安全国家标准 食品中酸价的测定
	过氧化值	GB 2716；产品明示标准及质量要求	GB 5009.227—2016 食品安全国家标准 食品中过氧化值的测定
	苯并 [a] 芘	GB 2762	GB 5009.27—2016 食品安全国家标准 食品中苯并 [a] 芘的测定
煎炸过程用油	酸价	GB 2716	GB 5009.229—2016 食品安全国家标准 食品中酸价的测定
	极性成分	GB 2716	GB 5009.202—2016 食品安全国家标准 食用油中极性组分（PC）的测定

续表

食品细类（四级）	高风险参数	判定依据	检测方法
食用动物油脂	酸价	GB 10146；产品明示标准及质量要求	GB 5009.229—2016 食品安全国家标准　食品中酸价的测定
	过氧化值	GB 10146；产品明示标准及质量要求	GB 5009.227—2016 食品安全国家标准　食品中过氧化值的测定
	苯并 [a] 芘	GB 2762	GB 5009.27—2016 食品安全国家标准　食品中苯并 [a] 芘的测定
食用油脂制品	酸价（以脂肪计）	GB 15196；产品明示标准及质量要求	GB 5009.229—2016 食品安全国家标准　食品中酸价的测定
	过氧化值（以脂肪计）	GB 15196；产品明示标准及质量要求	GB 5009.227—2016 食品安全国家标准　食品中过氧化值的测定

注：* 原则上按照细则中检验项目依据的法律法规或标准要求判定，若被检产品明示标准和质量要求高于该要求时，应按被检产品明示标准和质量要求判定，以下同。

3. 高频不合格 / 问题参数

近年来，在各级政府开展的监督抽检、风险监测和评价性抽检中，针对食用油、油脂及其制品，发现比较突出的不合格 / 问题参数为：

（1）食用植物油：酸价、过氧化值。

（2）食用动物油脂：过氧化值、酸价。

（3）食用油脂制品：大肠菌群、霉菌。

三、调味品

1. 类别

调味品的主要分类及典型代表食品详见表 1–6。

表1–6　调味品的分类

食品大类（一级）	食品亚类（二级）	食品品种（三级）	食品细类（四级）	典型代表食品
调味品	酱油	酱油	酱油	高盐稀态发酵酱油（含固稀发酵酱油）和低盐固态发酱油
	食醋	食醋	食醋	固态发酵食醋和液态发酵食醋
	酱类	酱类	黄豆酱、甜面酱等	黄豆酱、甜面酱、豆瓣酱等酿造酱

续表

食品大类（一级）	食品亚类（二级）	食品品种（三级）	食品细类（四级）	典型代表食品
调味品	调味料酒	调味料酒	料酒	料酒
	香辛料类	香辛料类	香辛料调味油	辣椒油、花椒油、胡椒油、芥末油和其他香辛料调味油
			辣椒、花椒、辣椒粉、花椒粉	辣椒、花椒、辣椒粉、花椒粉
			其他香辛料调味品	八角、桂皮、胡椒、孜然、茴香、咖喱粉、姜粉、蒜粉、五香粉、十三香、香辛料酱（芥末酱、青芥酱等）
	调味料	固体复合调味料	鸡粉、鸡精调味料	鸡粉、鸡精调味料
			其他固体调味料	蒸肉粉、烧烤腌料、排骨粉调味料、牛肉粉调味料、海鲜粉调味料、菇精调味料等
		半固体复合调味料	蛋黄酱、沙拉酱	蛋黄酱、沙拉酱
			坚果与籽类的泥（酱），包括花生酱等	花生酱、芝麻酱等
			辣椒酱	辣椒酱
			火锅底料、麻辣烫底料及蘸料	火锅底料、麻辣烫底料及蘸料
			其他半固体调味料	油辣椒、番茄酱、虾酱等
		液体复合调味料	蚝油、虾油、鱼露	蚝油、虾油、鱼露
			其他液体调味料	酱汁、糟卤、鸡汁调味料、酸性调味液产品等
	味精	味精	味精	味精（谷氨酸钠）、加盐味精、增鲜味精

2. 监督抽检高风险参数

调味品的监督抽检高风险参数、判定依据及相关检测方法等详见表 1–7。

表1–7　监督抽检高风险参数推荐

食品细类（四级）	高风险参数	判定依据	检测方法
酱油	氨基酸态氮	GB 2717；GB/T 18186；产品明示标准及质量要求	GB/T 18186—2000 酿造酱油（内含第 1 号和第 2 号修改单）；GB 5009.235—2016 食品安全国家标准 食品中氨基酸态氮的测定
	铵盐	GB/T 18186；产品明示标准及质量要求	GB 5009.234—2016 食品安全国家标准 食品中铵盐的测定

续表

食品细类（四级）	高风险参数	判定依据	检测方法
酱油	3- 氯 -1,2- 丙二醇	GB 2762	GB 5009.191—2016 食品安全国家标准　食品中氯丙醇及其脂肪酸酯含量的测定
	苯甲酸及其钠盐（以苯甲酸计）	GB 2760	GB 5009.28—2016 食品安全国家标准　食品中苯甲酸、山梨酸和糖精钠的测定
食醋	总酸（以乙酸计）	GB 2719；GB/T 18187；产品明示标准及质量要求	GB/T 5009.41—2003 食醋卫生标准的分析方法
	苯甲酸及其钠盐(以苯甲酸计)	GB 2760	GB 5009.28—2016 食品安全国家标准　食品中苯甲酸、山梨酸和糖精钠的测定
	山梨酸及其钾盐(以山梨酸计)	GB 2760	GB 5009.28—2016 食品安全国家标准　食品中苯甲酸、山梨酸和糖精钠的测定
	脱氢乙酸及其钠盐（以脱氢乙酸计）	GB 2760	GB 5009.121—2016 食品安全国家标准　食品中脱氢乙酸的测定
	阿斯巴甜	GB 2760	GB 5009.263—2016 食品安全国家标准　食品中阿斯巴甜和阿力甜的测定
	糖精钠（以糖精计）	GB 2760	GB 5009.28—2016 食品安全国家标准　食品中苯甲酸、山梨酸和糖精钠的测定
	菌落总数	GB 2719	GB 4789.2—2016 食品安全国家标准　食品微生物学检验菌落总数测定
黄豆酱、甜面酱等	氨基酸态氮	GB 2718；产品明示标准及质量要求	GB 5009.235—2016 食品安全国家标准　食品中氨基酸态氮的测定
	苯甲酸及其钠盐(以苯甲酸计)	GB 2760	GB 5009.28—2016 食品安全国家标准　食品中苯甲酸、山梨酸和糖精钠的测定
	山梨酸及其钾盐(以山梨酸计)	GB 2760	GB 5009.28—2016 食品安全国家标准　食品中苯甲酸、山梨酸和糖精钠的测定
	脱氢乙酸及其钠盐（以脱氢乙酸计）	GB 2760	GB 5009.121—2016 食品安全国家标准　食品中脱氢乙酸的测定
	糖精钠(以糖精计)	GB 2760	GB 5009.28—2016 食品安全国家标准　食品中苯甲酸、山梨酸和糖精钠的测定
料酒	苯甲酸及其钠盐（以苯甲酸计）	GB 2760	GB 5009.28—2016 食品安全国家标准　食品中苯甲酸、山梨酸和糖精钠的测定
	山梨酸及其钾盐（以山梨酸计）	GB 2760	GB 5009.28—2016 食品安全国家标准　食品中苯甲酸、山梨酸和糖精钠的测定

续表

食品细类（四级）	高风险参数	判定依据	检测方法
料酒	脱氢乙酸及其钠盐（以脱氢乙酸计）	GB 2760	GB 5009.121—2016 食品安全国家标准 食品中脱氢乙酸的测定
	糖精钠（以糖精计）	GB 2760	GB 5009.28—2016 食品安全国家标准 食品中苯甲酸、山梨酸和糖精钠的测定
	甜蜜素（以环己基氨基磺酸计）	GB 2760	GB 5009.97—2016 食品安全国家标准 食品中环己基氨基磺酸钠的测定
香辛料调味油	铅（以 Pb 计）	GB 2762	GB 5009.12—2017 食品安全国家标准 食品中铅的测定
	罗丹明 B	食品整治办〔2008〕3 号	SN/T 2430—2010 进出口食品中罗丹明 B 的检测方法（辣椒油）; BJS 201905 食品中罗丹明 B 的测定（花椒油）
辣椒、花椒、辣椒粉、花椒粉	铅（以 Pb 计）	GB 2762	GB 5009.12—2017 食品安全国家标准 食品中铅的测定
	罗丹明 B	食品整治办〔2008〕3 号	SN/T 2430—2010 进出口食品中罗丹明 B 的检测方法（辣椒、辣椒粉）; BJS 201905 食品中罗丹明 B 的测定（花椒、花椒粉）
其他香辛料调味品	铅（以 Pb 计）	GB 2762	GB 5009.12—2017 食品安全国家标准 食品中铅的测定
鸡粉、鸡精调味料	谷氨酸钠	SB/T 10371；SB/T 10415；产品明示标准及质量要求	SB/T 10371—2003 鸡精调味料
	呈味核苷酸二钠	SB/T 10371；SB/T 10415；产品明示标准及质量要求	SB/T 10371—2003 鸡精调味料
	菌落总数	SB/T 10371；SB/T 10415；产品明示标准及质量要求	GB 4789.2—2016 食品安全国家标准 食品微生物学检验菌落总数测定
其他固体调味料	苯甲酸及其钠盐（以苯甲酸计）	GB 2760	GB 5009.28—2016 食品安全国家标准 食品中苯甲酸、山梨酸和糖精钠的测定
	山梨酸及其钾盐（以山梨酸计）	GB 2760	GB 5009.28—2016 食品安全国家标准 食品中苯甲酸、山梨酸和糖精钠的测定
	脱氢乙酸及其钠盐（以脱氢乙酸计）	GB 2760	GB 5009.121—2016 食品安全国家标准 食品中脱氢乙酸的测定
蛋黄酱、沙拉酱	金黄色葡萄球菌	GB 29921	GB 4789.10—2016 食品安全国家标准 食品微生物学检验 金黄色葡萄球菌检验（第二法）

续表

食品细类（四级）	高风险参数	判定依据	检测方法
蛋黄酱、沙拉酱	沙门氏菌	GB 29921	GB 4789.4—2016 食品安全国家标准 食品微生物学检验 沙门氏菌检验
坚果与籽类的泥（酱），包括花生酱等	黄曲霉毒素 B_1	GB 2761	GB 5009.22—2016 食品安全国家标准 食品中黄曲霉毒素 B 族和 G 族的测定
辣椒酱	苯甲酸及其钠盐（以苯甲酸计）	GB 2760	GB 5009.28—2016 食品安全国家标准 食品中苯甲酸、山梨酸和糖精钠的测定
	山梨酸及其钾盐（以山梨酸计）	GB 2760	GB 5009.28—2016 食品安全国家标准 食品中苯甲酸、山梨酸和糖精钠的测定
	脱氢乙酸及其钠盐（以脱氢乙酸计）	GB 2760	GB 5009.121—2016 食品安全国家标准 食品中脱氢乙酸的测定
火锅底料、麻辣烫底料及蘸料	苯甲酸及其钠盐（以苯甲酸计）	GB 2760	GB 5009.28—2016 食品安全国家标准 食品中苯甲酸、山梨酸和糖精钠的测定
	山梨酸及其钾盐（以山梨酸计）	GB 2760	GB 5009.28—2016 食品安全国家标准 食品中苯甲酸、山梨酸和糖精钠的测定
	脱氢乙酸及其钠盐（以脱氢乙酸计）	GB 2760	GB 5009.121—2016 食品安全国家标准 食品中脱氢乙酸的测定
其他半固体调味料	苯甲酸及其钠盐（以苯甲酸计）	GB 2760	GB 5009.28—2016 食品安全国家标准 食品中苯甲酸、山梨酸和糖精钠的测定
	山梨酸及其钾盐（以山梨酸计）	GB 2760	GB 5009.28—2016 食品安全国家标准 食品中苯甲酸、山梨酸和糖精钠的测定
	脱氢乙酸及其钠盐（以脱氢乙酸计）	GB 2760	GB 5009.121—2016 食品安全国家标准 食品中脱氢乙酸的测定
	糖精钠（以糖精计）	GB 2760	GB 5009.28—2016 食品安全国家标准 食品中苯甲酸、山梨酸和糖精钠的测定
蚝油、虾油、鱼露	苯甲酸及其钠盐（以苯甲酸计）	GB 2760	GB 5009.28—2016 食品安全国家标准 食品中苯甲酸、山梨酸和糖精钠的测定
	山梨酸及其钾盐（以山梨酸计）	GB 2760	GB 5009.28—2016 食品安全国家标准 食品中苯甲酸、山梨酸和糖精钠的测定
	脱氢乙酸及其钠盐（以脱氢乙酸计）	GB 2760	GB 5009.121—2016 食品安全国家标准 食品中脱氢乙酸的测定

续表

食品细类（四级）	高风险参数	判定依据	检测方法
液体复合调味料	苯甲酸及其钠盐（以苯甲酸计）	GB 2760	GB 5009.28—2016 食品安全国家标准 食品中苯甲酸、山梨酸和糖精钠的测定
	山梨酸及其钾盐（以山梨酸计）	GB 2760	GB 5009.28—2016 食品安全国家标准 食品中苯甲酸、山梨酸和糖精钠的测定
	脱氢乙酸及其钠盐（以脱氢乙酸计）	GB 2760	GB 5009.121—2016 食品安全国家标准 食品中脱氢乙酸的测定
	糖精钠（以糖精计）	GB 2760	GB 5009.28—2016 食品安全国家标准 食品中苯甲酸、山梨酸和糖精钠的测定
	甜蜜素（以环己基氨基磺酸计）	GB 2760	GB 5009.97—2016 食品安全国家标准 食品中环己基氨基磺酸钠的测定
味精	谷氨酸钠	GB 2720；GB/T 8967；产品明示标准及质量要求	GB 5009.43—2016 食品安全国家标准味精中麸氨酸钠（谷氨酸钠）的测定

3. 高频不合格 / 问题参数

近年来，在各级政府开展的监督抽检、风险监测和评价性抽检中，针对调味品，发现比较突出的不合格 / 问题参数为：

（1）酱油：氨基酸态氮。

（2）食醋：总酸。

（3）酱类：苯甲酸、防腐剂之和。

（4）调味料酒：苯甲酸。

（5）香辛料类：铅。

（6）固体复合调味料：呈味核苷酸二钠。

（7）半固体复合调味料：防腐剂之和。

（8）液体复合调味料：甜蜜素。

（9）味精：谷氨酸钠。

四、肉制品

1. 类别

肉制品的主要分类及典型代表食品详见表 1–8。

表1–8　肉制品的分类

食品大类（一级）	食品亚类（二级）	食品品种（三级）	食品细类（四级）	典型代表食品
肉制品	预制肉制品	调理肉制品	调理肉制品（非速冻）	超市腌制的牛排，预制的鱼香肉丝、宫保鸡丁等
		腌腊肉制品	腌腊肉制品	传统火腿、腊肉、咸肉、香（腊）肠、腌腊禽制品等
	熟肉制品	发酵肉制品	发酵肉制品	萨拉米香肠、发酵火腿
		酱卤肉制品	酱卤肉制品	白煮羊头、盐水鸭、酱牛肉、酱鸭、酱肘子等，还包括糟肉、糟鸡、糟鹅等糟肉类
		熟肉干制品	熟肉干制品	肉干、肉松、肉脯等
		熏烧烤肉制品	熏烧烤肉制品	烤鸭、烤鹅、烤乳猪、烤鸽子、叫花鸡、烤羊肉串、五花培根、通脊培根等
		熏煮香肠火腿制品	熏煮香肠火腿制品	圣诞火腿、方火腿、圆火腿、里脊火腿、火腿肠、红肠、茶肠、泥肠等

2. 监督抽检高风险参数

肉制品监督抽检高风险参数、判定依据及相关检测方法等详见表 1–9。

表1–9　监督抽检高风险参数推荐

食品细类（四级）	高风险参数	判定依据	检测方法
调理肉制品（非速冻）	铅（以 Pb 计）	GB 2762	GB 5009.12—2017 食品安全国家标准　食品中铅的测定
腌腊肉制品	过氧化值（以脂肪计）	GB 2730	GB 5009.227—2016 食品安全国家标准　食品中过氧化值的测定
	亚硝酸盐（以亚硝酸钠计）	GB 2760	GB 5009.33—2016 食品安全国家标准　食品中亚硝酸盐与硝酸盐的测定
	苯甲酸及其钠盐（以苯甲酸计）	GB 2760	GB 5009.28—2016 食品安全国家标准　食品中苯甲酸、山梨酸和糖精钠的测定

续表

食品细类（四级）	高风险参数	判定依据	检测方法
腌腊肉制品	山梨酸及其钾盐（以山梨酸计）	GB 2760	GB 5009.28—2016 食品安全国家标准　食品中苯甲酸、山梨酸和糖精钠的测定
发酵肉制品	亚硝酸盐（以亚硝酸钠计）	GB 2760	GB 5009.33—2016 食品安全国家标准　食品中亚硝酸盐与硝酸盐的测定
	苯甲酸及其钠盐（以苯甲酸计）	GB 2760	GB 5009.28—2016 食品安全国家标准　食品中苯甲酸、山梨酸和糖精钠的测定
	山梨酸及其钾盐（以山梨酸计）	GB 2760	GB 5009.28—2016 食品安全国家标准　食品中苯甲酸、山梨酸和糖精钠的测定
	大肠菌群	GB 2726	GB 4789.3—2016 食品安全国家标准　食品微生物学检验　大肠菌群计数; GB/T 4789.3—2003 食品卫生微生物学检验　大肠菌群测定
酱卤肉制品	亚硝酸盐（以亚硝酸钠计）	GB 2760	GB 5009.33—2016 食品安全国家标准　食品中亚硝酸盐与硝酸盐的测定
	苯甲酸及其钠盐（以苯甲酸计）	GB 2760	GB 5009.28—2016 食品安全国家标准　食品中苯甲酸、山梨酸和糖精钠的测定
	山梨酸及其钾盐（以山梨酸计）	GB 2760	GB 5009.28—2016 食品安全国家标准　食品中苯甲酸、山梨酸和糖精钠的测定
	脱氢乙酸及其钠盐（以脱氢乙酸计）	GB 2760	GB 5009.121—2016 食品安全国家标准　食品中脱氢乙酸的测定
	菌落总数	GB 2726	GB 4789.2—2016 食品安全国家标准　食品微生物学检验　菌落总数测定
	大肠菌群	GB 2726	GB 4789.3—2016 食品安全国家标准　食品微生物学检验　大肠菌群计数; GB/T 4789.3—2003 食品卫生微生物学检验　大肠菌群测定
熟肉干制品	苯甲酸及其钠盐（以苯甲酸计）	GB 2760	GB 5009.28—2016 食品安全国家标准　食品中苯甲酸、山梨酸和糖精钠的测定
	山梨酸及其钾盐（以山梨酸计）	GB 2760	GB 5009.28—2016 食品安全国家标准　食品中苯甲酸、山梨酸和糖精钠的测定
	菌落总数	GB 2726	GB 4789.2—2016 食品安全国家标准　食品微生物学检验　菌落总数测定
	大肠菌群	GB 2726	GB 4789.3—2016 食品安全国家标准　食品微生物学检验　大肠菌群计数; GB/T 4789.3—2003 食品卫生微生物学检验　大肠菌群测定
熏烧烤肉制品	苯并 [a] 芘	GB 2762	GB 5009.27—2016 食品安全国家标准　食品中苯并 [a] 芘的测定
	菌落总数	GB 2726	GB 4789.2—2016 食品安全国家标准　食品微生物学检验菌落总数测定
	大肠菌群	GB 2726	GB 4789.3—2016 食品安全国家标准　食品微生物学检验　大肠菌群计数; GB/T 4789.3—2003 食品卫生微生物学检验　大肠菌群测定

续表

食品细类（四级）	高风险参数	判定依据	检测方法
熏煮香肠火腿制品	亚硝酸盐（以亚硝酸钠计）	GB 2760	GB 5009.33—2016 食品安全国家标准　食品中亚硝酸盐与硝酸盐的测定
	苯甲酸及其钠盐（以苯甲酸计）	GB 2760	GB 5009.28—2016 食品安全国家标准　食品中苯甲酸、山梨酸和糖精钠的测定
	山梨酸及其钾盐（以山梨酸计）	GB 2760	GB 5009.28—2016 食品安全国家标准　食品中苯甲酸、山梨酸和糖精钠的测定
	脱氢乙酸及其钠盐（以脱氢乙酸计）	GB 2760	GB 5009.121—2016 食品安全国家标准　食品中脱氢乙酸的测定
熏煮香肠火腿制品	菌落总数	GB 2726	GB 4789.2—2016 食品安全国家标准　食品微生物学检验菌落总数测定
	大肠菌群	GB 2726	GB 4789.3—2016 食品安全国家标准　食品微生物学检验　大肠菌群计数；GB/T 4789.3—2003 食品卫生微生物学检验　大肠菌群测定

3. 高频不合格 / 问题参数

近年来，在各级政府开展的监督抽检、风险监测和评价性抽检中，针对肉制品，发现比较突出的不合格 / 问题参数为：

（1）调理肉制品：山梨酸。

（2）腌腊肉制品：山梨酸。

（3）酱卤肉制品：菌落总数。

（4）熟肉干制品：菌落总数。

（5）熏烧烤肉制品：菌落总数。

（6）熏煮香肠火腿制品：菌落总数。

五、乳制品

1. 类别

乳制品的主要分类及典型代表食品详见表 1-10。

表1-10　乳制品的分类

食品大类（一级）	食品亚类（二级）	食品品种（三级）	食品细类（四级）	典型代表食品
乳制品	乳制品	液体乳	灭菌乳	灭菌乳
			巴氏杀菌乳	巴氏杀菌乳
			调制乳	调制乳
			发酵乳	发酵乳及风味发酵乳
		乳粉	全脂乳粉、脱脂乳粉、部分脱脂乳粉、调制乳粉	全脂乳粉、脱脂乳粉、部分脱脂乳粉、调制乳粉
		乳清粉和乳清蛋白粉（企业原料）	脱盐乳清粉、非脱盐乳清粉、浓缩乳清蛋白粉、分离乳清蛋白粉	脱盐乳清粉、非脱盐乳清粉、浓缩乳清蛋白粉、分离乳清蛋白粉
		其他乳制品（炼乳、奶油、干酪、固态成型产品）	淡炼乳、加糖炼乳和调制炼乳	淡炼乳、加糖炼乳和调制炼乳
			稀奶油、奶油和无水奶油	稀奶油、奶油（黄油）、无水奶油（无水黄油）
			干酪、再制干酪	熟干酪、霉菌成熟干酪、未成熟干酪、再制干酪
			奶片、奶条等	奶片、奶条

2. 监督抽检高风险参数

乳制品的监督抽检高风险参数、判定依据及相关检测方法等详见表1-11。

表1-11　监督抽检高风险参数推荐

食品细类（四级）	高风险参数	判定依据	检测方法
灭菌乳	脂肪	GB 25190	GB 5009.6—2016 食品安全国家标准　食品中脂肪的测定
	蛋白质	GB 25190	GB 5009.5—2016 食品安全国家标准　食品中蛋白质的测定
	非脂乳固体	GB 25190	GB 5413.39—2010 食品安全国家标准　乳和乳制品中非脂乳固体的测定
	酸度	GB 25190	GB 5009.239—2016 食品安全国家标准　食品酸度的测定
巴氏杀菌乳	蛋白质	GB 19645	GB 5009.5—2016 食品安全国家标准　食品中蛋白质的测定
	酸度	GB 19645	GB 5009.239—2016 食品安全国家标准　食品酸度的测定

续表

食品细类（四级）	高风险参数	判定依据	检测方法
巴氏杀菌乳	菌落总数	GB 19645	GB 4789.2—2016 食品安全国家标准　食品微生物学检验　菌落总数测定
	大肠菌群	GB 19645	GB 4789.3—2016 食品安全国家标准　食品微生物学检验　大肠菌群计数
调制乳	蛋白质	GB 25191	GB 5009.5—2016 食品安全国家标准　食品中蛋白质的测定
发酵乳	脂肪	GB 19302	GB 5009.6—2016 食品安全国家标准　食品中脂肪的测定
	蛋白质	GB 19302	GB 5009.5—2016 食品安全国家标准　食品中蛋白质的测定
	酸度	GB 19302	GB 5009.239—2016 食品安全国家标准　食品酸度的测定
全脂乳粉、脱脂乳粉、部分脱脂乳粉、调制乳粉	蛋白质	GB 19644	GB 5009.5—2016 食品安全国家标准　食品中蛋白质的测定
	菌落总数	GB 19644	GB 4789.2—2016 食品安全国家标准　食品微生物学检验　菌落总数测定
脱盐乳清粉、非脱盐乳清粉、浓缩乳清蛋白粉、分离乳清蛋白粉	蛋白质	GB 11674	GB 5009.5—2016 食品安全国家标准　食品中蛋白质的测定
淡炼乳、加糖炼乳和调制炼乳	蛋白质	GB 13102	GB 5009.5—2016 食品安全国家标准　食品中蛋白质的测定
稀奶油、奶油和无水奶油	酸度	GB 19646	GB 5009.239—2016 食品安全国家标准　食品酸度的测定
再制干酪	菌落总数	GB 25192	GB 4789.2—2016 食品安全国家标准　食品微生物学检验　菌落总数测定

3. 高频不合格 / 问题参数

近年来，在各级政府开展的监督抽检、风险监测和评价性抽检中，针对乳制品，发现比较突出的不合格 / 问题参数为：

（1）液体乳：大肠菌群。

（2）乳粉：菌落总数。

（3）其他乳制品：酵母。

六、饮料

1. 类别

饮料的主要分类及典型代表食品详见表 1–12。

表1–12 饮料的分类

食品大类（一级）	食品亚类（二级）	食品品种（三级）	食品细类（四级）	典型代表食品
饮料	饮料	包装饮用水	饮用天然矿泉水	饮用天然矿泉水
			饮用纯净水	饮用纯净水
			其他饮用水	饮用天然泉水、饮用天然水等
		果、蔬汁饮料	果、蔬汁饮料	果蔬汁(浆)、浓缩果蔬汁(浆)和果蔬汁（浆）类饮料
		蛋白饮料	蛋白饮料	含乳饮料（配制型含乳饮料、发酵型含乳饮料和乳酸菌饮料等）、植物蛋白饮料、复合蛋白饮料和其他蛋白饮料
		碳酸饮料（汽水）	碳酸饮料（汽水）	果汁型碳酸饮料、果味型碳酸饮料、可乐型碳酸饮料、其他型碳酸饮料等
		茶饮料	茶饮料	原茶汁（茶汤）/ 纯茶饮料、茶浓缩液、果汁茶饮料、奶茶饮料、复（混）合茶饮料、其他茶饮料等
		固体饮料	固体饮料	风味固体饮料、果蔬固体饮料、蛋白固体饮料、茶固体饮料、咖啡固体饮料、植物固体饮料、特殊用途固体饮料和其他固体饮料等
		其他饮料	其他饮料	特殊用途饮料类、咖啡饮料类、植物饮料类、风味饮料类等

2. 监督抽检高风险参数

饮料的监督抽检高风险参数、判定依据及相关检测方法等详见表 1–13。

表1-13　监督抽检高风险参数推荐

食品细类（四级）	高风险参数	判定依据	检测方法
饮用天然矿泉水	界限指标（锂、锶、锌、碘化物、偏硅酸、硒、游离二氧化碳、溶解性总固体）	GB 8537；产品明示标准及质量要求	GB 8538—2016 食品安全国家标准 饮用天然矿泉水检验方法
	溴酸盐	GB 8537	GB 8538—2016 食品安全国家标准 饮用天然矿泉水检验方法
	硝酸盐（以 NO_3^- 计）	GB 2762	GB 8538—2016 食品安全国家标准 饮用天然矿泉水检验方法
饮用天然矿泉水	亚硝酸盐（以 NO_2^- 计）	GB 2762	GB 8538—2016 食品安全国家标准 饮用天然矿泉水检验方法
	铜绿假单胞菌	GB 8537	GB 8538—2016 食品安全国家标准 饮用天然矿泉水检验方法
饮用纯净水	溴酸盐	GB 19298	GB/T 5750.10—2006 生活饮用水标准检验方法 消毒副产物指标
	铜绿假单胞菌	GB 19298	GB 8538—2016 食品安全国家标准 饮用天然矿泉水检验方法
其他饮用水	溴酸盐	GB 19298	GB/T 5750.10—2006 生活饮用水标准检验方法 消毒副产物指标
	铜绿假单胞菌	GB 19298	GB 8538—2016 食品安全国家标准饮用天然矿泉水检验方法
果、蔬汁饮料	糖精钠（以糖精计）	GB 2760	GB 5009.28—2016 食品安全国家标准 食品中苯甲酸、山梨酸和糖精钠的测定
	甜蜜素（以环己基氨基磺酸计）	GB 2760	GB 5009.97—2016 食品安全国家标准 食品中环己基氨基磺酸钠的测定
	菌落总数	GB 7101	GB 4789.2—2016 食品安全国家标准 食品微生物学检验 菌落总数测定
蛋白饮料	蛋白质	产品明示标准及质量要求	GB 5009.5—2016 食品安全国家标准 食品中蛋白质的测定
	糖精钠（以糖精计）	GB 2760	GB 5009.28—2016 食品安全国家标准 食品中苯甲酸、山梨酸和糖精钠的测定
	甜蜜素（以环己基氨基磺酸计）	GB 2760	GB 5009.97—2016 食品安全国家标准 食品中环己基氨基磺酸钠的测定
	菌落总数	GB 7101	GB 4789.2—2016 食品安全国家标准 食品微生物学检验 菌落总数测定
碳酸饮料（汽水）	苯甲酸及其钠盐（以苯甲酸计）	GB 2760	GB 5009.28—2016 食品安全国家标准 食品中苯甲酸、山梨酸和糖精钠的测定

续表

食品细类（四级）	高风险参数	判定依据	检测方法
碳酸饮料（汽水）	山梨酸及其钾盐（以山梨酸计）	GB 2760	GB 5009.28—2016 食品安全国家标准　食品中苯甲酸、山梨酸和糖精钠的测定
	甜蜜素（以环己基氨基磺酸计）	GB 2760	GB 5009.97—2016 食品安全国家标准 食品中环己基氨基磺酸钠的测定
茶饮料	茶多酚	产品明示标准及质量要求	GB/T 21733—2008 茶饮料（附录 A）
	咖啡因	产品明示标准及质量要求	GB 5009.139—2014 食品安全国家标准 饮料中咖啡因的测定
	甜蜜素（以环己基氨基磺酸计）	GB 2760	GB 5009.97—2016 食品安全国家标准 食品中环己基氨基磺酸钠的测定
固体饮料	合成着色剂（柠檬黄、苋菜红、胭脂红、日落黄、诱惑红、亮蓝）	GB 2760	GB 5009.35—2016 食品安全国家标准　食品中合成着色剂的测定；SN/T 1743—2006 食品中诱惑红、酸性红、亮蓝、日落黄的含量检测高效液相色谱法
	苯甲酸及其钠盐（以苯甲酸计）	GB 2760	GB 5009.28—2016 食品安全国家标准　食品中苯甲酸、山梨酸和糖精钠的测定
	山梨酸及其钾盐（以山梨酸计）	GB 2760	GB 5009.28—2016 食品安全国家标准　食品中苯甲酸、山梨酸和糖精钠的测定
	糖精钠（以糖精计）	GB 2760	GB 5009.28—2016 食品安全国家标准　食品中苯甲酸、山梨酸和糖精钠的测定
	安赛蜜	GB 2760	GB/T 5009.140—2003 饮料中乙酰磺胺酸钾的测定
	菌落总数	GB 7101	GB 4789.2—2016 食品安全国家标准 食品微生物学检验　菌落总数测定
其他饮料	菌落总数	GB 7101	GB 4789.2—2016 食品安全国家标准 食品微生物学检验　菌落总数测定

3. 高频不合格 / 问题参数

近年来，在各级政府开展的监督抽检、风险监测和评价性抽检中，针对饮料，发现比较突出的不合格 / 问题参数为：

（1）包装饮用水：铜绿假单胞菌。

（2）果、蔬汁饮料：菌落总数。

（3）蛋白饮料：蛋白质。

（4）碳酸饮料：菌落总数。

（5）茶饮料：咖啡因、茶多酚。

（6）固体饮料：菌落总数。

（7）其他饮料：菌落总数。

七、方便食品

1. 类别

方便食品的主要分类及典型代表食品详见表1–14。

表1–14　方便食品的分类

食品大类（一级）	食品亚类（二级）	食品品种（三级）	食品细类（四级）	典型代表食品
方便食品	方便食品	方便面	油炸面、非油炸面、方便米粉（米线）、方便粉丝	油炸面、非油炸面、方便米粉（米线）和方便粉丝
		其他方便食品	冲调类方便食品、主食类方便食品和其他方便食品	冲调类方便食品（麦片、芝麻糊、莲子羹、藕粉、杂豆糊、粥等）；主食类方便食品（方便米饭、方便粥、方便湿面等）；其他方便食品

2. 监督抽检高风险参数

方便食品的监督抽检高风险参数、判定依据及相关检测方法等详见表1–15。

表1–15　监督抽检高风险参数推荐

食品细类（四级）	高风险参数	判定依据	检测方法
油炸面、非油炸面、方便米粉（米线）、方便粉丝	酸价（以脂肪计）	GB 17400	GB 5009.229—2016 食品安全国家标准　食品中酸价的测定
	过氧化值（以脂肪计）	GB 17400	GB 5009.227—2016 食品安全国家标准　食品中过氧化值的测定
冲调类方便食品、主食类方便食品和其他方便食品	苯甲酸及其钠盐（以苯甲酸计）	GB 2760	GB 5009.28—2016 食品安全国家标准　食品中苯甲酸、山梨酸和糖精钠的测定
	山梨酸及其钾盐（以山梨酸计）	GB 2760	GB 5009.28—2016 食品安全国家标准　食品中苯甲酸、山梨酸和糖精钠的测定
	糖精钠（以糖精计）	GB 2760	GB 5009.28—2016 食品安全国家标准　食品中苯甲酸、山梨酸和糖精钠的测定
	菌落总数	GB 19640；产品明示标准及质量要求	GB 4789.2—2016 食品安全国家标准　食品微生物学检验　菌落总数测定

3. 高频不合格 / 问题参数

近年来，在各级政府开展的监督抽检、风险监测和评价性抽检中，针对方便食品，发现比较突出的不合格 / 问题参数为：

（1）方便面：菌落总数。

（2）其他方便食品：菌落总数。

八、饼干

1. 类别

饼干的主要分类及典型代表食品详见表 1–16。

表1–16　饼干的分类

食品大类（一级）	食品亚类（二级）	食品品种（三级）	食品细类（四级）	典型代表食品
饼干	饼干	饼干	饼干	酥性饼干、韧性饼干、发酵饼干、压缩饼干、曲奇饼干、夹心（或注心）饼干、威化饼干、蛋圆饼干、蛋卷、煎饼、装饰饼干、水泡饼干及其他饼干

2. 监督抽检高风险参数

饼干的监督抽检高风险参数、判定依据及相关检测方法等详见表 1–17。

表1–17　监督抽检高风险参数推荐

食品细类（四级）	高风险参数	判定依据	检测方法
饼干	酸价（以脂肪计）	GB 7100	GB 5009.229—2016 食品安全国家标准　食品中酸价的测定
	过氧化值（以脂肪计）	GB 7100	GB 5009.227—2016 食品安全国家标准　食品中过氧化值的测定
	铝的残留量（干样品，以 Al 计）	GB 2760	GB 5009.182—2017 食品安全国家标准　食品中铝的测定
	菌落总数	GB 7100	GB/T 4789.24—2003 食品微生物学检验　糖果、糕点、蜜饯检验；GB 4789.2—2016 食品安全国家标准　食品微生物学检验　菌落总数测定
	大肠菌群	GB 7100	GB 4789.3—2016 食品安全国家标准　食品微生物学检验　大肠菌群计数

3. 高频不合格 / 问题参数

近年来，在各级政府开展的监督抽检、风险监测和评价性抽检中，针对饼干，发现比较突出的不合格 / 问题参数为：过氧化值。

九、罐头

1. 类别

罐头的主要分类及典型代表食品详见表 1–18。

表1–18　罐头的分类

食品大类（一级）	食品亚类（二级）	食品品种（三级）	食品细类（四级）	典型代表食品
罐头	罐头	畜禽水产罐头	畜禽肉类罐头	红烧猪肉罐头、午餐肉罐头等
			水产动物类罐头	豆豉鲮鱼罐头、凤尾鱼罐头、鲍鱼罐头、蚝罐头等
		果蔬罐头	水果类罐头	糖水橘子罐头、糖水黄桃罐头、果酱罐头等
			蔬菜类罐头	黄瓜罐头、清水笋罐头、番茄酱罐头、莲藕罐头、玉米笋罐头、酸甜藠头、马蹄罐头等

续表

食品大类（一级）	食品亚类（二级）	食品品种（三级）	食品细类（四级）	典型代表食品
罐头	罐头	果蔬罐头	食用菌罐头	金针菇罐头、蘑菇罐头、糖水银耳罐头、虫草花罐头等
		其他罐头	其他罐头	坚果与籽类罐头、杂粮罐头、豆类罐头、汤类罐头、混合类罐头、调味类罐头、蛋类罐头和其他类罐头（八宝粥罐头、开心果罐头、红腰豆罐头、柱候酱罐头、玉米罐头、龟苓膏罐头、鹌鹑蛋罐头、番茄沙司等）

2. 监督抽检高风险参数

罐头的监督抽检高风险参数、判定依据及相关检测方法等详见表 1–19。

表1–19　监督抽检高风险参数推荐

食品细类（四级）	高风险参数	判定依据	检测方法
畜禽肉类罐头	苯甲酸及其钠盐（以苯甲酸计）	GB 2760	GB 5009.28—2016 食品安全国家标准　食品中苯甲酸、山梨酸和糖精钠的测定
	山梨酸及其钾盐（以山梨酸计）	GB 2760	GB 5009.28—2016 食品安全国家标准　食品中苯甲酸、山梨酸和糖精钠的测定
	糖精钠（以糖精计）	GB 2760	GB 5009.28—2016 食品安全国家标准　食品中苯甲酸、山梨酸和糖精钠的测定
水产动物类罐头	组胺	GB 7098	GB 5009.208—2016 食品安全国家标准　食品中生物胺的测定
	脱氢乙酸及其钠盐（以脱氢乙酸计）	GB 2760	GB 5009.121—2016 食品安全国家标准　食品中脱氢乙酸的测定
	苯甲酸及其钠盐（以苯甲酸计）	GB 2760	GB 5009.28—2016 食品安全国家标准　食品中苯甲酸、山梨酸和糖精钠的测定
	山梨酸及其钾盐（以山梨酸计）	GB 2760	GB 5009.28—2016 食品安全国家标准　食品中苯甲酸、山梨酸和糖精钠的测定
水果类罐头	合成着色剂（柠檬黄、日落黄、苋菜红、胭脂红、赤藓红、诱惑红、亮蓝、靛蓝）	GB 2760	GB/T 21916—2008 水果罐头中合成着色剂的测定　高效液相色谱法
	糖精钠（以糖精计）	GB 2760	GB 5009.28—2016 食品安全国家标准　食品中苯甲酸、山梨酸和糖精钠的测定
	甜蜜素（以环己基氨基磺酸计）	GB 2760	GB 5009.97—2016 食品安全国家标准　食品中环己基氨基磺酸钠的测定

续表

食品细类（四级）	高风险参数	判定依据	检测方法
蔬菜类罐头	脱氢乙酸及其钠盐（以脱氢乙酸计）	GB 2760	GB 5009.121—2016 食品安全国家标准　食品中脱氢乙酸的测定
	苯甲酸及其钠盐（以苯甲酸计）	GB 2760	GB 5009.28—2016 食品安全国家标准　食品中苯甲酸、山梨酸和糖精钠的测定
	山梨酸及其钾盐（以山梨酸计）	GB 2760	GB 5009.28—2016 食品安全国家标准　食品中苯甲酸、山梨酸和糖精钠的测定
	乙二胺四乙酸二钠	GB 2760	GB 5009.278—2016 食品安全国家标准　食品中乙二胺四乙酸盐的测定
食用菌罐头	脱氢乙酸及其钠盐（以脱氢乙酸计）	GB 2760	GB 5009.121—2016 食品安全国家标准　食品中脱氢乙酸的测定
	苯甲酸及其钠盐（以苯甲酸计）	GB 2760	GB 5009.28—2016 食品安全国家标准　食品中苯甲酸、山梨酸和糖精钠的测定
	山梨酸及其钾盐（以山梨酸计）	GB 2760	GB 5009.28—2016 食品安全国家标准　食品中苯甲酸、山梨酸和糖精钠的测定
	乙二胺四乙酸二钠	GB 2760	GB 5009.278—2016 食品安全国家标准　食品中乙二胺四乙酸盐的测定
其他罐头	脱氢乙酸及其钠盐（以脱氢乙酸计）	GB 2760	GB 5009.121—2016 食品安全国家标准　食品中脱氢乙酸的测定
	苯甲酸及其钠盐（以苯甲酸计）	GB 2760	GB 5009.28—2016 食品安全国家标准　食品中苯甲酸、山梨酸和糖精钠的测定
	山梨酸及其钾盐（以山梨酸计）	GB 2760	GB 5009.28—2016 食品安全国家标准　食品中苯甲酸、山梨酸和糖精钠的测定
	乙二胺四乙酸二钠	GB 2760	GB 5009.278—2016 食品安全国家标准　食品中乙二胺四乙酸盐的测定

3. 高频不合格 / 问题参数

近年来，在各级政府开展的监督抽检、风险监测和评价性抽检中，针对罐头，发现比较突出的不合格 / 问题参数为：

（1）畜禽肉类罐头：镉。

（2）水产动物类罐头：糖精钠。

（3）果蔬罐头：二氧化硫。

（4）食用菌罐头：脱氢乙酸。

（5）其他罐头：山梨酸。

十、冷冻饮品

1. 类别

冷冻饮品的主要分类及典型代表食品详见表 1–20。

表1–20　冷冻饮品的分类

食品大类（一级）	食品亚类（二级）	食品品种（三级）	食品细类（四级）	典型代表食品
冷冻饮品	冷冻饮品	冷冻饮品	冰淇淋、雪糕、雪泥、冰棍、食用冰、甜味冰、其他类	冰淇淋、雪糕、雪泥、冰棍、食用冰、甜味冰、其他类（冷冻饮品部分所占质量比率不低于 50% 的组合型制品、低脂冷冻饮品、低糖冷冻饮品、无糖冷冻饮品等）

2. 监督抽检高风险参数

冷冻饮品的监督抽检高风险参数、判定依据及相关检测方法等详见表 1–21。

表1–21　监督抽检高风险参数推荐

食品细类（四级）	风险参数	判定依据	检测方法
冰淇淋、雪糕、雪泥、冰棍、食用冰、甜味冰、其他类	蛋白质	GB/T 31114；GB/T 31119；产品明示标准及质量要求	GB 5009.5—2016 食品安全国家标准　食品中蛋白质的测定
	菌落总数	GB 2759	GB 4789.2—2016 食品安全国家标准　食品微生物学检验　菌落总数测定
	大肠菌群	GB 2759	GB 4789.3—2016 食品安全国家标准　食品微生物学检验　大肠菌群计数

3. 高频不合格 / 问题参数

近年来，在各级政府开展的监督抽检、风险监测和评价性抽检中，针对冷冻饮品，发现比较突出的不合格 / 问题参数为：大肠菌群、菌落总数。

十一、速冻食品

1. 类别

速冻食品的主要分类及典型代表食品详见表 1–22。

表1–22　速冻食品的分类

食品大类（一级）	食品亚类（二级）	食品品种（三级）	食品细类（四级）	典型代表食品
速冻食品	速冻面米食品	速冻面米食品	水饺、元宵、馄饨等生制品	速冻水饺、汤圆元宵、馄饨等
			包子、馒头等熟制品	包子、花卷、馒头、南瓜饼、八宝饭等
	速冻其他食品	速冻谷物食品	玉米等	速冻玉米、速冻玉米粒、速冻粟米、速冻青麦仁等
		速冻肉制品	速冻调理肉制品	速冻调理肉制品
		速冻水产制品	速冻水产制品	速冻水产制品
		速冻蔬菜制品	速冻蔬菜制品	速冻豇豆、速冻豌豆、速冻黄瓜、速冻甜椒等，不包括速冻玉米、速冻薯条（薯块、薯饼等）、速冻调制食品等
		速冻水果制品	速冻水果制品	速冻樱桃、速冻蔓越莓、速冻草莓、速冻梨丁、速冻荔枝肉、速冻树莓、速冻黑莓、速冻黄桃条、速冻哈密瓜、速冻猕猴桃、速冻桑葚、速冻李子等

2. 监督抽检高风险参数

速冻食品的监督抽检高风险参数、判定依据及相关检测方法等详见表 1–23。

表1–23　监督抽检高风险参数推荐

食品细类（四级）	高风险参数	判定依据	检测方法
水饺、元宵、馄饨等生制品	过氧化值（以脂肪计）	GB 19295	GB 5009.227—2016 食品安全国家标准　食品中过氧化值的测定
包子、馒头等熟制品	糖精钠（以糖精计）	GB 2760	GB 5009.28—2016 食品安全国家标准　食品中苯甲酸、山梨酸和糖精钠的测定

续表

食品细类（四级）	高风险参数	判定依据	检测方法
包子、馒头等熟制品	菌落总数	GB 19295	GB 4789.2—2016 食品安全国家标准 食品微生物学检验 菌落总数测定
	大肠菌群	GB 19295	GB 4789.3—2016 食品安全国家标准 食品微生物学检验 大肠菌群计数
玉米等	铅（以Pb计）	GB 2762	GB 5009.12—2017 食品安全国家标准 食品中铅的测定
速冻调理肉制品	过氧化值（以脂肪计）	SB/T 10379；产品明示标准及质量要求	GB 5009.227—2016 食品安全国家标准 食品中过氧化值的测定
速冻水产制品	苯甲酸及其钠盐（以苯甲酸计）	GB 2760	GB 5009.28—2016 食品安全国家标准 食品中苯甲酸、山梨酸和糖精钠的测定
	山梨酸及其钾盐（以山梨酸计）	GB 2760	GB 5009.28—2016 食品安全国家标准 食品中苯甲酸、山梨酸和糖精钠的测定
速冻蔬菜制品	苯甲酸及其钠盐（以苯甲酸计）	GB 2760	GB 5009.28—2016 食品安全国家标准 食品中苯甲酸、山梨酸和糖精钠的测定
	山梨酸及其钾盐（以山梨酸计）	GB 2760	GB 5009.28—2016 食品安全国家标准 食品中苯甲酸、山梨酸和糖精钠的测定
速冻水果制品	铅（以Pb计）	GB 2762	GB 5009.12—2017 食品安全国家标准 食品中铅的测定

3. 高频不合格 / 问题参数

近年来，在各级政府开展的监督抽检、风险监测和评价性抽检中，针对速冻食品，发现比较突出的不合格 / 问题参数为：

（1）速冻面米食品：大肠菌群、菌落总数。

（2）速冻肉制品：过氧化值。

（3）速冻水产制品：过氧化值。

十二、薯类和膨化食品

1. 类别

薯类和膨化食品的主要分类及典型代表食品详见表 1–24。

表1-24　薯类和膨化食品的分类

食品大类（一级）	食品亚类（二级）	食品品种（三级）	食品细类（四级）	典型代表食品
薯类和膨化食品	薯类和膨化食品	膨化食品	含油型膨化食品和非含油型膨化食品	含油型膨化食品和非含油型膨化食品（锅巴、爆米花等）
		薯类食品	干制薯类（马铃薯片）	干制薯类（马铃薯片）
			干制薯类（除马铃薯片外）	干制薯类（除马铃薯片外）
			冷冻薯类	冷冻薯类
			薯泥（酱）类	薯泥（酱）类
			薯粉类	薯粉类
			其他类	其他类

2. 监督抽检高风险参数

薯类和膨化食品的监督抽检高风险参数、判定依据及相关检测方法等详见表 1-25。

表1-25　监督抽检高风险参数推荐

食品细类（四级）	高风险参数	判定依据	检测方法
含油型膨化食品和非含油型膨化食品	酸价（以脂肪计）	GB 17401；产品明示标准及质量要求	GB 5009.229—2016 食品安全国家标准　食品中酸价的测定
	过氧化值（以脂肪计）	GB 17401；产品明示标准及质量要求	GB 5009.227—2016 食品安全国家标准　食品中过氧化值的测定
	菌落总数	GB 17401；产品明示标准及质量要求	GB 4789.2—2016 食品安全国家标准　食品微生物学检验　菌落总数测定
	大肠菌群	GB 17401；产品明示标准及质量要求	GB 4789.3—2016 食品安全国家标准　食品微生物学检验　大肠菌群计数
干制薯类（马铃薯片）	菌落总数	QB/T 2686；产品明示标准及质量要求	GB 4789.2—2016 食品安全国家标准　食品微生物学检验　菌落总数测定
	大肠菌群	QB/T 2686；产品明示标准及质量要求	GB 4789.3—2016 食品安全国家标准　食品微生物学检验　大肠菌群计数；GB/T 4789.3—2003 食品卫生微生物学检验　大肠菌群测定
干制薯类（除马铃薯片外）	二氧化硫残留量	GB 2760	GB 5009.34—2016 食品安全国家标准　食品中二氧化硫的测定

续表

食品细类（四级）	高风险参数	判定依据	检测方法
薯泥（酱）类	山梨酸及其钾盐（以山梨酸计）	GB 2760	GB 5009.28—2016 食品安全国家标准 食品中苯甲酸、山梨酸和糖精钠的测定
	苯甲酸及其钠盐（以苯甲酸计）	GB 2760	GB 5009.28—2016 食品安全国家标准 食品中苯甲酸、山梨酸和糖精钠的测定
薯粉类	二氧化硫残留量	GB 2760	GB 5009.34—2016 食品安全国家标准 食品中二氧化硫的测定

3. 高频不合格 / 问题参数

近年来，在各级政府开展的监督抽检、风险监测和评价性抽检中，针对薯类和膨化食品，发现比较突出的不合格 / 问题参数为：

（1）膨化食品：菌落总数。

（2）薯类食品：大肠菌群。

十三、糖果制品

1. 类别

糖果制品的主要分类及典型代表食品详见表 1–26。

表1–26　糖果制品的分类

食品大类（一级）	食品亚类（二级）	食品品种（三级）	食品细类（四级）	典型代表食品
糖果制品	糖果制品（含巧克力及制品）	糖果	糖果	糖果
		巧克力及巧克力制品	巧克力、巧克力制品、代可可脂巧克力及代可可脂巧克力制品	巧克力、巧克力制品、代可可脂巧克力及代可可脂巧克力制品
		果冻	果冻	含乳型果冻、果肉型果冻、果汁型果冻、果味型果冻、其他型果冻等

2. 监督抽检高风险参数

糖果制品的监督抽检高风险参数、判定依据及相关检测方法等详见表 1–27。

表1–27　监督抽检高风险参数推荐

食品细类（四级）	高风险参数	判定依据	检测方法
糖果	糖精钠（以糖精计）	GB 2760	GB 5009.28—2016 食品安全国家标准　食品中苯甲酸、山梨酸和糖精钠的测定
	合成着色剂（柠檬黄、苋菜红、胭脂红、日落黄、亮蓝、赤藓红）	GB 2760	GB 5009.35—2016 食品安全国家标准　食品中合成着色剂的测定；SN/T 1743—2006 食品中诱惑红、酸性红、亮蓝、日落黄的含量检测高效液相色谱法
巧克力、巧克力制品、代可可脂巧克力及代可可脂巧克力制品	铅（以 Pb 计）	GB 2762	GB 5009.12—2017 食品安全国家标准　食品中铅的测定
果冻	山梨酸及其钾盐（以山梨酸计）	GB 2760	GB 5009.28—2016 食品安全国家标准　食品中苯甲酸、山梨酸和糖精钠的测定
	苯甲酸及其钠盐（以苯甲酸计）	GB 2760	GB 5009.28—2016 食品安全国家标准　食品中苯甲酸、山梨酸和糖精钠的测定

3. 高频不合格 / 问题参数

近年来，在各级政府开展的监督抽检、风险监测和评价性抽检中，针对糖果制品，发现比较突出的不合格 / 问题参数为：

（1）糖果：大肠菌群。

（2）巧克力及巧克力制品：标签。

（3）果冻：菌落总数。

十四、茶叶及相关制品

1. 类别

茶叶及相关制品的主要分类及典型代表食品详见表 1–28。

表1-28　茶叶及相关制品的分类

食品大类（一级）	食品亚类（二级）	食品品种（三级）	食品细类（四级）	典型代表食品
茶叶及相关制品	茶叶	茶叶	绿茶、红茶、乌龙茶、黄茶、白茶、黑茶、花茶、袋泡茶、紧压茶	绿茶、红茶、乌龙茶、黄茶、白茶、黑茶，及其再加工制成的花茶、紧压茶（除砖茶外）、袋泡茶等
		砖茶	黑砖茶、花砖茶、茯砖茶、康砖茶、金尖茶、青砖茶、米砖茶等	黑砖茶、花砖茶、茯砖茶、康砖茶、金尖茶、青砖茶、米砖茶等
	含茶制品和代用茶	含茶制品	速溶茶类、其他含茶制品	速溶茶类、调味茶类
		代用茶	代用茶	叶类(桑叶茶、薄荷茶、枸杞叶茶等)、花类（菊花、茉莉花、桂花、玫瑰花、金银花、玳玳花等）、果（实）类（大麦茶、枸杞、苦瓜片、胖大海、罗汉果等）、根茎类和混合类代用茶

2. 监督抽检高风险参数

茶叶及相关制品的监督抽检高风险参数、判定依据及相关检测方法等详见表 1-29。

表1-29　监督抽检高风险参数推荐

食品细类（四级）	高风险参数	判定依据	检测方法
绿茶、红茶、乌龙茶、黄茶、白茶、黑茶、花茶、袋泡茶、紧压茶	铅（以 Pb 计）	GB 2762	GB 5009.12—2017 食品安全国家标准　食品中铅的测定
	吡虫啉	GB 2763	参照 GB/T 23379—2009 水果、蔬菜及茶叶中吡虫啉残留量的测定　高效液相色谱法
	草甘膦	GB 2763	SN/T 1923—2007 进出口食品中草甘膦残留量的检测方法　液相色谱 - 质谱 / 质谱法
	联苯菊酯	GB 2763	SN/T 1969—2007 进出口食品中联苯菊酯残留量的检测方法气相色谱 - 质谱法
	氯氰菊酯和高效氯氰菊酯	GB 2763	GB/T 23204—2008 茶叶中 519 种农药及相关化学品残留量的测定　气相色谱 - 质谱法
	甲拌磷	GB 2763	GB/T 23204—2008 茶叶中 519 种农药及相关化学品残留量的测定　气相色谱 - 质谱法
	克百威	GB 2763	GB 23200.13—2016 食品安全国家标准茶叶中 448 种农药及相关化学品残留量的测定　液相色谱 - 质谱法
	水胺硫磷	GB 2763	GB/T 23204—2008 茶叶中 519 种农药及相关化学品残留量的测定　气相色谱 - 质谱法

续表

食品细类（四级）	高风险参数	判定依据	检测方法
绿茶、红茶、乌龙茶、黄茶、白茶、黑茶、花茶、袋泡茶、紧压茶	氧乐果	GB 2763	GB 23200.13—2016 食品安全国家标准茶叶中448种农药及相关化学品残留量的测定　液相色谱－质谱法
	氰戊菊酯和S-氰戊菊酯	GB 2763	GB/T 23204—2008 茶叶中519种农药及相关化学品残留量的测定　气相色谱－质谱法
	三氯杀螨醇	GB 2763	GB/T 5009.176—2003 茶叶、水果、食用植物油中三氯杀留量的测定
	甲胺磷	GB 2763	参照GB/T 20770—2008 粮谷中486种农药及相关化学品残留量的测定　液相色谱－串联质谱法；NY/T 761—2008 蔬菜和水果中有机磷、有机氯、拟除虫菊酯和氨基甲酸酯类农药多残留的测定
	茚虫威	GB 2763	GB 23200.13—2016 食品安全国家标准 茶叶中448种农药及相关化学品残留量的测定　液相色谱－质谱法
	啶虫脒	GB 2763	参照GB/T 20769—2008 水果和蔬菜中450种农药及相关化学品残留量的测定　液相色谱－串联质谱法
黑砖茶、花砖茶、茯砖茶、康砖茶、金尖茶、青砖茶、米砖茶等	铅（以Pb计）	GB 2762	GB 5009.12—2017 食品安全国家标准　食品中铅的测定
	氟	GB 19965	GB 19965—2005 砖茶含氟量
	甲拌磷	GB 2763	GB/T 23204—2008 茶叶中519种农药及相关化学品残留量的测定　气相色谱－质谱法
	克百威	GB 2763	GB 23200.13—2016 食品安全国家标准　茶叶中448种农药及相关化学品残留量的测定　液相色谱－质谱法
	水胺硫磷	GB 2763	GB/T 23204—2008 茶叶中519种农药及相关化学品残留量的测定　气相色谱－质谱法
	氧乐果	GB 2763	GB 23200.13—2016 食品安全国家标准　茶叶中448种农药及相关化学品残留量的测定　液相色谱－质谱法
	氰戊菊酯和S-氰戊菊酯	GB 2763	GB/T 23204—2008 茶叶中519种农药及相关化学品残留量的测定　气相色谱－质谱法
	三氯杀螨醇	GB 2763	GB/T 5009.176—2003 茶叶、水果、食用植物油中三氯杀留量的测定
	甲胺磷	GB 2763	参照GB/T 20770—2008 粮谷中486种农药及相关化学品残留量的测定　液相色谱－串联质谱法；NY/T 761—2008 蔬菜和水果中有机磷、有机氯、拟除虫菊酯和氨基甲酸酯类农药多残留的测定

续表

食品细类（四级）	高风险参数	判定依据	检测方法
黑砖茶、花砖茶、茯砖茶、康砖茶、金尖茶、青砖茶、米砖茶等	茚虫威	GB 2763	GB 23200.13—2016 食品安全国家标准 茶叶中 448 种农药及相关化学品残留量的测定 液相色谱－质谱法
	啶虫脒	GB 2763	参照 GB/T 20769—2008 水果和蔬菜中 450 种农药及相关化学品残留量的测定 液相色谱－串联质谱法
速溶茶类、其他含茶制品	铅（以 Pb 计）	产品明示标准及质量要求	GB 5009.12—2017 食品安全国家标准 食品中铅的测定
	菌落总数	产品明示标准及质量要求	GB 4789.2—2016 食品安全国家标准 食品微生物学检验 菌落总数测定
	大肠菌群	产品明示标准及质量要求	GB 4789.3—2016 食品安全国家标准 食品微生物学检验 大肠菌群计数；GB/T 4789.3—2003 食品卫生微生物学检验 大肠菌群测定
代用茶	铅（以 Pb 计）	GB 2762；产品明示标准及质量要求	GB 5009.12—2017 食品安全国家标准 食品中铅的测定

3. 高频不合格 / 问题参数

近年来，在各级政府开展的监督抽检、风险监测和评价性抽检中，针对茶叶及相关制品，发现比较突出的不合格 / 问题参数为：

（1）茶叶：草甘膦、三氯杀螨醇；

（2）含茶制品和代用茶：二氧化硫。

十五、酒类

1. 类别

酒类的主要分类及典型代表食品详见表 1–30。

表1–30 酒类的分类

食品大类（一级）	食品亚类（二级）	食品品种（三级）	食品细类（四级）	典型代表食品
酒类	蒸馏酒	白酒	白酒、白酒（液态）、白酒（原酒）	浓香型、清香型、米香型、凤香型、豉香型、特香型、芝麻香型、老白干香型、酱香型、兼香型等
	发酵酒	黄酒	黄酒	黄酒、绍兴酒（绍兴黄酒）等

续表

食品大类（一级）	食品亚类（二级）	食品品种（三级）	食品细类（四级）	典型代表食品
酒类	发酵酒	啤酒	啤酒	淡色啤酒、浓色啤酒、黑色啤酒。按加工工艺分为熟啤酒、生啤酒、鲜啤酒和特种啤酒。特种啤酒主要包括干啤酒、冰啤酒、低醇啤酒、无醇啤酒、小麦啤酒、浑浊啤酒、果蔬类啤酒（包括果蔬汁型和果蔬味型）
		葡萄酒	葡萄酒	白葡萄酒、桃红葡萄酒、红葡萄酒；按含糖量分类可分为干葡萄酒、半干葡萄酒、半甜葡萄酒、甜葡萄酒
		果酒	果酒（发酵型）	果酒（发酵型）
		其他发酵酒	其他发酵酒	清酒、奶酒（发酵型）等
	其他酒	配制酒	以蒸馏酒及食用酒精为酒基的配制酒	以蒸馏酒及食用酒精为酒基的配制酒
			以发酵酒为酒基的配制酒	以发酵酒为酒基的配制酒
		其他蒸馏酒	其他蒸馏酒	白兰地、威士忌、伏特加、朗姆酒、杜松子酒（金酒）、奶酒（蒸馏型）等

2. 监督抽检高风险参数

酒类的监督抽检高风险参数、判定依据及相关检测方法等详见表1–31。

表1–31　监督抽检高风险参数推荐

食品细类（四级）	高风险参数	判定依据	检测方法
白酒、白酒（液态）、白酒(原酒）	酒精度	产品明示标准及质量要求	GB 5009.225—2016 食品安全国家标准　酒中乙醇浓度的测定
	糖精钠（以糖精计）	GB 2760	GB 5009.28—2016 食品安全国家标准　食品中苯甲酸、山梨酸和糖精钠的测定
	甜蜜素（以环己基氨基磺酸计）	GB 2760	GB 5009.97—2016 食品安全国家标准　食品中环己基氨基磺酸钠的测定
黄酒	酒精度	产品明示标准及质量要求	GB 5009.225—2016 食品安全国家标准　酒中乙醇浓度的测定
	糖精钠（以糖精计）	GB 2760	GB 5009.28—2016 食品安全国家标准　食品中苯甲酸、山梨酸和糖精钠的测定
	甜蜜素（以环己基氨基磺酸计）	GB 2760	GB 5009.97—2016食品安全国家标准　食品中环己基氨基磺酸钠的测定

续表

食品细类（四级）	高风险参数	判定依据	检测方法
啤酒	酒精度	产品明示标准及质量要求	GB 5009.225—2016 食品安全国家标准 酒中乙醇浓度的测定
葡萄酒	酒精度	产品明示标准及质量要求	GB 5009.225—2016 食品安全国家标准 酒中乙醇浓度的测定
	糖精钠（以糖精计）	GB 2760	GB 5009.28—2016 食品安全国家标准 食品中苯甲酸、山梨酸和糖精钠的测定
	甜蜜素（以环己基氨基磺酸计）	GB 2760	GB 5009.97—2016 食品安全国家标准 食品中环己基氨基磺酸钠的测定
	二氧化硫残留量	GB 2760	GB 5009.34—2016 食品安全国家标准 食品中二氧化硫的测定
果酒	酒精度	产品明示标准及质量要求	GB 5009.225—2016 食品安全国家标准 酒中乙醇浓度的测定
	糖精钠（以糖精计）	GB 2760	GB 5009.28—2016 食品安全国家标准 食品中苯甲酸、山梨酸和糖精钠的测定
其他发酵酒	酒精度	产品明示标准及质量要求	GB 5009.225—2016 食品安全国家标准 酒中乙醇浓度的测定
	糖精钠（以糖精计）	GB 2760	GB 5009.28—2016 食品安全国家标准 食品中苯甲酸、山梨酸和糖精钠的测定
以蒸馏酒及食用酒精为酒基的配制酒	酒精度	产品明示标准及质量要求	GB 5009.225—2016 食品安全国家标准 酒中乙醇浓度的测定
	糖精钠（以糖精计）	GB 2760	GB 5009.28—2016 食品安全国家标准 食品中苯甲酸、山梨酸和糖精钠的测定
	甜蜜素（以环己基氨基磺酸计）	GB 2760	GB 5009.97—2016 食品安全国家标准 食品中环己基氨基磺酸钠的测定
以发酵酒为酒基的配制酒	酒精度	产品明示标准及质量要求	GB 5009.225—2016 食品安全国家标准 酒中乙醇浓度的测定
	糖精钠（以糖精计）	GB 2760	GB 5009.28—2016 食品安全国家标准 食品中苯甲酸、山梨酸和糖精钠的测定
	甜蜜素（以环己基氨基磺酸计）	GB 2760	GB 5009.97—2016 食品安全国家标准 食品中环己基氨基磺酸钠的测定
其他蒸馏酒	酒精度	产品明示标准及质量要求	GB 5009.225—2016 食品安全国家标准 酒中乙醇浓度的测定
	糖精钠（以糖精计）	GB 2760	GB 5009.28—2016 食品安全国家标准 食品中苯甲酸、山梨酸和糖精钠的测定

3. 高频不合格 / 问题参数

近年来，在各级政府开展的监督抽检、风险监测和评价性抽检中，针对酒类，发现比较突出的不合格 / 问题参数为：酒精度和甜蜜素。

十六、蔬菜制品

1. 类别

蔬菜制品的主要分类及典型代表食品详见表 1–32。

表1–32　蔬菜制品的分类

食品大类（一级）	食品亚类（二级）	食品品种（三级）	食品细类（四级）	典型代表食品
蔬菜制品	蔬菜制品	酱腌菜	酱腌菜	酱腌菜（酱萝卜、腌黄瓜、酸菜等）
		蔬菜干制品	自然干制品、热风干燥蔬菜、冷冻干燥蔬菜、蔬菜脆片、蔬菜粉及制品	自然干制品、热风干燥蔬菜、冷冻干燥蔬菜、蔬菜脆片、蔬菜粉及制品
		食用菌制品	干制食用菌	干制食用菌（干香菇等）
			腌渍食用菌	腌渍食用菌
		其他蔬菜制品	其他蔬菜制品	其他蔬菜制品

2. 监督抽检高风险参数

蔬菜制品的监督抽检高风险参数、判定依据及相关检测方法等详见表 1–33。

表1–33　监督抽检高风险参数推荐

食品细类（四级）	高风险参数	判定依据	检测方法
酱腌菜	亚硝酸盐（以 $NaNO_2$ 计）	GB 2714；GB 2762	GB 5009.33—2016 食品安全国家标准 食品中亚硝酸盐与硝酸盐的测定
	苯甲酸及其钠盐（以苯甲酸计）	GB 2760	GB 5009.28—2016 食品安全国家标准 食品中苯甲酸、山梨酸和糖精钠的测定
	山梨酸及其钾盐（以山梨酸计）	GB 2760	GB 5009.28—2016 食品安全国家标准 食品中苯甲酸、山梨酸和糖精钠的测定

续表

食品细类（四级）	高风险参数	判定依据	检测方法
酱腌菜	脱氢乙酸及其钠盐（以脱氢乙酸计）	GB 2760	GB 5009.121—2016 食品安全国家标准 食品中脱氢乙酸的测定
	糖精钠（以糖精计）	GB 2760	GB 5009.28—2016 食品安全国家标准 食品中苯甲酸、山梨酸和糖精钠的测定
	甜蜜素（以环己基氨基磺酸计）	GB 2760	GB 5009.97—2016 食品安全国家标准 食品中环己基氨基磺酸钠的测定
自然干制品、热风干燥蔬菜、冷冻干燥蔬菜、蔬菜脆片、蔬菜粉及制品	苯甲酸及其钠盐（以苯甲酸计）	GB 2760	GB 5009.28—2016 食品安全国家标准 食品中苯甲酸、山梨酸和糖精钠的测定
	山梨酸及其钾盐（以山梨酸计）	GB 2760	GB 5009.28—2016 食品安全国家标准 食品中苯甲酸、山梨酸和糖精钠的测定
	糖精钠（以糖精计）	GB 2760	GB 5009.28—2016 食品安全国家标准 食品中苯甲酸、山梨酸和糖精钠的测定
	二氧化硫残留量	GB 2760	GB 5009.34—2016 食品安全国家标准 食品中二氧化硫的测定
其他蔬菜制品	苯甲酸及其钠盐（以苯甲酸计）	GB 2760	GB 5009.28—2016 食品安全国家标准 食品中苯甲酸、山梨酸和糖精钠的测定
	山梨酸及其钾盐（以山梨酸计）	GB 2760	GB 5009.28—2016 食品安全国家标准 食品中苯甲酸、山梨酸和糖精钠的测定
干制食用菌	二氧化硫残留量	GB 2760	GB 5009.34—2016 食品安全国家标准 食品中二氧化硫的测定
腌渍食用菌	苯甲酸及其钠盐（以苯甲酸计）	GB 2760	GB 5009.28—2016 食品安全国家标准 食品中苯甲酸、山梨酸和糖精钠的测定
	山梨酸及其钾盐（以山梨酸计）	GB 2760	GB 5009.28—2016 食品安全国家标准 食品中苯甲酸、山梨酸和糖精钠的测定
	脱氢乙酸及其钠盐（以脱氢乙酸计）	GB 2760	GB 5009.121—2016 食品安全国家标准 食品中脱氢乙酸的测定
	二氧化硫残留量	GB 2760	GB 5009.34—2016 食品安全国家标准 食品中二氧化硫的测定

3. 高频不合格 / 问题参数

近年来，在各级政府开展的监督抽检、风险监测和评价性抽检中，针对蔬菜制品，发现比较突出的不合格 / 问题参数为：二氧化硫、苯甲酸和山梨酸。

十七、水果制品

1. 类别

水果制品的主要分类及典型代表食品详见表1–34。

表1–34　水果制品的分类

食品大类（一级）	食品亚类（二级）	食品品种（三级）	食品细类（四级）	典型代表食品
水果制品	水果制品	蜜饯	蜜饯类、凉果类、果脯类、话化类、果糕类和果丹类	蜜饯类、凉果类、果脯类、话化类、果糕类和果丹类等
		水果干制品	水果干制品（含干枸杞）	水果干制品（含干枸杞）
		果酱	果酱	果酱

2. 主要风险参数

水果制品的监督抽检高风险参数、判定依据及相关检测方法等详见表1–35。

表1–35　监督抽检高风险参数推荐

食品细类（四级）	风险参数	判定依据	检测方法
蜜饯类、凉果类、果脯类、话化类、果糕类	苯甲酸及其钠盐（以苯甲酸计）	GB 2760	GB 5009.28—2016 食品安全国家标准 食品中苯甲酸、山梨酸和糖精钠的测定
	山梨酸及其钾盐（以山梨酸计）	GB 2760	GB 5009.28—2016 食品安全国家标准 食品中苯甲酸、山梨酸和糖精钠的测定
	脱氢乙酸及其钠盐（以脱氢乙酸计）	GB 2760	GB 5009.121—2016 食品安全国家标准 食品中脱氢乙酸的测定
	糖精钠（以糖精计）	GB 2760	GB 5009.28—2016 食品安全国家标准 食品中苯甲酸、山梨酸和糖精钠的测定
	甜蜜素（以环己基氨基磺酸计）	GB 2760	GB 5009.97—2016 食品安全国家标准 食品中环己基氨基磺酸钠的测定
	二氧化硫残留量	GB 2760	GB 5009.34—2016 食品安全国家标准 食品中二氧化硫的测定

续表

食品细类（四级）	风险参数	判定依据	检测方法
蜜饯类、凉果类、果脯类、话化类、果糕类	合成着色剂（柠檬黄、日落黄、胭脂红、苋菜红、亮蓝、赤藓红）	GB 2760	GB 5009.35—2016 食品安全国家标准 食品中合成着色剂的测定
水果干制品（含干枸杞）	山梨酸及其钾盐（以山梨酸计）	GB 2760	GB 5009.28—2016 食品安全国家标准 食品中苯甲酸、山梨酸和糖精钠的测定
	糖精钠（以糖精计）	GB 2760	GB 5009.28—2016 食品安全国家标准 食品中苯甲酸、山梨酸和糖精钠的测定
果酱	苯甲酸及其钠盐（以苯甲酸计）	GB 2760	GB 5009.28—2016 食品安全国家标准 食品中苯甲酸、山梨酸和糖精钠的测定
	脱氢乙酸及其钠盐（以脱氢乙酸计）	GB 2760	GB 5009.121—2016 食品安全国家标准 食品中脱氢乙酸的测定
	糖精钠（以糖精计）	GB 2760	GB 5009.28—2016 食品安全国家标准 食品中苯甲酸、山梨酸和糖精钠的测定
	甜蜜素（以环己基氨基磺酸计）	GB 2760	GB 5009.97—2016 食品安全国家标准 食品中环己基氨基磺酸钠的测定

3. 高频不合格 / 问题参数

近年来，在各级政府开展的监督抽检、风险监测和评价性抽检中，针对水果制品，发现比较突出的不合格 / 问题参数为：

（1）蜜饯：二氧化硫。

（2）水果干制品：二氧化硫。

（3）果酱：菌落总数。

十八、炒货食品及坚果制品

1. 类别

炒货食品及坚果制品的主要分类及典型代表食品详见表 1–36。

表1-36 炒货食品及坚果制品的分类

食品大类（一级）	食品亚类（二级）	食品品种（三级）	食品细类（四级）	典型代表食品
炒货食品及坚果制品	炒货食品及坚果制品	炒货食品及坚果制品（烘炒类、油炸类、其他类）	开心果、杏仁、松仁、瓜子	开心果、杏仁、扁桃仁（巴旦木）、松仁（含松子等）、葵花籽、其他瓜子（含西瓜子、南瓜子、瓜蒌子、吊瓜子、打瓜子、西葫芦籽等）
			其他炒货食品及坚果制品	花生制品、油炸烘炒豆类、其他坚果制品（含核桃、榛子、栗、香榧、夏威夷果、腰果等）和其他籽类制品（含芝麻、莲子等）

2. 监督抽检高风险参数

炒货食品及坚果制品的监督抽检高风险参数、判定依据及相关检测方法等详见表 1-37。

表1-37 监督抽检高风险参数推荐

食品细类（四级）	高风险参数	判定依据	检测方法
开心果、杏仁、松仁、瓜子	过氧化值（以脂肪计）	GB 19300	GB 19300—2014 食品安全国家标准 坚果与籽类食品；GB 5009.227—2016 食品安全国家标准 食品中过氧化值的测定
	大肠菌群	GB 19300	GB 4789.3—2016 食品安全国家标准 食品微生物学检验 大肠菌群计数
	霉菌	GB 19300	GB 4789.15—2016 食品安全国家标准 食品微生物学检验 霉菌和酵母计数
其他炒货食品及坚果制品	过氧化值（以脂肪计）	GB 19300	GB 19300—2014 食品安全国家标准 坚果与籽类食品；GB 5009.227—2016 食品安全国家标准 食品中过氧化值的测定
其他炒货食品及坚果制品	大肠菌群	GB 19300	GB 4789.3—2016 食品安全国家标准 食品微生物学检验 大肠菌群计数
	霉菌	GB 19300	GB 4789.15—2016 食品安全国家标准 食品微生物学检验 霉菌和酵母计数

3. 高频不合格 / 问题参数

近年来，在各级政府开展的监督抽检、风险监测和评价性抽检中，针对炒货食品及坚果制品，发现比较突出的不合格 / 问题参数为：过氧化值。

十九、蛋制品

1. 类别

蛋制品的主要分类及典型代表食品详见表 1–38。

表1–38　蛋制品的分类

食品大类（一级）	食品亚类（二级）	食品品种（三级）	食品细类（四级）	典型代表食品
蛋制品	蛋制品	再制蛋	再制蛋	皮蛋、咸蛋、糟蛋、卤蛋等
		干蛋类	干蛋类	巴氏杀菌鸡全蛋粉、鸡蛋黄粉、鸡蛋白片等
		冰蛋类	冰蛋类	巴氏杀菌冰鸡全蛋、冰鸡蛋黄、冰鸡蛋白等
		其他类	其他类	鸡蛋干、松花蛋肠、蛋黄酪等

2. 监督抽检高风险参数

蛋制品的监督抽检高风险参数、判定依据及相关检测方法等详见表 1–39。

表1–39　监督抽检高风险参数推荐

食品细类（四级）	风险参数	判定依据	检测方法
再制蛋	苯甲酸及其钠盐（以苯甲酸计）	GB 2760	GB 5009.28—2016 食品安全国家标准　食品中苯甲酸、山梨酸和糖精钠的测定
	山梨酸及其钾盐（以山梨酸计）	GB 2760	GB 5009.28—2016 食品安全国家标准　食品中苯甲酸、山梨酸和糖精钠的测定
	菌落总数	GB 2749	GB/T 4789.19—2003 食品微生物学检验　蛋与蛋制品检验；GB 4789.2—2016 食品安全国家标准　食品微生物学检验　菌落总数测定
干蛋类	苯甲酸及其钠盐（以苯甲酸计）	GB 2760	GB 5009.28—2016 食品安全国家标准　食品中苯甲酸、山梨酸和糖精钠的测定
	山梨酸及其钾盐（以山梨酸计）	GB 2760	GB 5009.28—2016 食品安全国家标准　食品中苯甲酸、山梨酸和糖精钠的测定
	菌落总数	GB 2749	GB/T 4789.19—2003 食品微生物学检验　蛋与蛋制品检验；GB 4789.2—2016 食品安全国家标准　食品微生物学检验　菌落总数测定
冰蛋类	苯甲酸及其钠盐（以苯甲酸计）	GB 2760	GB 5009.28—2016 食品安全国家标准　食品中苯甲酸、山梨酸和糖精钠的测定

续表

食品细类（四级）	风险参数	判定依据	检测方法
冰蛋类	山梨酸及其钾盐（以山梨酸计）	GB 2760	GB 5009.28—2016 食品安全国家标准 食品中苯甲酸、山梨酸和糖精钠的测定
	菌落总数	GB 2749	GB/T 4789.19—2003 食品微生物学检验 蛋与蛋制品检验; GB 4789.2—2016 食品安全国家标准 食品微生物学检验 菌落总数测定
其他类	苯甲酸及其钠盐（以苯甲酸计）	GB 2760	GB 5009.28—2016 食品安全国家标准 食品中苯甲酸、山梨酸和糖精钠的测定
	山梨酸及其钾盐（以山梨酸计）	GB 2760	GB 5009.28—2016 食品安全国家标准 食品中苯甲酸、山梨酸和糖精钠的测定
	菌落总数	产品明示标准及质量要求	GB/T 4789.19—2003 食品微生物学检验 蛋与蛋制品检验; GB 4789.2—2016 食品安全国家标准 食品微生物学检验 菌落总数测定

3. 高频不合格 / 问题参数

近年来，在各级政府开展的监督抽检、风险监测和评价性抽检中，针对蛋制品，发现比较突出的不合格 / 问题参数为：

（1）再制蛋：菌落总数。

（2）其他蛋制品：苯甲酸。

二十、可可及焙烤咖啡产品

1. 类别

可可及焙烤咖啡产品的主要分类及典型代表食品详见表 1–40。

表1–40　可可及焙烤咖啡产品的分类

食品大类（一级）	食品亚类（二级）	食品品种（三级）	食品细类（四级）	典型代表食品
可可及焙烤咖啡产品	焙炒咖啡	焙炒咖啡	焙炒咖啡	焙炒咖啡豆、咖啡粉
	可可制品	可可制品	可可制品	可可液块及可可饼块、可可粉和可可脂

2. 监督抽检高风险参数

可可及焙烤咖啡产品的监督抽检高风险参数、判定依据及相关检测方法等详见表 1–41。

表1-41 监督抽检高风险参数推荐

食品细类（四级）	高风险参数	判定依据	检测方法
焙炒咖啡	赭曲霉毒素 A	GB 2761	GB 5009.96—2016 食品安全国家标准 食品中赭曲霉毒素 A 的测定
可可制品	铅（以 Pb 计）	GB 2762	GB 5009.12—2017 食品安全国家标准 食品中铅的测定

3. 高频不合格 / 问题参数

近年来，在各级政府开展的监督抽检、风险监测和评价性抽检中，针对可可及焙烤咖啡产品，不合格 / 问题参数较少。

二十一、食糖

1. 类别

食糖的主要分类及典型代表食品详见表 1-42。

表1-42 食糖的分类

食品大类（一级）	食品亚类（二级）	食品品种（三级）	食品细类（四级）	典型代表食品
食糖	食糖	食糖	白砂糖	白砂糖
			绵白糖	绵白糖
			赤砂糖	赤砂糖
			红糖	红糖
			冰糖	冰糖
			冰片糖	冰片糖
			方糖	方糖
			其他糖	糖霜、液体糖、黄砂糖、块糖、金砂糖、全糖粉、黑糖、黄方糖、姜汁（粉）红糖等

2. 监督抽检高风险参数

食糖的监督抽检高风险参数、判定依据及相关检测方法等详见表 1-43。

表1-43 监督抽检高风险参数推荐

食品细类（四级）	风险参数	判定依据	检测方法
白砂糖	蔗糖分	GB 317；QB/T 4564；产品明示标准及质量要求	GB/T 35887—2018 白砂糖试验方法

续表

食品细类（四级）	风险参数	判定依据	检测方法
白砂糖	还原糖分	GB 317；QB/T 4564；产品明示标准及质量要求	GB/T 35887—2018 白砂糖试验方法
	色值	GB 317；QB/T 4564；产品明示标准及质量要求	GB/T 35887—2018 白砂糖试验方法
	二氧化硫残留量	GB 2760	GB 5009.34—2016 食品安全国家标准 食品中二氧化硫的测定
	螨	GB 13104	GB 13104—2014 食品安全国家标准 食糖（附录 A）
绵白糖	总糖分	GB/T 1445；产品明示标准及质量要求	QB/T 5012—2016 绵白糖试验方法
	还原糖分	GB/T 1445；产品明示标准及质量要求	QB/T 5012—2016 绵白糖试验方法
	色值	GB/T 1445；产品明示标准及质量要求	QB/T 5012—2016 绵白糖试验方法
	二氧化硫残留量	GB 2760	GB 5009.34—2016 食品安全国家标准 食品中二氧化硫的测定
	螨	GB 13104	GB 13104—2014 食品安全国家标准 食糖（附录 A）
赤砂糖	总糖分	GB/T 35884；QB/T 2343.1；产品明示标准及质量要求	QB/T 2343.2—2013 赤砂糖试验方法
	不溶于水杂质	GB/T 35884；QB/T 2343.1；产品明示标准及质量要求	QB/T 2343.2—2013 赤砂糖试验方法
	二氧化硫残留量	GB 2760	GB 5009.34—2016 食品安全国家标准 食品中二氧化硫的测定
	螨	GB 13104	GB 13104—2014 食品安全国家标准 食糖（附录 A）
红糖	总糖分	GB/T 35885；QB/T 4561；产品明示标准及质量要求	QB/T 2343.2—2013 赤砂糖试验方法
	不溶于水杂质	GB/T 35885；QB/T 4561；产品明示标准及质量要求	QB/T 2343.2—2013 赤砂糖试验方法
	螨	GB 13104	GB 13104—2014 食品安全国家标准 食糖（附录 A）
冰糖	蔗糖分	GB/T 35883；QB/T 1173；QB/T 1174；产品明示标准及质量要求	GB/T 35887—2018 白砂糖试验方法；QB/T 5010—2016 冰糖试验方法
	还原糖分	GB/T 35883；QB/T 1173；QB/T 1174；产品明示标准及质量要求	GB/T 35887—2018 白砂糖试验方法；QB/T 5010—2016 冰糖试验方法

续表

食品细类（四级）	风险参数	判定依据	检测方法
冰糖	色值	GB/T 35883；QB/T 1173；QB/T 1174；产品明示标准及质量要求	GB/T 35887—2018 白砂糖试验方法；QB/T 5010—2016 冰糖试验方法
	二氧化硫残留量	GB 2760	GB 5009.34—2016 食品安全国家标准 食品中二氧化硫的测定
	螨	GB 13104	GB 13104—2014 食品安全国家标准 食糖（附录 A）
冰片糖	总糖分	QB/T 2685；产品明示标准及质量要求	QB/T 2343.2—2013 赤砂糖试验方法
	还原糖分	QB/T 2685；产品明示标准及质量要求	QB/T 2343.2—2013 赤砂糖试验方法
	螨	GB 13104	GB 13104—2014 食品安全国家标准 食糖（附录 A）
方糖	蔗糖分	GB/T 35888；QB/T 1214；产品明示标准及质量要求	GB/T 35887—2018 白砂糖试验方法；QB/T 5011—2016 方糖试验方法
	还原糖分	GB/T 35888；QB/T 1214；产品明示标准及质量要求	GB/T 35887—2018 白砂糖试验方法；QB/T 5011—2016 方糖试验方法
	色值	GB/T 35888	QB/T 5011—2016 方糖试验方法
	二氧化硫残留量	GB 2760	GB 5009.34—2016 食品安全国家标准 食品中二氧化硫的测定
	螨	GB 13104	GB 13104—2014 食品安全国家标准 食糖（附录 A）
其他糖	蔗糖分	QB/T 4092；QB/T 4095；QB/T 4565；QB/T 4566；产品明示标准及质量要求	GB/T 35887—2018 白砂糖试验方法
	总糖分	QB/T 4093；QB/T 4562；QB/T 4563；QB/T 4567；产品明示标准及质量要求	QB/T2343.2—2013 赤砂糖试验方法
	色值	QB/T 4092；QB/T 4093；QB/T 4095；QB/T 4563；QB/T 4565；QB/T 4566；产品明示标准及质量要求	GB/T 35887—2018 白砂糖试验方法；QB/T 4093—2010 液体糖；GB/T 15108—2017 原糖
	还原糖分	QB/T 4092；QB/T 4093；QB/T 4095；QB/T 4566；产品明示标准及质量要求	QB/T 2343.2—2013 赤砂糖试验方法；GB/T 35887—2018 白砂糖试验方法

续表

食品细类（四级）	风险参数	判定依据	检测方法
其他糖	二氧化硫残留量	GB 2760	GB 5009.34—2016 食品安全国家标准 食品中二氧化硫的测定
	螨	GB 13104	GB 13104—2014 食品安全国家标准 食糖（附录 A）

3. 高频不合格 / 问题参数

近年来，在各级政府开展的监督抽检、风险监测和评价性抽检中，针对食糖，发现比较突出的不合格 / 问题参数为：还原糖分。

二十二、水产制品

1. 类别

水产制品的主要分类及典型代表食品详见表 1-44。

表1-44　水产制品的分类

食品大类（一级）	食品亚类（二级）	食品品种（三级）	食品细类（四级）	典型代表食品
水产制品	水产制品	干制水产品	藻类干制品	干海带、干燥裙带菜、紫菜、海苔等藻类干制品
			预制动物性水产干制品	鱼类干制品［大黄鱼干（黄鱼鲞）、鳗鱼干、银鱼干、海蜒、青鱼干、其他鱼类干制品］、虾类干制品（虾米、虾皮、对虾干等）、贝类干制品［干贝、鲍鱼干、贻贝干（淡菜干）、蛤干、海螺干、牡蛎干、蛏干、其他贝类干制品］、其他水产干制品（梅花参、刺参、乌参、茄参、鱼翅、鱼皮、鱼唇、明骨、鱼肚、鱿鱼干、墨鱼干、章鱼干等）
		盐渍水产品	盐渍鱼	咸鲅鱼、咸鳓鱼、咸黄鱼、咸鲳鱼、咸鲐鱼、咸鲑鱼、咸带鱼、咸鲢鱼、咸鳙鱼、咸鲤鱼、咸金线鱼和其他鱼类腌制品等
			盐渍藻	盐渍海带、盐渍裙带菜等
			其他盐渍水产品	盐渍海蜇皮和盐渍海蜇头等
		鱼糜制品	预制鱼糜制品	鱼丸、虾丸、墨鱼丸和其他

续表

食品大类（一级）	食品亚类（二级）	食品品种（三级）	食品细类（四级）	典型代表食品
水产制品	水产制品	熟制动物性水产制品	熟制动物性水产制品	风味熟制水产品（烤鱼片、鱿鱼丝、熏鱼、鱼松、炸鱼、即食海参、即食鲍鱼、其他）、即食动物性水产干制品、即食鱼糜制品和其他
		生食水产品	生食动物性水产品	腌制生食动物性水产品（醉虾、醉泥螺、醉蚶、即食海蜇等）和即食生食动物性水产品（生鱼片、生食贝类等）
		水生动物油脂及制品	水生动物油脂及制品	鱼体油、鱼肝油和海兽油等
		其他水产制品	其他水产制品	海参胶囊、牡蛎胶囊、甲壳素、海藻胶、海珍品口服液、螺旋藻、多肽类、调味藻类制品和非即食调理水产品等

2. 监督抽检高风险参数

水产制品的监督抽检高风险参数、判定依据及相关检测方法等详见表1-45。

表1-45　监督抽检高风险参数推荐

食品细类（四级）	风险参数	判定依据	检测方法
藻类干制品	铅（以Pb计）	GB 2762	GB 5009.12—2017 食品安全国家标准 食品中铅的测定
	菌落总数	GB 19643	GB 4789.2—2016 食品安全国家标准 食品微生物学检验 菌落总数测定
	大肠菌群	GB 19643	GB 4789.3—2016 食品安全国家标准 食品微生物学检验 大肠菌群计数
预制动物性水产干制品	苯甲酸及其钠盐（以苯甲酸计）	GB 2760	GB 5009.28—2016 食品安全国家标准 食品中苯甲酸、山梨酸和糖精钠的测定
	山梨酸及其钾盐（以山梨酸计）	GB 2760	GB 5009.28—2016 食品安全国家标准 食品中苯甲酸、山梨酸和糖精钠的测定
	镉（以Cd计）	GB 2762	GB 5009.15—2014 食品安全国家标准 食品中镉的测定
盐渍鱼	过氧化值（以脂肪计）	GB 10136	GB 5009.227—2016 食品安全国家标准 食品中过氧化值的测定
	组胺	GB 10136	GB 5009.208—2016 食品安全国家标准 食品中生物胺的测定

续表

食品细类（四级）	风险参数	判定依据	检测方法
盐渍鱼	*N*– 二甲基亚硝胺	GB 2762	GB 5009.26—2016 食品安全国家标准 食品中 *N*– 亚硝胺类化合物的测定
预制鱼糜制品	苯甲酸及其钠盐（以苯甲酸计）	GB 2760	GB 5009.28—2016 食品安全国家标准 食品中苯甲酸、山梨酸和糖精钠的测定
	山梨酸及其钾盐（以山梨酸计）	GB 2760	GB 5009.28—2016 食品安全国家标准 食品中苯甲酸、山梨酸和糖精钠的测定
熟制动物性水产制品	镉（以 Cd 计）	GB 2762	GB 5009.15—2014 食品安全国家标准 食品中镉的测定
	苯甲酸及其钠盐（以苯甲酸计）	GB 2760	GB 5009.28—2016 食品安全国家标准 食品中苯甲酸、山梨酸和糖精钠的测定
	山梨酸及其钾盐（以山梨酸计）	GB 2760	GB 5009.28—2016 食品安全国家标准 食品中苯甲酸、山梨酸和糖精钠的测定
生食动物性水产品	挥发性盐基氮	GB 10136	GB 5009.228—2016 食品安全国家标准 食品中挥发性盐基氮的测定
	铝的残留量（以即食海蜇中 Al 计）	GB 2760	GB 5009.182—2017 食品安全国家标准 食品中铝的测定

3. 高频不合格 / 问题参数

近年来，在各级政府开展的监督抽检、风险监测和评价性抽检中，针对水产制品，发现比较突出的不合格 / 问题参数为：

（1）干制水产品：二氧化硫。

（2）藻类干制品：菌落总数。

（3）盐渍水产品：苯甲酸、山梨酸。

（4）熟制动物性水产制品：*N*– 二甲基亚硝胺。

（5）生食水产品：菌落总数。

（6）水产深加工品：山梨酸。

（7）其他水产制品：过氧化值。

二十三、淀粉及淀粉制品

1. 类别

淀粉及淀粉制品的主要分类及典型代表食品详见表 1–46。

表1–46　淀粉及淀粉制品的分类

食品大类（一级）	食品亚类（二级）	食品品种（三级）	食品细类（四级）	典型代表食品
淀粉及淀粉制品	淀粉及淀粉制品	淀粉	淀粉	谷类淀粉、薯类淀粉、豆类淀粉和其他类淀粉
		淀粉制品	粉丝粉条	粉丝、粉条、粉皮、拉皮等
			其他淀粉制品	虾味片、粉圆等
		淀粉糖	淀粉糖	葡萄糖、饴糖、麦芽糖和异构化糖等

2. 监督抽检高风险参数

淀粉及淀粉制品监督抽检高风险参数、判定依据及相关检测方法等详见表1–47。

表1–47　监督抽检高风险参数推荐

食品细类（四级）	高风险参数	判定依据	检测方法
淀粉	菌落总数	GB 31637；产品明示标准及质量要求	GB 4789.2—2016 食品安全国家标准　食品微生物学检验　菌落总数测定
	大肠菌群	GB 31637；产品明示标准及质量要求	GB/T 4789.3—2003 食品卫生微生物学检验　大肠菌群测定；GB 4789.3—2016 食品安全国家标准　食品微生物学检验　大肠菌群计数
粉丝粉条和其他淀粉制品	铝的残留量（干样品，以 Al 计）	GB 2760	GB 5009.182—2017 食品安全国家标准　食品中铝的测定
淀粉糖	铅（以 Pb 计）	GB 2762	GB 5009.12—2017 食品安全国家标准　食品中铅的测定

3. 高频不合格 / 问题参数

近年来，在各级政府开展的监督抽检、风险监测和评价性抽检中，针对淀粉及淀粉制品，发现比较突出的不合格 / 问题参数为：

（1）淀粉：菌落总数。

（2）淀粉制品：铝。

二十四、糕点

1. 类别

糕点的主要分类及典型代表食品详见表 1–48。

表1–48　糕点的分类

食品大类（一级）	食品亚类（二级）	食品品种（三级）	食品细类（四级）	典型代表食品
糕点	糕点	糕点	糕点	1. 糕点：烘烤糕点、油炸糕点、水蒸糕点、熟粉糕点、冷调韧糕类糕点、冷调松糕类糕点、蛋糕类糕点、油炸上糖浆类糕点、萨其玛类糕点、其他类糕点； 2. 面包：软式面包、硬式面包、起酥面包、调理面包、其他面包
		月饼	月饼	广式月饼、京式月饼、苏式月饼、潮式月饼、滇式月饼、晋式月饼、琼式月饼、台式月饼、哈式月饼及其他类月饼
	粽子	粽子	粽子	新鲜类粽子、速冻类粽子、真空包装类粽子

2. 监督抽检高风险参数

糕点的监督抽检高风险参数、判定依据及相关检测方法等详见表 1–49。

表1–49　监督抽检高风险参数推荐

食品细类（四级）	高风险参数	判定依据	检测方法
糕点	酸价（以脂肪计）	GB 7099	GB 5009.229—2016 食品安全国家标准　食品中酸价的测定
	过氧化值（以脂肪计）	GB 7099	GB 5009.227—2016 食品安全国家标准　食品中过氧化值的测定
	糖精钠（以糖精计）	GB 2760	GB 5009.28—2016 食品安全国家标准　食品中苯甲酸、山梨酸和糖精钠的测定
	甜蜜素（以环己基氨基磺酸计）	GB 2760	GB 5009.97—2016 食品安全国家标准　食品中环己基氨基磺酸钠的测定
	安赛蜜	GB 2760	SN/T 3538—2013 出口食品中六种合成甜味剂的检测方法　液相色谱 – 质谱 / 质谱法
	铝的残留量（干样品，以 Al 计）	GB 2760	GB 5009.182—2017 食品安全国家标准　食品中铝的测定

续表

食品细类（四级）	高风险参数	判定依据	检测方法
糕点	菌落总数	GB 7099	GB 4789.2—2016 食品安全国家标准 食品微生物学检验 菌落总数测定
	大肠菌群	GB 7099	GB 4789.3—2016 食品安全国家标准 食品微生物学检验 大肠菌群计数(平板计数法)
月饼	酸价（以脂肪计）	GB 7099	GB 5009.229—2016 食品安全国家标准 食品中酸价的测定
	过氧化值（以脂肪计）	GB 7099	GB 5009.227—2016 食品安全国家标准 食品中过氧化值的测定
	铝的残留量（干样品，以 Al 计）	GB 2760	GB 5009.182—2017 食品安全国家标准 食品中铝的测定
	菌落总数	GB 7099	GB 4789.2—2016 食品安全国家标准 食品微生物学检验 菌落总数测定
	大肠菌群	GB 7099	GB 4789.3—2016 食品安全国家标准 食品微生物学检验 大肠菌群计数(平板计数法)
粽子	糖精钠(以糖精计)	GB 2760	GB 5009.28—2016 食品安全国家标准 食品中苯甲酸、山梨酸和糖精钠的测定
	安赛蜜	GB 2760	SN/T 3538—2013 出口食品中六种合成甜味剂的检测方法 液相色谱－质谱 / 质谱法
	菌落总数	GB 19295；产品明示标准及质量要求	GB 4789.2—2016 食品安全国家标准 食品微生物学检验 菌落总数测定
	大肠菌群	GB 19295；产品明示标准及质量要求	GB/T 4789.3—2003 食品卫生微生物学检验 大肠菌群测定；GB 4789.3—2016 食品安全国家标准 食品微生物学检验 大肠菌群计数

3. 高频不合格 / 问题参数

近年来，在各级政府开展的监督抽检、风险监测和评价性抽检中，针对糕点，发现比较突出的不合格 / 问题参数为：

（1）糕点：菌落总数、防腐剂之和。

（2）面包：防腐剂之和。

（3）月饼：脱氢乙酸、菌落总数。

（4）粽子：菌落总数。

二十五、豆制品

1. 类别

豆制品的主要分类及典型代表食品详见表 1–50。

表1–50　豆制品的分类

食品大类（一级）	食品亚类（二级）	食品品种（三级）	食品细类（四级）	典型代表食品
豆制品	豆制品	发酵性豆制品	腐乳、豆豉、纳豆等	腐乳、豆豉、纳豆等
		非发酵性豆制品	豆干、豆腐、豆皮等	豆干、豆腐、豆皮等
			腐竹、油皮	腐竹类（含腐竹、油皮及其再制品）等
		其他豆制品	大豆蛋白类制品等	大豆蛋白类制品等

2. 监督抽检高风险参数

豆制品的监督抽检高风险参数、判定依据及相关检测方法等详见表 1–51。

表1–51　监督抽检高风险参数推荐

食品细类（四级）	高风险参数	判定依据	检测方法
腐乳、豆豉、纳豆等	苯甲酸及其钠盐（以苯甲酸计）	GB 2760	GB 5009.28—2016 食品安全国家标准　食品中苯甲酸、山梨酸和糖精钠的测定
	山梨酸及其钾盐（以山梨酸计）	GB 2760	GB 5009.28—2016 食品安全国家标准　食品中苯甲酸、山梨酸和糖精钠的测定
	脱氢乙酸及其钠盐（以脱氢乙酸计）	GB 2760	GB 5009.121—2016 食品安全国家标准　食品中脱氢乙酸的测定
	铝的残留量（干样品，以 Al 计）	GB 2760	GB 5009.182—2017 食品安全国家标准　食品中铝的测定
	大肠菌群	GB 2712	GB 4789.3—2016 食品安全国家标准　食品微生物学检验　大肠菌群计数
豆干、豆腐、豆皮等	苯甲酸及其钠盐（以苯甲酸计）	GB 2760	GB 5009.28—2016 食品安全国家标准　食品中苯甲酸、山梨酸和糖精钠的测定
	山梨酸及其钾盐（以山梨酸计）	GB 2760	GB 5009.28—2016 食品安全国家标准　食品中苯甲酸、山梨酸和糖精钠的测定
	脱氢乙酸及其钠盐（以脱氢乙酸计）	GB 2760	GB 5009.121—2016 食品安全国家标准　食品中脱氢乙酸的测定

续表

食品细类（四级）	高风险参数	判定依据	检测方法
豆干、豆腐、豆皮等	铝的残留量（干样品，以 Al 计）	GB 2760	GB 5009.182—2017 食品安全国家标准 食品中铝的测定
	大肠菌群	GB 2712	GB 4789.3—2016 食品安全国家标准 食品微生物学检验 大肠菌群计数（平板计数法）
腐竹、油皮	苯甲酸及其钠盐（以苯甲酸计）	GB 2760	GB 5009.28—2016 食品安全国家标准 食品中苯甲酸、山梨酸和糖精钠的测定
	山梨酸及其钾盐（以山梨酸计）	GB 2760	GB 5009.28—2016 食品安全国家标准 食品中苯甲酸、山梨酸和糖精钠的测定
	脱氢乙酸及其钠盐（以脱氢乙酸计）	GB 2760	GB 5009.121—2016 食品安全国家标准 食品中脱氢乙酸的测定
大豆蛋白类制品等	山梨酸及其钾盐（以山梨酸计）	GB 2760	GB 5009.28—2016 食品安全国家标准 食品中苯甲酸、山梨酸和糖精钠的测定
	脱氢乙酸及其钠盐（以脱氢乙酸计）	GB 2760	GB 5009.121—2016 食品安全国家标准 食品中脱氢乙酸的测定

3. 高频不合格 / 问题参数

近年来，在各级政府开展的监督抽检、风险监测和评价性抽检中，针对豆制品，发现比较突出的不合格 / 问题参数为：

（1）发酵性豆制品：山梨酸、苯甲酸。

（2）非发酵性豆制品：脱氢乙酸、防腐剂之和。

（3）其他豆制品：铝。

二十六、蜂产品

1. 类别

蜂产品的主要分类及典型代表食品详见表 1–52。

表1–52 蜂产品的分类

食品大类（一级）	食品亚类（二级）	食品品种（三级）	食品细类（四级）	典型代表食品
蜂产品	蜂产品	蜂蜜	蜂蜜	单花蜜和杂花蜜（百花蜜）
		蜂王浆（含蜂王浆冻干粉）	蜂王浆（含蜂王浆冻干粉）	蜂王浆（含蜂王浆冻干粉）
		蜂花粉	蜂花粉	单一品种蜂花粉、杂花粉、碎蜂花粉
		蜂产品制品	蜂产品制品	蜂蜜膏、王浆膏、蜂花粉片等

2. 监督抽检高风险参数

蜂产品的监督抽检高风险参数、判定依据及相关检测方法等详见表 1–53。

表1–53　监督抽检高风险参数推荐

食品细类（四级）	高风险参数	判定依据	检测方法
蜂蜜	果糖和葡萄糖	GB 14963	GB 5009.8—2016 食品安全国家标准 食品中果糖、葡萄糖、蔗糖、麦芽糖、乳糖的测定
	氧氟沙星	农业部第 2292 号公告	GB/T 23412—2009 蜂蜜中 19 种喹诺酮类药物残留量的测定方法 液相色谱 – 质谱 / 质谱法
	诺氟沙星	农业部第 2292 号公告	GB/T 23412—2009 蜂蜜中 19 种喹诺酮类药物残留量的测定方法 液相色谱 – 质谱 / 质谱法
	嗜渗酵母计数	GB 14963	GB 14963—2011 食品安全国家标准 蜂蜜（附录 A）
	氯霉素	农业农村部公告第 250 号	GB/T 18932.19—2003 蜂蜜中氯霉素残留量的测定方法 液相色谱 – 串联质谱法
蜂王浆（含蜂王浆冻干粉）	10– 羟基 –2– 癸烯酸	GB 9697；GB/T 21532	GB 9697—2008 蜂王浆
蜂花粉	铅（以 Pb 计）	GB 2762	GB 5009.12—2017 食品安全国家标准 食品中铅的测定
蜂产品制品	糖精钠（以糖精计）	GB 2760；产品明示标准及质量要求	GB 5009.28—2016 食品安全国家标准 食品中苯甲酸、山梨酸和糖精钠的测定
	苯甲酸及其钠盐（以苯甲酸计）	GB 2760；产品明示标准及质量要求	GB 5009.28—2016 食品安全国家标准 食品中苯甲酸、山梨酸和糖精钠的测定
	山梨酸及其钾盐（以山梨酸计）	GB 2760；产品明示标准及质量要求	GB 5009.28—2016 食品安全国家标准 食品中苯甲酸、山梨酸和糖精钠的测定

3. 高频不合格 / 问题参数

近年来，在各级政府开展的监督抽检、风险监测和评价性抽检中，针对蜂产品，发现比较突出的不合格 / 问题参数为：

（1）蜂蜜：菌落总数、果糖和葡萄糖、氯霉素、诺氟沙星。

（2）蜂王浆：总糖。

（3）蜂花粉：霉菌。

（4）蜂产品制品：山梨酸。

二十七、保健食品

1. 类别

保健食品的主要分类及典型代表食品详见表 1–54。

表1–54 保健食品的分类

食品大类（一级）	食品亚类（二级）	食品品种（三级）	食品细类（四级）	典型代表食品
保健食品	保健食品	减肥类	减肥类	增强免疫力、辅助降血脂、辅助降血糖、抗氧化、辅助改善记忆、缓解视疲劳、促进排铅、清咽等功能类别保健食品和营养素补充剂
		辅助降血糖类	辅助降血糖类	
		改善睡眠类	改善睡眠类	
		缓解体力疲劳类 / 提高免疫力类	缓解体力疲劳类 / 提高免疫力类	
		辅助降血压类	辅助降血压类	

2. 监督抽检高风险参数

保健食品的监督抽检高风险参数、判定依据及相关检测方法等详见表 1–55。

表1–55 监督抽检高风险参数推荐

食品细类（四级）	高风险参数	判定依据	检测方法
减肥类	西布曲明	同检测方法	国家食品药品监督管理局药品检验补充检验方法和检验项目批准件 2006004、2012005、食药监办〔2010〕114
	酚酞	同检测方法	国家食品药品监督管理局药品检验补充检验方法和检验项目批准件 2006004、2012005、食药监办〔2010〕114
辅助降血糖类	格列本脲	同检测方法	国家食品药品监督管理局药品检验补充检验方法和检验项目批准件 2009029、2011008、2013001
	盐酸二甲双胍	同检测方法	国家食品药品监督管理局药品检验补充检验方法和检验项目批准件 2009029、2011008、2013001
	盐酸苯乙双胍	同检测方法	国家食品药品监督管理局药品检验补充检验方法和检验项目批准件 2009029、2011008、2013001

续表

食品细类（四级）	高风险参数	判定依据	检测方法
改善睡眠类	氯氮卓	同检测方法	国家食品药品监督管理局药品检验补充检验方法和检验项目批准件 2012004、2009024、2013002
	硝西泮	同检测方法	国家食品药品监督管理局药品检验补充检验方法和检验项目批准件 2012004、2009024、2013002
	艾司唑仑	同检测方法	国家食品药品监督管理局药品检验补充检验方法和检验项目批准件 2012004、2009024、2013002
	奥沙西泮	同检测方法	国家食品药品监督管理局药品检验补充检验方法和检验项目批准件 2012004、2009024、2013002
	阿普唑仑	同检测方法	国家食品药品监督管理局药品检验补充检验方法和检验项目批准件 2012004、2009024、2013002
	劳拉西泮	同检测方法	国家食品药品监督管理局药品检验补充检验方法和检验项目批准件 2012004、2009024、2013002
	氯硝西泮	同检测方法	国家食品药品监督管理局药品检验补充检验方法和检验项目批准件 2012004、2009024、2013002
	三唑仑	同检测方法	国家食品药品监督管理局药品检验补充检验方法和检验项目批准件 2012004、2009024、2013002
	地西泮	同检测方法	国家食品药品监督管理局药品检验补充检验方法和检验项目批准件 2012004、2009024、2013002
	巴比妥	同检测方法	国家食品药品监督管理局药品检验补充检验方法和检验项目批准件 2012004、2009024、2013002
	苯巴比妥	同检测方法	国家食品药品监督管理局药品检验补充检验方法和检验项目批准件 2012004、2009024、2013002
	氯美扎酮	同检测方法	国家食品药品监督管理局药品检验补充检验方法和检验项目批准件 2012004、2009024、2013002
	氯苯那敏	同检测方法	国家食品药品监督管理局药品检验补充检验方法和检验项目批准件 2012004、2009024、2013002
	文拉法辛	同检测方法	国家食品药品监督管理局药品检验补充检验方法和检验项目批准件 2012004、2009024、2013002

续表

食品细类（四级）	高风险参数	判定依据	检测方法
缓解体力疲劳类／提高免疫力类	那红地那非	同检测方法	国家食品药品监督管理局药品检验补充检验方法和检验项目批准件 2009030
	红地那非	同检测方法	国家食品药品监督管理局药品检验补充检验方法和检验项目批准件 2009030
	伐地那非	同检测方法	国家食品药品监督管理局药品检验补充检验方法和检验项目批准件 2009030
	羟基豪莫西地那非	同检测方法	国家食品药品监督管理局药品检验补充检验方法和检验项目批准件 2009030
	西地那非	同检测方法	国家食品药品监督管理局药品检验补充检验方法和检验项目批准件 2009030
	豪莫西地那非	同检测方法	国家食品药品监督管理局药品检验补充检验方法和检验项目批准件 2009030
	氨基他达拉非	同检测方法	国家食品药品监督管理局药品检验补充检验方法和检验项目批准件 2009030
	他达拉非	同检测方法	国家食品药品监督管理局药品检验补充检验方法和检验项目批准件 2009030
	硫代艾地那非	同检测方法	国家食品药品监督管理局药品检验补充检验方法和检验项目批准件 2009030
	伪伐地那非	同检测方法	国家食品药品监督管理局药品检验补充检验方法和检验项目批准件 2009030
	那莫西地那非	同检测方法	国家食品药品监督管理局药品检验补充检验方法和检验项目批准件 2009030
辅助降血压类	阿替洛尔	同检测方法	国家食品药品监督管理局药品检验补充检验方法和检验项目批准件 2009032、2014008
	盐酸可乐定	同检测方法	国家食品药品监督管理局药品检验补充检验方法和检验项目批准件 2009032、2014008
	氢氯噻嗪	同检测方法	国家食品药品监督管理局药品检验补充检验方法和检验项目批准件 2009032、2014008
	卡托普利	同检测方法	国家食品药品监督管理局药品检验补充检验方法和检验项目批准件 2009032、2014008
	利血平	同检测方法	国家食品药品监督管理局药品检验补充检验方法和检验项目批准件 2009032、2014008
	硝苯地平	同检测方法	国家食品药品监督管理局药品检验补充检验方法和检验项目批准件 2009032、2014008
	氨氯地平	同检测方法	国家食品药品监督管理局药品检验补充检验方法和检验项目批准件 2009032、2014008
	尼群地平	同检测方法	国家食品药品监督管理局药品检验补充检验方法和检验项目批准件 2009032、2014008
	尼莫地平	同检测方法	国家食品药品监督管理局药品检验补充检验方法和检验项目批准件 2009032、2014008

续表

食品细类（四级）	高风险参数	判定依据	检测方法
辅助降血压类	尼索地平	同检测方法	国家食品药品监督管理局药品检验补充检验方法和检验项目批准件 2009032、2014008

3. 高频不合格 / 问题参数

近年来，在各级政府开展的监督抽检、风险监测和评价性抽检中，针对保健食品，发现比较突出的不合格 / 问题参数为：非法添加、微生物（菌落总数、大肠菌群）。

二十八、特殊膳食食品

1. 类别

特殊膳食食品的主要分类及典型代表食品详见表 1–56。

表1–56　特殊膳食食品的分类

<table>
<tr><th>食品大类（一级）</th><th>食品亚类（二级）</th><th>食品品种（三级）</th><th>食品细类（四级）</th><th>典型代表食品</th></tr>
<tr><td rowspan="4">特殊膳食食品</td><td rowspan="2">婴幼儿辅助食品</td><td>婴幼儿谷类辅助食品</td><td>婴幼儿谷物辅助食品、婴幼儿高蛋白谷物辅助食品、婴幼儿生制类谷物辅助食品、婴幼儿饼干或其他婴幼儿谷物辅助食品</td><td>婴幼儿谷物辅助食品、婴幼儿高蛋白谷物辅助食品、婴幼儿生制类谷物辅助食品、婴幼儿饼干或其他婴幼儿谷物辅助食品（米糊、磨牙饼等）</td></tr>
<tr><td>婴幼儿罐装辅助食品</td><td>泥（糊）状罐装食品、颗粒状罐装食品、汁类罐装食品</td><td>泥（糊）状罐装食品、颗粒状罐装食品、汁类罐装食品（婴幼儿果泥、果汁等）</td></tr>
<tr><td rowspan="2">营养补充品</td><td rowspan="2">营养补充品</td><td>辅食营养素补充食品、辅食营养素补充片、辅食营养素散剂</td><td>辅食营养素补充食品、辅食营养素补充片、辅食营养素散剂</td></tr>
<tr><td>孕妇及乳母营养补充食品</td><td>孕妇及乳母营养补充食品</td></tr>
</table>

2. 监督抽检高风险参数

特殊膳食食品的监督抽检高风险参数、判定依据及相关检测方法等详见表 1–57。

表1–57　监督抽检高风险参数推荐

食品细类（四级）	高风险参数	判定依据	检测方法
婴幼儿谷物辅助食品、婴幼儿高蛋白谷物辅助食品、婴幼儿生制类谷物辅助食品、婴幼儿饼干或其他婴幼儿谷物辅助食品	蛋白质	GB 10769	GB 5009.5—2016 食品安全国家标准 食品中蛋白质的测定
	脂肪	GB 10769	GB 5009.6—2016 食品安全国家标准 食品中脂肪的测定
	维生素 A	GB 10769	GB 5009.82—2016 食品安全国家标准 食品中维生素 A、D、E 的测定
	维生素 D	GB 10769	GB 5009.82—2016 食品安全国家标准 食品中维生素 A、D、E 的测定
	维生素 B_1	GB 10769	GB 5009.84—2016 食品安全国家标准 食品中维生素 B_1 的测定
	钙	GB 10769	GB 5009.92—2016 食品安全国家标准 食品中钙的测定
	铁	GB 10769	GB 5009.90—2016 食品安全国家标准 食品中铁的测定
	锌	GB 10769	GB 5009.14—2017 食品安全国家标准 食品中锌的测定
	钠	GB 10769	GB 5009.91—2017 食品安全国家标准 食品中钾、钠的测定
	维生素 E	GB 10769	GB 5009.82—2016 食品安全国家标准 食品中维生素 A、D、E 的测定
	维生素 B_2	GB 10769	GB 5009.85—2016 食品安全国家标准 食品中维生素 B_2 的测定
	维生素 B_6	GB 10769	GB 5009.154—2016 食品安全国家标准 食品中维生素 B_6 的测定
	烟酸	GB 10769	GB 5009.89—2016 食品安全国家标准 食品中烟酸和烟酰胺的测定
	泛酸	GB 10769	GB 5413.17—2010 食品安全国家标准 婴幼儿食品和乳品中泛酸的测定
	维生素 C	GB 10769	GB 5413.18—2010 食品安全国家标准 婴幼儿食品和乳品中维生素 C 的测定
	磷	GB 10769	GB 5009.87—2016 食品安全国家标准 食品中磷的测定
	碘	GB 10769	GB 5009.267—2016 食品安全国家标准 食品中碘的测定
	钾	GB 10769	GB 5009.91—2017 食品安全国家标准 食品中钾、钠的测定
	水分	GB 10769	GB 5009.3—2016 食品安全国家标准 食品中水分的测定

续表

食品细类（四级）	高风险参数	判定依据	检测方法
婴幼儿谷物辅助食品、婴幼儿高蛋白谷物辅助食品、婴幼儿生制类谷物辅助食品、婴幼儿饼干或其他婴幼儿谷物辅助食品	硝酸盐(以$NaNO_3$计)	GB 2762	GB 5009.33—2016 食品安全国家标准 食品中亚硝酸盐与硝酸盐的测定
	亚硝酸盐(以$NaNO_2$计)	GB 2762	GB 5009.33—2016 食品安全国家标准 食品中亚硝酸盐与硝酸盐的测定
	菌落总数	GB 10769	GB 4789.2—2016 食品安全国家标准 食品微生物学检验 菌落总数测定
	大肠菌群	GB 10769	GB 4789.3—2016 食品安全国家标准 食品微生物学检验 大肠菌群计数
	镉（以 Cd 计）	卫健委、市场监管总局公告（2018 年第7号）	GB 5009.15—2014 食品安全国家标准 食品中镉的测定
	二十二碳六烯酸	产品明示值	GB 5009.168—2016 食品安全国家标准 食品中脂肪酸的测定
	花生四烯酸	产品明示值	GB 5009.168—2016 食品安全国家标准 食品中脂肪酸的测定
泥（糊）状罐装食品、颗粒状罐装食品、汁类罐装食品	蛋白质	GB 10770	GB 5009.5—2016 食品安全国家标准 食品中蛋白质的测定
	脂肪	GB 10770	GB 5009.6—2016 食品安全国家标准 食品中脂肪的测定
	总钠	GB 10770	GB 5009.91—2017 食品安全国家标准 食品中钾、钠的测定
	硝酸盐(以$NaNO_3$计)	GB 2762	GB 5009.33—2016 食品安全国家标准 食品中亚硝酸盐与硝酸盐的测定
	亚硝酸盐(以$NaNO_2$计)	GB 2762	GB 5009.33—2016 食品安全国家标准 食品中亚硝酸盐与硝酸盐的测定
	商业无菌	GB 10770	GB 4789.26—2013 食品安全国家标准 食品微生物学检验商业无菌检验
	霉菌	GB 10770	GB 4789.15—2016 食品安全国家标准 食品微生物学检验 霉菌和酵母计数
辅食营养素补充食品、辅食营养素补充片、辅食营养素散剂	蛋白质	GB 22570	GB 5009.5—2016 食品安全国家标准 食品中蛋白质的测定
	钙	GB 22570	GB 5009.92—2016 食品安全国家标准 食品中钙的测定
	铁	GB 22570	GB 5009.90—2016 食品安全国家标准 食品中铁的测定
	锌	GB 22570	GB 5009.14—2017 食品安全国家标准 食品中锌的测定
	维生素 A	GB 22570	GB 5009.82—2016 食品安全国家标准 食品中维生素 A、D、E 的测定
	维生素 D	GB 22570	GB 5009.82—2016 食品安全国家标准 食品中维生素 A、D、E 的测定

续表

食品细类（四级）	高风险参数	判定依据	检测方法
辅食营养素补充食品、辅食营养素补充片、辅食营养素散剂	维生素 B_1	GB 22570	GB 5009.84—2016 食品安全国家标准 食品中维生素 B_1 的测定
	维生素 B_2	GB 22570	GB 5009.85—2016 食品安全国家标准 食品中维生素 B_2 的测定
	钙	GB 22570	GB 5009.92—2016 食品安全国家标准 食品中钙的测定
	维生素 K_1	GB 22570	GB 5009.158—2016 食品安全国家标准 食品中维生素 K_1 的测定
	烟酸（烟酰胺）	GB 22570	GB 5009.89—2016 食品安全国家标准 食品中烟酸和烟酰胺的测定
	维生素 B_6	GB 22570	GB 5009.154—2016 食品安全国家标准 食品中维生素 B_6 的测定
	泛酸	GB 22570	GB 5413.17—2010 食品安全国家标准 婴幼儿食品和乳品中泛酸的测定
	维生素 C	GB 22570	GB 5413.18—2010 食品安全国家标准 婴幼儿食品和乳品中维生素 C 的测定
	二十二碳六烯酸	GB 22570	GB 5009.168—2016 食品安全国家标准 食品中脂肪酸的测定
	硝酸盐（以 $NaNO_3$ 计）	GB 22570	GB 5009.33—2016 食品安全国家标准 食品中亚硝酸盐与硝酸盐的测定
	亚硝酸盐（以 $NaNO_2$ 计）	GB 22570	GB 5009.33—2016 食品安全国家标准 食品中亚硝酸盐与硝酸盐的测定
	菌落总数	GB 22570	GB 4789.2—2016 食品安全国家标准 食品微生物学检验 菌落总数测定
	大肠菌群	GB 22570	GB 4789.3—2016 食品安全国家标准 食品微生物学检验 大肠菌群计数
孕妇及乳母营养补充食品	铁	GB 31601	GB 5009.90—2016 食品安全国家标准 食品中铁的测定
	维生素 A	GB 31601	GB 5009.82—2016 食品安全国家标准 食品中维生素 A、D、E 的测定
	维生素 D	GB 31601	GB 5009.82—2016 食品安全国家标准 食品中维生素 A、D、E 的测定
	钙	GB 31601	GB 5009.92—2016 食品安全国家标准 食品中钙的测定
	镁	GB 31601	GB 5009.241—2017 食品安全国家标准 食品中镁的测定
	锌	GB 31601	GB 5009.14—2017 食品安全国家标准 食品中锌的测定
	硒	GB 31601	GB 5009.93—2010 食品安全国家标准 食品中硒的测定

续表

食品细类（四级）	高风险参数	判定依据	检测方法
孕妇及乳母营养补充食品	维生素 E	GB 31601	GB 5009.82—2016 食品安全国家标准 食品中维生素 A、D、E 的测定
	维生素 K_1	GB 31601	GB 5009.158—2016 食品安全国家标准 食品中维生素 K_1 的测定
	维生素 B_1	GB 31601	GB 5009.84—2016 食品安全国家标准 食品中维生素 B_1 的测定
	维生素 B_2	GB 31601	GB 5009.85—2016 食品安全国家标准 食品中维生素 B_2 的测定
	维生素 B_6	GB 31601	GB 5009.154—2016 食品安全国家标准 食品中维生素 B_6 的测定
	烟酸（烟酰胺）	GB 31601	GB 5009.89—2016 食品安全国家标准 食品中烟酸和烟酰胺的测定
	泛酸	GB 31601	GB 5009.210—2016 食品安全国家标准 食品中泛酸的测定
	维生素 C	GB 31601	GB 5413.18—2010 食品安全国家标准 婴幼儿食品和乳品中维生素 C 的测定
	二十二碳六烯酸	GB 31601	GB 5009.168—2016 食品安全国家标准 食品中脂肪酸的测定
	大肠菌群	GB 31601	GB 4789.3—2016 食品安全国家标准 食品微生物学检验　大肠菌群计数（平板计数法）

3. 高频不合格 / 问题参数

近年来，在各级政府开展的监督抽检、风险监测和评价性抽检中，针对特殊膳食食品，发现比较突出的不合格 / 问题参数为：

（1）婴幼儿谷类辅助食品：品质指标（钠）。

（2）婴幼儿罐装辅助食品：品质指标（总钠）。

二十九、特殊医学用途配方食品

1. 类别

特殊医学用途配方食品的主要分类及典型代表食品详见表 1–58。

表1–58 特殊医学用途配方食品的分类

食品大类（一级）	食品亚类（二级）	食品品种（三级）	食品细类（四级）	典型代表食品
特殊医学用途配方食品	特殊医学用途配方食品	特殊医学用途婴儿配方食品	特殊医学用途婴儿配方食品	无乳糖配方或低乳糖配方、乳蛋白部分水解配方、乳蛋白深度水解配方或氨基酸配方、早产/低出生体重婴儿配方、母乳营养补充剂、氨基酸代谢障碍配方
		特殊医学用途配方食品	全营养配方食品、特定全营养配方食品和非全营养配方食品	糖尿病病人用全营养配方食品；慢性阻塞性肺疾病（COPD）病人用全营养配方食品；肾病病人用全营养配方食品；恶性肿瘤（恶病质状态）病人用全营养配方食品；炎性肠病病人用全营养配方食品；食物蛋白过敏病人用全营养配方食品；难治性癫痫病人用全营养配方食品；肥胖和减脂手术病人用全营养配方食品；肝病病人用全营养配方食品；肌肉衰减综合征病人用全营养配方食品；创伤、感染、手术及其他应激状态病人用全营养配方食品；胃肠道吸收障碍、胰腺炎病人用全营养配方食品和脂肪酸代谢异常病人用全营养配方食品

2. 监督抽检高风险参数

近年来，国家市场监督管理总局（原国家食品药品监督管理总局）抽检公告中未有特殊医学用途配方食品不合格通报，因此暂未有高风险参数推荐。

3. 高频不合格/问题参数

近年来，在各级政府开展的监督抽检、风险监测和评价性抽检中，针对特殊医学用途配方食品未发现不合格/问题参数。

三十、婴幼儿配方食品

1. 类别

婴幼儿配方食品的主要分类及典型代表食品详见表1–59。

表1-59 婴幼儿配方食品的分类

食品大类（一级）	食品亚类（二级）	食品品种（三级）	食品细类（四级）	典型代表食品
婴幼儿配方食品	婴幼儿配方食品（湿法工艺、干法工艺、干湿法混合工艺）	婴儿配方食品	乳基婴儿配方食品、豆基婴儿配方食品	乳基婴儿配方食品、豆基婴儿配方食品
		较大婴儿和幼儿配方食品	乳基较大婴儿和幼儿配方食品、豆基较大婴儿和幼儿配方食品	乳基较大婴儿和幼儿配方食品、豆基较大婴儿和幼儿配方食品

2. 监督抽检高风险参数

婴幼儿配方食品的监督抽检高风险参数、判定依据及相关检测方法等详见表 1-60。

表1-60 监督抽检高风险参数推荐

食品细类（四级）	高风险参数	判定依据	检测方法
乳基婴儿配方食品、豆基婴儿配方食品	营养指标与标签标示值不符	GB 10765；产品明示标准及质量要求	GB 5009.5—2016 食品安全国家标准 食品中蛋白质的测定等
乳基较大婴儿和幼儿配方食品、豆基较大婴儿和幼儿配方食品	营养指标与标签标示值不符	GB 10767；产品明示标准及质量要求	GB 5009.5—2016 食品安全国家标准 食品中蛋白质的测定

3. 高频不合格 / 问题参数

近年来，在各级政府开展的监督抽检、风险监测和评价性抽检中，针对婴幼儿配方食品，发现比较突出的不合格 / 问题参数为：品质指标（核苷酸）。

三十一、餐饮食品

1. 类别

餐饮食品的主要分类及典型代表食品详见表 1-61。

表1-61 餐饮食品的分类

食品大类（一级）	食品亚类（二级）	食品品种（三级）	食品细类（四级）	典型代表食品
餐饮食品	米面及其制品（自制）	小麦粉制品（自制）	发酵面制品（自制）	发酵面制品（自制）（馒头、包子等）
			油炸面制品（自制）	油炸面制品（自制）（油条、油饼等）
	肉制品（自制）	熟肉制品（自制）	酱卤肉制品、肉灌肠、其他熟肉（自制）	酱卤肉制品、肉灌肠、其他熟肉（自制）
			肉冻、皮冻（自制）	肉冻、皮冻（自制）
	复合调味料（自制）	半固态调味料（自制）	火锅调味料（底料、蘸料）（自制）	火锅调味料（底料、蘸料）（自制）（芝麻酱等）
	水产及水产制品（餐饮）	水产及水产制品（餐饮）	生食动物性水产品（餐饮）	生食动物性水产品（餐饮）（三文鱼等）
	坚果及籽类食品（餐饮）	坚果及籽类食品（餐饮）	花生及其制品（餐饮）	花生及其制品（餐饮）
	餐饮具	复用餐饮具	复用餐饮具	陶瓷、玻璃、密胺、木制、金属等餐饮具
	其他餐饮食品	其他餐饮食品	其他餐饮食品	其他餐饮食品

注：该分类按国家抽检标准制定，因此将餐饮具划归餐饮食品。

2. 监督抽检高风险参数

餐饮食品的监督抽检高风险参数、判定依据及相关检测方法等详见表 1-62。

表1-62 监督抽检高风险参数推荐

食品细类（四级）	高风险参数	判定依据	检测方法
发酵面制品（自制）	糖精钠（以糖精计）	GB 2760	GB 5009.28—2016 食品安全国家标准 食品中苯甲酸、山梨酸和糖精钠的测定
油炸面制品（自制）	铝的残留量（干样品，以 Al 计）	GB 2760	GB 5009.182—2017 食品安全国家标准 食品中铝的测定
酱卤肉制品、肉灌肠、其他熟肉（自制）	苯甲酸及其钠盐（以苯甲酸计）	GB 2760	GB 5009.28—2016 食品安全国家标准 食品中苯甲酸、山梨酸和糖精钠的测定
	山梨酸及其钾盐（以山梨酸计）	GB 2760	GB 5009.28—2016 食品安全国家标准 食品中苯甲酸、山梨酸和糖精钠的测定
火锅调味料（底料、蘸料）（自制）	罂粟碱	食品整治办〔2008〕3 号	DB 31/2010—2012 食品安全地方标准 火锅食品中罂粟碱、吗啡、那可丁、可待因和蒂巴因的测定 液相色谱 - 串联质谱法

续表

食品细类（四级）	高风险参数	判定依据	检测方法
火锅调味料（底料、蘸料）（自制）	吗啡	食品整治办〔2008〕3号	DB 31/2010—2012 食品安全地方标准 火锅食品中罂粟碱、吗啡、那可丁、可待因和蒂巴因的测定 液相色谱－串联质谱法
	可待因	食品整治办〔2008〕3号	DB 31/2010—2012 食品安全地方标准 火锅食品中罂粟碱、吗啡、那可丁、可待因和蒂巴因的测定 液相色谱－串联质谱法
	那可丁	食品整治办〔2008〕3号	DB 31/2010—2012 食品安全地方标准 火锅食品中罂粟碱、吗啡、那可丁、可待因和蒂巴因的测定 液相色谱－串联质谱法
	蒂巴因	食品整治办〔2008〕3号	DB 31/2010—2012 食品安全地方标准 火锅食品中罂粟碱、吗啡、那可丁、可待因和蒂巴因的测定 液相色谱－串联质谱法
生食动物性水产品（餐饮）	挥发性盐基氮	GB 10136	GB 5009.228—216 食品中挥发性盐基氮的测定
	镉（以 Cd 计）	GB 2762	GB 5009.15—2014 食品安全国家标准 食品中镉的测定
花生及其制品（餐饮）	黄曲霉毒素 B_1	GB 2761	GB 5009.22—2016 食品安全国家标准 食品中黄曲霉毒素 B 族和 G 族的测定
复用餐饮具	游离性余氯	GB 14934	GB/T 5750.11—2006 生活饮用水标准检验方法 消毒剂指标
	阴离子合成洗涤剂（以十二烷基苯磺酸钠计）	GB 14934	GB/T 5750.4—2006 生活饮用水标准检验方法 感官性状和物理指标
	大肠菌群	GB 14934	GB 14934—2016 食（饮）具消毒卫生标准

3. 高频不合格 / 问题参数

近年来，在各级政府开展的监督抽检、风险监测和评价性抽检中，针对餐饮食品，发现比较突出的不合格 / 问题参数为：

（1）粮食加工品：铝。

（2）食用油：极性组分。

（3）调味品：二氧化硫。

（4）肉及肉制品：亚硝酸盐。

（5）饮料：糖精钠。

（6）酒类：铅。

（7）蔬菜制品：苯甲酸。

（8）淀粉制品：铝。

（9）豆制品：苯甲酸。

（10）糕点：脱氢乙酸。

（11）水产品：铝。

（12）坚果与籽类食品：黄曲霉毒素 B_1。

（13）餐具：大肠菌群、阴离子合成洗涤剂。

三十二、食用农产品

1. 类别

食用农产品的主要分类及典型代表食品详见表 1-63。

表1-63 食用农产品的分类

食品大类（一级）	食品亚类（二级）	食品品种（三级）	食品细类（四级）	典型代表食品
食用农产品	畜禽肉及副产品	畜肉	猪肉	猪、牛、羊、兔、驴、马等畜的肌肉组织
			牛肉	
			羊肉	
			其他畜肉	
		禽肉	鸡肉	鸡、鸭、鹅、鸽等禽的肌肉组织，包括整翅、翅根、翅中
			鸭肉	
			其他禽肉	
		畜副产品	猪肝	猪、牛、羊及其他畜类的肝、肾，以及头、肠、肚、蹄、耳等其他畜副产品
			牛肝	
			羊肝	
			猪肾	
			牛肾	
			羊肾	
			其他畜副产品	
		禽副产品	鸡肝	鸡、鸭及其他禽类的肝、心、胗、肾，以及头、爪、翅尖等其他禽副产品
			其他禽副产品	
	蔬菜	豆芽	豆芽	豆芽
		鲜食用菌	鲜食用菌	蘑菇类和木耳类等
		鳞茎类蔬菜	韭菜	韭菜

续表

食品大类（一级）	食品亚类（二级）	食品品种（三级）	食品细类（四级）	典型代表食品
食用农产品	蔬菜	芸薹属类蔬菜	结球甘蓝	结球甘蓝
			菜薹	菜薹
		叶菜类蔬菜	菠菜	菠菜
			芹菜	芹菜
			普通白菜（小白菜、小油菜、青菜）	普通白菜（小白菜、小油菜、青菜）
			油麦菜	油麦菜
			大白菜	大白菜
		茄果类蔬菜	茄子	茄子
			辣椒	辣椒
			甜椒	甜椒
			番茄	番茄
		瓜类蔬菜	黄瓜	黄瓜
		豆类蔬菜	豇豆	豇豆
			菜豆	菜豆
		根茎类和薯芋类蔬菜	山药	山药
			姜	姜
		水生类蔬菜	莲藕	莲藕
	水产品	淡水产品	淡水鱼	鳊鱼、草鱼、鳜鱼、黑鱼（乌鳢、生鱼、财鱼等）、黄颡鱼（昂刺鱼、黄骨鱼、黄辣丁等）、鲫鱼、鲤鱼、鲢鱼、鲈鱼、鲶鱼、鳝鱼（黄鳝）、青鱼、鳙鱼、鲮鱼、鲑（大马哈鱼）、银鱼、泥鳅、鲥鱼、罗非鱼、虹鳟、鳗鲡、鲟鱼、鳇鱼及其他淡水鱼
			淡水虾	小龙虾、青虾、河虾、草虾、白虾及其他淡水虾
			淡水蟹	中华绒螯蟹（毛蟹、大闸蟹）及其他淡水蟹
		海水产品	海水鱼	鲳鱼、黄鱼、多宝鱼、带鱼、海鲈鱼、黄姑鱼、白姑鱼、鲅鱼（马鲛鱼）、鲐鱼、鳓鱼、鲱鱼、蓝圆鲹、马面鲀、石斑鱼、鲆鱼、鲽鱼、沙丁鱼、鳀鱼、鳕鱼、海鳗、鳐鱼、鲨鱼、鲷鱼、金线鱼及其他海水鱼
			海水虾	基围虾、虾蛄、东方对虾、日本对虾、长毛对虾、斑节对虾、墨吉对虾、宽沟对虾、鹰爪虾、白虾、毛虾、龙虾及其他海水虾

续表

食品大类（一级）	食品亚类（二级）	食品品种（三级）	食品细类（四级）	典型代表食品
食用农产品	水产品	海水产品	海水蟹	梭子蟹、青蟹、蟳（海蟹）及其他海水蟹
		贝类	贝类	贻贝、蛤、蛏、三角帆蚌、皱纹冠蚌、背角无齿蚌、河蚬、中华圆田螺、铜锈环棱螺、大瓶螺等
		其他水产品	其他水产品	牛蛙、鱿鱼、甲鱼、章鱼、墨鱼、海参、海肠等其他水产品
	水果类	仁果类水果	苹果	苹果
			梨	梨
		核果类水果	枣	枣
			桃	桃
			油桃	油桃
			杏	杏
			李子	李子
		柑橘类水果	柑、橘	柑、橘
			柚	柚子
			柠檬	柠檬
			橙	橙
		浆果和其他小型水果	葡萄	葡萄
			草莓	草莓
			猕猴桃	猕猴桃
			西番莲（百香果）	西番莲（百香果）
		热带和亚热带水果	香蕉	香蕉
			芒果	芒果
			火龙果	火龙果
			柿子	柿子
			菠萝	菠萝
		热带和亚热带水果	荔枝	荔枝
			龙眼	龙眼
			石榴	石榴
		瓜果类水果	西瓜	西瓜
			甜瓜类	甜瓜类
	鲜蛋	鲜蛋	鸡蛋	鸡蛋
			其他禽蛋	鸭蛋、鹌鹑蛋、鹅蛋、鸽蛋等
	豆类	豆类	豆类	大豆、赤豆、绿豆、豌豆、蚕豆、芸豆、小扁豆等其他食用豆类

续表

食品大类（一级）	食品亚类（二级）	食品品种（三级）	食品细类（四级）	典型代表食品
食用农产品	生干坚果与籽类食品	生干坚果与籽类食品	生干坚果	开心果、杏仁、松仁、核桃（含山核桃）、栗（板栗、锥栗）、榛子、腰果、香榧、夏威夷果、巴旦木、扁桃仁等
			生干籽类	花生、芝麻、莲子、葵花籽及其他瓜子（西瓜籽、南瓜子等）等

2. 监督抽检高风险参数

食用农产品的监督抽检高风险参数、判定依据及相关检测方法等详见表 1–64。

表1–64　监督抽检高风险参数推荐

食品细类（四级）	高风险参数	判定依据	检测方法
猪肉	挥发性盐基氮	GB 2707	GB 5009.228—2016 食品安全国家标准 食品中挥发性盐基氮的测定
	克伦特罗	整顿办函〔2010〕50 号	GB/T 22286—2008 动物源性食品中多种 β－受体激动剂残留量的测定 液相色谱串联质谱法
	沙丁胺醇	整顿办函〔2010〕50 号	GB/T 22286—2008 动物源性食品中多种 β－受体激动剂残留量的测定 液相色谱串联质谱法
	莱克多巴胺	整顿办函〔2010〕50 号	GB/T 22286—2008 动物源性食品中多种 β－受体激动剂残留量的测定 液相色谱串联质谱法
	氯霉素	农业农村部公告第 250 号	GB/T 22338—2008 动物源性食品中氯霉素类药物残留量测定；GB/T 20756—2006 可食动物肌肉、肝脏和水产品中氯霉素、甲砜霉素和氟苯尼考残留量的测定 液相色谱－串联质谱法
	土霉素	GB 31650	GB/T 21317—2007 动物源性食品中四环素类兽药残留量检测方法 液相色谱－质谱 / 质谱法与高效液相色谱法
	恩诺沙星（以恩诺沙星与环丙沙星之和计）	GB 31650	GB/T 21312—2007 动物源性食品中 14 种喹诺酮药物残留检测方法 液相色谱－质谱 / 质谱法
	氧氟沙星	农业部公告第 2292 号	GB/T 21312—2007 动物源性食品中 14 种喹诺酮药物残留检测方法 液相色谱－质谱 / 质谱法
	磺胺类（总量）	GB 31650	GB/T 21316—2007 动物源性食品中磺胺类药物残留量的测定 液相色谱－质谱 / 质谱法
牛肉	挥发性盐基氮	GB 2707	GB 5009.228—2016 食品安全国家标准 食品中挥发性盐基氮的测定
	克伦特罗	整顿办函〔2010〕50 号	GB/T 22286—2008 动物源性食品中多种 β－受体激动剂残留量的测定 液相色谱串联质谱法

续表

食品细类（四级）	高风险参数	判定依据	检测方法
牛肉	沙丁胺醇	整顿办函〔2010〕50号	GB/T 22286—2008 动物源性食品中多种β-受体激动剂残留量的测定 液相色谱串联质谱法
	莱克多巴胺	整顿办函〔2010〕50号	GB/T 22286—2008 动物源性食品中多种β-受体激动剂残留量的测定 液相色谱串联质谱法
	氯霉素	农业农村部公告第250号	GB/T 22338—2008 动物源性食品中氯霉素类药物残留量测定；GB/T 20756—2006 可食动物肌肉、肝脏和水产品中氯霉素、甲砜霉素和氟苯尼考残留量的测定 液相色谱-串联质谱法
	土霉素	GB 31650	GB/T 21317—2007 动物源性食品中四环素类兽药残留量检测方法 液相色谱-质谱/质谱法与高效液相色谱法
	恩诺沙星（以恩诺沙星与环丙沙星之和计）	GB 31650	GB/T 21312—2007 动物源性食品中14种喹诺酮药物残留检测方法 液相色谱-质谱/质谱法
	氧氟沙星	农业部公告第2292号	GB/T 21312—2007 动物源性食品中14种喹诺酮药物残留检测方法 液相色谱-质谱/质谱法
	磺胺类（总量）	GB 31650	GB/T 21316—2007 动物源性食品中磺胺类药物残留量的测定 液相色谱-质谱/质谱法
羊肉	挥发性盐基氮	GB 2707	GB 5009.228—2016 食品安全国家标准 食品中挥发性盐基氮的测定
	克伦特罗	整顿办函〔2010〕50号	GB/T 22286—2008 动物源性食品中多种β-受体激动剂残留量的测定 液相色谱串联质谱法
	沙丁胺醇	整顿办函〔2010〕50号	GB/T 22286—2008 动物源性食品中多种β-受体激动剂残留量的测定 液相色谱串联质谱法
	莱克多巴胺	整顿办函〔2010〕50号	GB/T 22286—2008 动物源性食品中多种β-受体激动剂残留量的测定 液相色谱串联质谱法
	氯霉素	农业农村部公告第250号	GB/T 22338—2008 动物源性食品中氯霉素类药物残留量测定；GB/T 20756—2006 可食动物肌肉、肝脏和水产品中氯霉素、甲砜霉素和氟苯尼考残留量的测定 液相色谱-串联质谱法
	土霉素	GB 31650	GB/T 21317—2007 动物源性食品中四环素类兽药残留量检测方法 液相色谱-质谱/质谱法与高效液相色谱法
	恩诺沙星（以恩诺沙星与环丙沙星之和计）	GB 31650	GB/T 21312—2007 动物源性食品中14种喹诺酮药物残留检测方法 液相色谱-质谱/质谱法
	氧氟沙星	农业部公告第2292号	GB/T 21312—2007 动物源性食品中14种喹诺酮药物残留检测方法 液相色谱-质谱/质谱法

续表

食品细类（四级）	高风险参数	判定依据	检测方法
羊肉	磺胺类（总量）	GB 31650	GB/T 21316—2007 动物源性食品中磺胺类药物残留量的测定 液相色谱－质谱／质谱法
其他畜肉	挥发性盐基氮	GB 2707	GB 5009.228—2016 食品安全国家标准 食品中挥发性盐基氮的测定
	克伦特罗	整顿办函〔2010〕50 号	GB/T 22286—2008 动物源性食品中多种 β－受体激动剂残留量的测定 液相色谱串联质谱法
	沙丁胺醇	整顿办函〔2010〕50 号	GB/T 22286—2008 动物源性食品中多种 β－受体激动剂残留量的测定 液相色谱串联质谱法
	莱克多巴胺	整顿办函〔2010〕50 号	GB/T 22286—2008 动物源性食品中多种 β－受体激动剂残留量的测定 液相色谱串联质谱法
	氯霉素	农业农村部公告第 250 号	GB/T 22338—2008 动物源性食品中氯霉素类药物残留量测定；GB/T 20756—2006 可食动物肌肉、肝脏和水产品中 氯霉素、甲砜霉素和氟苯尼考残留量的测定 液相色谱－串联质谱法
	土霉素	GB 31650	GB/T 21317—2007 动物源性食品中四环素类兽药残留量检测方法 液相色谱－质谱／质谱法与高效液相色谱法
	恩诺沙星（以恩诺沙星与环丙沙星之和计）	GB 31650	GB/T 21312—2007 动物源性食品中 14 种喹诺酮药物残留检测方法 液相色谱－质谱／质谱法
	氧氟沙星	农业部公告第 2292 号	GB/T 21312—2007 动物源性食品中 14 种喹诺酮药物残留检测方法 液相色谱－质谱／质谱法
	磺胺类（总量）	GB 31650	GB/T 21316—2007 动物源性食品中磺胺类药物残留量的测定 液相色谱－质谱／质谱法
鸡肉	挥发性盐基氮	GB 2707	GB 5009.228—2016 食品安全国家标准 食品中挥发性盐基氮的测定
	氟苯尼考	GB 31650	GB/T 22338—2008 动物源性食品中氯霉素类药物残留量测定；GB/T 20756—2006 可食动物肌肉、肝脏和水产品中氯霉素、甲砜霉素和氟苯尼考残留量的测定 液相色谱－串联质谱法
	多西环素（强力霉素）	GB 31650	GB/T 21317—2007 动物源性食品中四环素类兽药残留量检测方法 液相色谱－质谱／质谱法与高效液相色谱法
	土霉素	GB 31650	GB/T 21317—2007 动物源性食品中四环素类兽药残留量检测方法 液相色谱－质谱／质谱法与高效液相色谱法

续表

食品细类（四级）	高风险参数	判定依据	检测方法
鸡肉	金霉素	GB 31650	GB/T 21317—2007 动物源性食品中四环素类兽药残留量检测方法 液相色谱－质谱／质谱法与高效液相色谱法
	四环素	GB 31650	GB/T 21317—2007 动物源性食品中四环素类兽药残留量检测方法 液相色谱－质谱／质谱法与高效液相色谱法
	恩诺沙星（以恩诺沙星与环丙沙星之和计）	GB 31650	GB/T 21312—2007 动物源性食品中 14 种喹诺酮药物残留检测方法 液相色谱－质谱／质谱法
	氧氟沙星	农业部公告第 2292 号	GB/T 21312—2007 动物源性食品中 14 种喹诺酮药物残留检测方法 液相色谱－质谱／质谱法
	沙拉沙星	GB 31650	GB/T 21312—2007 动物源性食品中 14 种喹诺酮药物残留检测方法 液相色谱－质谱／质谱法
	磺胺类（总量）	GB 31650	GB/T 21316—2007 动物源性食品中磺胺类药物残留量的测定 液相色谱－质谱／质谱法
	金刚烷胺	农业部公告第 560 号	SN/T 4253—2015 出口动物组织中抗病毒类药物残留量的测定 液相色谱－质谱／质谱法
	金刚乙胺	农业部公告第 560 号	SN/T 4253—2015 出口动物组织中抗病毒类药物残留量的测定 液相色谱－质谱／质谱法
	利巴韦林	农业部公告第 560 号	SN/T 4519—2016 出口动物源食品中利巴韦林残留量的测定 液相色谱－质谱／质谱法
	甲硝唑	GB 31650	GB/T 21318—2007 动物源性食品中硝基咪唑残留量检验方法
鸭肉	挥发性盐基氮	GB 2707	GB 5009.228—2016 食品安全国家标准 食品中挥发性盐基氮的测定
	氟苯尼考	GB 31650	GB/T 22338—2008 动物源性食品中氯霉素类药物残留量测定；GB/T 20756—2006 可食动物肌肉、肝脏和水产品中氯霉素、甲砜霉素和氟苯尼考残留量的测定 液相色谱－串联质谱法
	多西环素（强力霉素）	GB 31650	GB/T 21317—2007 动物源性食品中四环素类兽药残留量检测方法 液相色谱－质谱／质谱法与高效液相色谱法
	土霉素	GB 31650	GB/T 21317—2007 动物源性食品中四环素类兽药残留量检测方法 液相色谱－质谱／质谱法与高效液相色谱法
	金霉素	GB 31650	GB/T 21317—2007 动物源性食品中四环素类兽药残留量检测方法 液相色谱－质谱／质谱法与高效液相色谱法

续表

食品细类（四级）	高风险参数	判定依据	检测方法
鸭肉	四环素	GB 31650	GB/T 21317—2007 动物源性食品中四环素类兽药残留量检测方法　液相色谱－质谱/质谱法与高效液相色谱法
	恩诺沙星（以恩诺沙星与环丙沙星之和计）	GB 31650	GB/T 21312—2007 动物源性食品中 14 种喹诺酮药物残留检测方法　液相色谱－质谱/质谱法
	氧氟沙星	农业部公告第 2292 号	GB/T 21312—2007 动物源性食品中 14 种喹诺酮药物残留检测方法　液相色谱－质谱/质谱法
	磺胺类（总量）	GB 31650	GB/T 21316—2007 动物源性食品中磺胺类药物残留量的测定　液相色谱－质谱/质谱法
其他禽肉	挥发性盐基氮	GB 2707	GB 5009.228—2016 食品安全国家标准 食品中挥发性盐基氮的测定
	氟苯尼考	GB 31650	GB/T 22338—2008 动物源性食品中氯霉素类药物残留量测定；GB/T 20756—2006 可食动物肌肉、肝脏和水产品中氯霉素、甲砜霉素和氟苯尼考残留量的测定　液相色谱－串联质谱法
	多西环素（强力霉素）	GB 31650	GB/T 21317—2007 动物源性食品中四环素类兽药残留量检测方法　液相色谱－质谱/质谱法与高效液相色谱法
	土霉素	GB 31650	GB/T 21317—2007 动物源性食品中四环素类兽药残留量检测方法　液相色谱－质谱/质谱法与高效液相色谱法
	金霉素	GB 31650	GB/T 21317—2007 动物源性食品中四环素类兽药残留量检测方法　液相色谱－质谱/质谱法与高效液相色谱法
	四环素	GB 31650	GB/T 21317—2007 动物源性食品中四环素类兽药残留量检测方法　液相色谱－质谱/质谱法与高效液相色谱法
	恩诺沙星（以恩诺沙星与环丙沙星之和计）	GB 31650	GB/T 21312—2007 动物源性食品中 14 种喹诺酮药物残留检测方法　液相色谱－质谱/质谱法
	氧氟沙星	农业部公告第 2292 号	GB/T 21312—2007 动物源性食品中 14 种喹诺酮药物残留检测方法　液相色谱－质谱/质谱法
	磺胺类（总量）	GB 31650	GB/T 21316—2007 动物源性食品中磺胺类药物残留量的测定　液相色谱－质谱/质谱法
猪肝	克伦特罗	整顿办函〔2010〕50 号	GB/T 22286—2008 动物源性食品中多种 β－受体激动剂残留量的测定　液相色谱串联质谱法

续表

食品细类（四级）	高风险参数	判定依据	检测方法
猪肝	沙丁胺醇	整顿办函〔2010〕50号	GB/T 22286—2008 动物源性食品中多种β-受体激动剂残留量的测定 液相色谱串联质谱法
	莱克多巴胺	整顿办函〔2010〕50号	GB/T 22286—2008 动物源性食品中多种β-受体激动剂残留量的测定 液相色谱串联质谱法
	恩诺沙星（以恩诺沙星与环丙沙星之和计）	GB 31650	GB/T 21312—2007 动物源性食品中14种喹诺酮药物残留检测方法 液相色谱-质谱/质谱法
	洛美沙星	农业部公告第2292号	GB/T 21312—2007 动物源性食品中14种喹诺酮药物残留检测方法 液相色谱-质谱/质谱法
	培氟沙星	农业部公告第2292号	GB/T 21312—2007 动物源性食品中14种喹诺酮药物残留检测方法 液相色谱-质谱/质谱法
	氧氟沙星	农业部公告第2292号	GB/T 21312—2007 动物源性食品中14种喹诺酮药物残留检测方法 液相色谱-质谱/质谱法
	磺胺类（总量）	GB 31650	GB/T 21316—2007 动物源性食品中磺胺类药物残留量的测定 液相色谱-质谱/质谱法
	五氯酚酸钠（以五氯酚计）	农业农村部公告第250号	GB 23200.92—2016 动物源性食品中五氯酚残留量的测定 液相色谱-质谱法
牛肝	克伦特罗	整顿办函〔2010〕50号	GB/T 22286—2008 动物源性食品中多种β-受体激动剂残留量的测定 液相色谱串联质谱法
	沙丁胺醇	整顿办函〔2010〕50号	GB/T 22286—2008 动物源性食品中多种β-受体激动剂残留量的测定 液相色谱串联质谱法
	莱克多巴胺	整顿办函〔2010〕50号	GB/T 22286—2008 动物源性食品中多种β-受体激动剂残留量的测定 液相色谱串联质谱法
	恩诺沙星（以恩诺沙星与环丙沙星之和计）	GB 31650	GB/T 21312—2007 动物源性食品中14种喹诺酮药物残留检测方法 液相色谱-质谱/质谱法
	氧氟沙星	农业部公告第2292号	GB/T 21312—2007 动物源性食品中14种喹诺酮药物残留检测方法 液相色谱-质谱/质谱法
	磺胺类（总量）	GB 31650	GB/T 21316—2007 动物源性食品中磺胺类药物残留量的测定 液相色谱-质谱/质谱法
	五氯酚酸钠（以五氯酚计）	农业农村部公告第250号	GB 23200.92—2016 食品安全国家标准 动物源性食品中五氯酚残留量的测定 液相色谱-质谱法
羊肝	土霉素	GB 31650	GB/T 21317—2007 动物源性食品中四环素类兽药残留量检测方法 液相色谱-质谱/质谱法与高效液相色谱法

续表

食品细类（四级）	高风险参数	判定依据	检测方法
羊肝	恩诺沙星（以恩诺沙星与环丙沙星之和计）	GB 31650	GB/T 21312—2007 动物源性食品中 14 种喹诺酮药物残留检测方法 液相色谱 – 质谱 / 质谱法
	氧氟沙星	农业部公告第 2292 号	GB/T 21312—2007 动物源性食品中 14 种喹诺酮药物残留检测方法 液相色谱 – 质谱 / 质谱法
	诺氟沙星	农业部公告第 2292 号	GB/T 21312—2007 动物源性食品中 14 种喹诺酮药物残留检测方法 液相色谱 – 质谱 / 质谱法
	磺胺类（总量）	GB 31650	GB/T 21316—2007 动物源性食品中磺胺类药物残留量的测定 液相色谱 – 质谱 / 质谱法
	五氯酚酸钠（以五氯酚计）	农业农村部公告第 250 号	GB 23200.92—2016 食品安全国家标准 动物源性食品中五氯酚残留量的测定 液相色谱 – 质谱法
猪肾	土霉素	GB 31650	GB/T 21317—2007 动物源性食品中四环素类兽药残留量检测方法 液相色谱 – 质谱 / 质谱法与高效液相色谱法
	恩诺沙星（以恩诺沙星与环丙沙星之和计）	GB 31650	GB/T 21312—2007 动物源性食品中 14 种喹诺酮药物残留检测方法 液相色谱 – 质谱 / 质谱法
	氧氟沙星	农业部公告第 2292 号	GB/T 21312—2007 动物源性食品中 14 种喹诺酮药物残留检测方法 液相色谱 – 质谱 / 质谱法
	诺氟沙星	农业部公告第 2292 号	GB/T 21312—2007 动物源性食品中 14 种喹诺酮药物残留检测方法 液相色谱 – 质谱 / 质谱法
	磺胺类（总量）	GB 31650	GB/T 21316—2007 动物源性食品中磺胺类药物残留量的测定 液相色谱 – 质谱 / 质谱法
	五氯酚酸钠（以五氯酚计）	农业农村部公告第 250 号	GB 23200.92—2016 食品安全国家标准 动物源性食品中五氯酚残留量的测定 液相色谱 – 质谱法
牛肾	克伦特罗	整顿办函〔2010〕50 号	GB/T 22286—2008 动物源性食品中多种 β – 受体激动剂残留量的测定 液相色谱串联质谱法
	沙丁胺醇	整顿办函〔2010〕50 号	GB/T 22286—2008 动物源性食品中多种 β – 受体激动剂残留量的测定 液相色谱串联质谱法
	莱克多巴胺	整顿办函〔2010〕50 号	GB/T 22286—2008 动物源性食品中多种 β – 受体激动剂残留量的测定 液相色谱串联质谱法
	土霉素	GB 31650	GB/T 21317—2007 动物源性食品中四环素类兽药残留量检测方法 液相色谱 – 质谱 / 质谱法与高效液相色谱法

续表

食品细类（四级）	高风险参数	判定依据	检测方法
牛肾	恩诺沙星（以恩诺沙星与环丙沙星之和计）	GB 31650	GB/T 21312—2007 动物源性食品中 14 种喹诺酮药物残留检测方法 液相色谱－质谱 / 质谱法
	氧氟沙星	农业部公告第 2292 号	GB/T 21312—2007 动物源性食品中 14 种喹诺酮药物残留检测方法 液相色谱－质谱 / 质谱法
	诺氟沙星	农业部公告第 2292 号	GB/T 21312—2007 动物源性食品中 14 种喹诺酮药物残留检测方法 液相色谱－质谱 / 质谱法
	磺胺类（总量）	GB 31650	GB/T 21316—2007 动物源性食品中磺胺类药物残留量的测定 液相色谱－质谱 / 质谱法
	五氯酚酸钠（以五氯酚计）	农业农村部公告第 250 号	GB 23200.92—2016 食品安全国家标准 动物源性食品中五氯酚残留量的测定 液相色谱－质谱法
羊肾	土霉素	GB 31650	GB/T 21317—2007 动物源性食品中四环素类兽药残留量检测方法 液相色谱－质谱 / 质谱法与高效液相色谱法
	恩诺沙星（以恩诺沙星与环丙沙星之和计）	GB 31650	GB/T 21312—2007 动物源性食品中 14 种喹诺酮药物残留检测方法 液相色谱－质谱 / 质谱法
	氧氟沙星	农业部公告第 2292 号	GB/T 21312—2007 动物源性食品中 14 种喹诺酮药物残留检测方法 液相色谱－质谱 / 质谱法
	磺胺类（总量）	GB 31650	GB/T 21316—2007 动物源性食品中磺胺类药物残留量的测定 液相色谱－质谱 / 质谱法
	五氯酚酸钠（以五氯酚计）	农业农村部公告第 250 号	GB 23200.92—2016 食品安全国家标准 动物源性食品中五氯酚残留量的测定 液相色谱－质谱法
其他畜副产品	氧氟沙星	农业部公告第 2292 号	GB/T 21312—2007 动物源性食品中 14 种喹诺酮药物残留检测方法 液相色谱－质谱 / 质谱法
	五氯酚酸钠（以五氯酚计）	农业农村部公告第 250 号	GB 23200.92—2016 食品安全国家标准 动物源性食品中五氯酚残留量的测定 液相色谱－质谱法
	磺胺类（总量）	GB 31650	GB/T 21316—2007 动物源性食品中磺胺类药物残留量的测定 液相色谱－质谱 / 质谱法
鸡肝	氧氟沙星	农业部公告第 2292号	GB/T 21312—2007 动物源性食品中 14 种喹诺酮药物残留检测方法 液相色谱－质谱 / 质谱法
	五氯酚酸钠（以五氯酚计）	农业农村部公告第 250 号	GB 23200.92—2016 食品安全国家标准 动物源性食品中五氯酚残留量的测定 液相色谱－质谱法
	替米考星	GB 31650	SN/T 1777.2—2007 动物源性食品中大环内酯类抗生素残留测定方法第 2 部分：高效液相色谱串联质谱法

续表

食品细类（四级）	高风险参数	判定依据	检测方法
鸡肝	金刚烷胺	农业部公告第560号	SN/T 4253—2015 出口动物组织中抗病毒类药物残留量的测定 液相色谱－质谱/质谱法
	金刚乙胺	农业部公告第560号	SN/T 4253—2015 出口动物组织中抗病毒类药物残留量的测定 液相色谱－质谱/质谱法
	利巴韦林	农业部公告第560号	SN/T 4519—2016 出口动物源食品中利巴韦林残留量的测定 液相色谱－质谱/质谱法
其他禽副产品	氧氟沙星	农业部公告第2292号	GB/T 21312—2007 动物源性食品中14种喹诺酮药物残留检测方法 液相色谱－质谱/质谱法
	五氯酚酸钠(以五氯酚计)	农业农村部公告第250号	GB 23200.92—2016 食品安全国家标准 动物源性食品中五氯酚残留量的测定 液相色谱－质谱法
豆芽	4–氯苯氧乙酸钠(以4–氯苯氧乙酸计)	国家食品药品监督管理总局 农业部 国家卫生和计划生育委员会关于豆芽生产过程中禁止使用6–苄基腺嘌呤等物质的公告（2015年第11号）	SN/T 3725—2013 出口食品中对氯苯氧乙酸残留量的测定；BJS 201703 豆芽中植物生长调节剂的测定
	6–苄基腺嘌呤（6–BA）	国家食品药品监督管理总局 农业部 国家卫生和计划生育委员会关于豆芽生产过程中禁止使用6–苄基腺嘌呤等物质的公告（2015年第11号）	BJS 201703 豆芽中植物生长调节剂的测定
鲜食用菌	镉（以Cd计）	GB 2762	GB 5009.15—2014 食品安全国家标准 食品中镉的测定
	氯氟氰菊酯和高效氯氟氰菊酯	GB 2763	GB/T 5009.146—2008 植物性食品中有机氯和拟除虫菊酯类农药多种残留量的测定；NY/T 761—2008 蔬菜和水果中有机磷、有机氯、拟除虫菊酯和氨基甲酸酯类农药多残留的测定；GB 23200.113—2018 食品安全国家标准 植物源性食品中208种农药及其代谢物残留量的测定 气相色谱－质谱联用法

续表

食品细类（四级）	高风险参数	判定依据	检测方法
鲜食用菌	氯氰菊酯和高效氯氰菊酯	GB 2763	GB/T 5009.146—2008 植物性食品中有机氯和拟除虫菊酯类农药多种残留量的测定；GB 23200.8—2016 食品安全国家标准 水果和蔬菜中500种农药及相关化学品残留量的测定 气相色谱－质谱法；NY/T 761—2008 蔬菜和水果中有机磷、有机氯、拟除虫菊酯和氨基甲酸酯类农药多残留的测定；GB 23200.113—2018 食品安全国家标准 植物源性食品中208种农药及其代谢物残留量的测定 气相色谱－质谱联用法
	二氧化硫残留量	GB 2760	GB 5009.34—2016 食品安全国家标准 食品中二氧化硫的测定
韭菜	阿维菌素	GB 2763	GB 23200.19—2016 食品安全国家标准 水果和蔬菜中阿维菌素残留量的测定 液相色谱法；GB 23200.20—2016 食品安全国家标准 食品中阿维菌素残留量的测定 液相色谱－质谱/质谱法；NY/T 1379—2007 蔬菜中334种农药多残留的测定 气相色谱质谱法和液相色谱质谱法
	毒死蜱	GB 2763	GB 23200.8—2016 食品安全国家标准 水果和蔬菜中500种农药及相关化学品残留量的测定 气相色谱－质谱法；NY/T 761—2008 蔬菜和水果中有机磷、有机氯、拟除虫菊酯和氨基甲酸酯类农药多残留的测定；SN/T 2158—2008 进出口食品中毒死蜱残留量检测方法；GB 23200.113—2018 食品安全国家标准 植物源性食品中208种农药及其代谢物残留量的测定 气相色谱－质谱联用法
	多菌灵	GB 2763	GB/T 20769—2008 水果和蔬菜中450种农药及相关化学品残留量的测定 液相色谱－串联质谱法；NY/T 1453—2007 蔬菜及水果中多菌灵等16种农药残留测定 液相色谱－质谱－质谱联用法
	氟虫腈	GB 2763	SN/T 1982—2007 进出口食品中氟虫腈残留量检测方法 气相色谱－质谱法
	腐霉利	GB 2763	GB 23200.8—2016 食品安全国家标准 水果和蔬菜中500种农药及相关化学品残留量的测定 气相色谱－质谱法；NY/T 761—2008 蔬菜和水果中有机磷、有机氯、拟除虫菊酯和氨基甲酸酯类农药多残留的测定；GB 23200.113—2018 食品安全国家标准 植物源性食品中208种农药及其代谢物残留量的测定 气相色谱－质谱联用法
	甲拌磷	GB 2763	GB 23200.113—2018 食品安全国家标准 植物源性食品中208种农药及其代谢物残留量的测定 气相色谱－质谱联用法

续表

食品细类（四级）	高风险参数	判定依据	检测方法
韭菜	克百威	GB 2763	NY/T 761—2008 蔬菜和水果中有机磷、有机氯、拟除虫菊酯和氨基甲酸酯类农药多残留的测定；GB 23200.112—2018 食品安全国家标准 植物源性食品中 9 种氨基甲酸酯类农药及其代谢物残留量的测定 液相色谱－柱后衍生法
	氯氟氰菊酯和高效氯氟氰菊酯	GB 2763	GB/T 5009.146—2008 植物性食品中有机氯和拟除虫菊酯类农药多种残留量的测定；NY/T 761—2008 蔬菜和水果中有机磷、有机氯、拟除虫菊酯和氨基甲酸酯类农药多残留的测定；GB 23200.113—2018 食品安全国家标准 植物源性食品中 208 种农药及其代谢物残留量的测定 气相色谱－质谱联用法；GB/T 5009.146—2008 植物性食品中有机氯和拟除虫菊酯类农药多种残留量的测定
	氯氰菊酯和高效氯氰菊酯	GB 2763	GB/T 5009.146—2008 植物性食品中有机氯和拟除虫菊酯类农药多种残留量的测定；GB 23200.8—2016 食品安全国家标准 水果和蔬菜中 500 种农药及相关化学品残留量的测定 气相色谱－质谱法；NY/T 761—2008 蔬菜和水果中有机磷、有机氯、拟除虫菊酯和氨基甲酸酯类农药多残留的测定；GB 23200.113—2018 食品安全国家标准 植物源性食品中 208 种农药及其代谢物残留量的测定 气相色谱－质谱联用法
	灭线磷	GB 2763	NY/T 761—2008 蔬菜和水果中有机磷、有机氯、拟除虫菊酯和氨基甲酸酯类农药多残留的测定；GB 23200.113—2018 食品安全国家标准 植物源性食品中 208 种农药及其代谢物残留量的测定 气相色谱－质谱联用法
	氧乐果	GB 2763	NY/T 761—2008 蔬菜和水果中有机磷、有机氯、拟除虫菊酯和氨基甲酸酯类农药多残留的测定；NY/T 1379—2007 蔬菜中 334 种农药多残留的测定 气相色谱质谱法和液相色谱质谱法；GB 23200.113—2018 食品安全国家标准 植物源性食品中 208 种农药及其代谢物残留量的测定 气相色谱－质谱联用法
结球甘蓝	氟虫腈	GB 2763	SN/T 1982—2007 进出口食品中氟虫腈残留量检测方法 气相色谱－质谱法
	甲胺磷	GB 2763	GB/T 5009.103—2003 植物性食品中甲胺磷和乙酰甲胺磷农药残留量的测定；NY/T 761—2008 蔬菜和水果中有机磷、有机氯、拟除虫菊酯和氨基甲酸酯类农药多残留的测定；GB 23200.113—2018 食品安全国家标准 植物源性食品中 208 种农药及其代谢物残留量的测定 气相色谱－质谱联用法

续表

食品细类（四级）	高风险参数	判定依据	检测方法
结球甘蓝	甲基异柳磷	GB 2763	GB/T 5009.144—2003 植物性食品中甲基异柳磷残留量的测定；GB 23200.113—2018 食品安全国家标准 植物源性食品中 208 种农药及其代谢物残留量的测定 气相色谱－质谱联用法
	氧乐果	GB 2763	NY/T 761—2008 蔬菜和水果中有机磷、有机氯、拟除虫菊酯和氨基甲酸酯类农药多残留的测定；NY/T 1379—2007 蔬菜中 334 种农药多残留的测定 气相色谱质谱法和液相色谱质谱法；GB 23200.113—2018 食品安全国家标准 植物源性食品中 208 种农药及其代谢物残留量的测定 气相色谱－质谱联用法
	毒死蜱	GB 2763	GB 23200.8—2016 食品安全国家标准 水果和蔬菜中 500 种农药及相关化学品残留量的测定 气相色谱－质谱法；NY/T 761—2008 蔬菜和水果中有机磷、有机氯、拟除虫菊酯和氨基甲酸酯类农药多残留的测定；SN/T 2158—2008 进出口食品中毒死蜱残留量检测方法
	氟虫腈	GB 2763	SN/T 1982—2007 进出口食品中氟虫腈残留量检测方法 气相色谱－质谱法
	甲拌磷	GB 2763	GB 23200.8—2016 食品安全国家标准 水果和蔬菜中 500 种农药及相关化学品残留量的测定 气相色谱－质谱法
	甲霜灵和精甲霜灵	GB 2763	GB 23200.8—2016 食品安全国家标准 水果和蔬菜中 500 种农药及相关化学品残留量的测定 气相色谱－质谱法；GB/T 20769—2008 食品安全国家标准 水果和蔬菜中 450 种农药及相关化学品残留量的测定 液相色谱－串联质谱法
	氯氰菊酯和高效氯氰菊酯	GB 2763	GB/T 5009.146—2008 植物性食品中有机氯和拟除虫菊酯类农药多种残留量的测定；GB 23200.8—2016 食品安全国家标准 水果和蔬菜中 500 种农药及相关化学品残留量的测定 气相色谱－质谱法；NY/T 761—2008 蔬菜和水果中有机磷、有机氯、拟除虫菊酯和氨基甲酸酯类农药多残留的测定
菜薹	氟虫腈	GB 2763	SN/T 1982—2007 进出口食品中氟虫腈残留量检测方法 气相色谱－质谱法
	甲胺磷	GB 2763	GB/T 5009.103—2003 植物性食品中甲胺磷和乙酰甲胺磷农药残留量的测定；NY/T 761—2008 蔬菜和水果中有机磷、有机氯、拟除虫菊酯和氨基甲酸酯类农药多残留的测定；GB 23200.113—2018 食品安全国家标准 植物源性食品中 208 种农药及其代谢物残留量的测定 气相色谱－质谱联用法

续表

食品细类（四级）	高风险参数	判定依据	检测方法
菜薹	甲拌磷	GB 2763	GB 23200.113—2018 食品安全国家标准 植物源性食品中 208 种农药及其代谢物残留量的测定 气相色谱 – 质谱联用法
	甲基异柳磷	GB 2763	GB/T 5009.144—2003 植物性食品中甲基异柳磷残留量的测定；GB 23200.113—2018 食品安全国家标准 植物源性食品中 208 种农药及其代谢物残留量的测定 气相色谱 – 质谱联用法
	克百威	GB 2763	NY/T 761—2008 蔬菜和水果中有机磷、有机氯、拟除虫菊酯和氨基甲酸酯类农药多残留的测定；GB 23200.112—2018 食品安全国家标准 植物源性食品中 9 种氨基甲酸酯类农药及其代谢物残留量的测定 液相色谱 – 柱后衍生法
	联苯菊酯	GB 2763	GB/T 5009.146—2008 植物性食品中有机氯和拟除虫菊酯类农药多种残留量的测定；NY/T 761—2008 蔬菜和水果中有机磷、有机氯、拟除虫菊酯和氨基甲酸酯类农药多残留的测定；SN/T 1969—2007 进出口食品中联苯菊酯残留量的检测方法 气相色谱 – 质谱法
	氯氰菊酯和高效氯氰菊酯	GB 2763	GB/T 5009.146—2008 植物性食品中有机氯和拟除虫菊酯类农药多种残留量的测定；GB 23200.8—2016 食品安全国家标准 水果和蔬菜中 500 种农药及相关化学品残留量的测定 气相色谱 – 质谱法；NY/T 761—2008 蔬菜和水果中有机磷、有机氯、拟除虫菊酯和氨基甲酸酯类农药多残留的测定；GB 23200.113—2018 食品安全国家标准 植物源性食品中 208 种农药及其代谢物残留量的测定 气相色谱 – 质谱联用法
	氧乐果	GB 2763	NY/T 761—2008 蔬菜和水果中有机磷、有机氯、拟除虫菊酯和氨基甲酸酯类农药多残留的测定；NY/T 1379—2007 蔬菜中 334 种农药多残留的测定 气相色谱质谱法和液相色谱质谱法；GB 23200.113—2018 食品安全国家标准 植物源性食品中 208 种农药及其代谢物残留量的测定 气相色谱 – 质谱联用法
菠菜	阿维菌素	GB 2763	GB 23200.19—2016 食品安全国家标准 水果和蔬菜中阿维菌素残留量的测定 液相色谱法；GB 23200.20—2016 食品安全国家标准 食品中阿维菌素残留量的测定 液相色谱 – 质谱 / 质谱法；NY/T 1379—2007 蔬菜中 334 种农药多残留的测定 气相色谱质谱法和液相色谱质谱法

续表

食品细类（四级）	高风险参数	判定依据	检测方法
菠菜	毒死蜱	GB 2763	GB 23200.8—2016 食品安全国家标准 水果和蔬菜中 500 种农药及相关化学品残留量的测定 气相色谱 – 质谱法；NY/T 761—2008 蔬菜和水果中有机磷、有机氯、拟除虫菊酯和氨基甲酸酯类农药多残留的测定；SN/T 2158—2008 进出口食品中毒死蜱残留量检测方法；GB 23200.113—2018 食品安全国家标准 植物源性食品中 208 种农药及其代谢物残留量的测定 气相色谱 – 质谱联用法
	氟虫腈	GB 2763	SN/T 1982—2007 进出口食品中氟虫腈残留量检测方法 气相色谱 – 质谱法
	氯氰菊酯和高效氯氰菊酯	GB 2763	GB/T 5009.146—2008 植物性食品中有机氯和拟除虫菊酯类农药多种残留量的测定；GB 23200.8—2016 食品安全国家标准 水果和蔬菜中 500 种农药及相关化学品残留量的测定 气相色谱 – 质谱法；NY/T 761—2008 蔬菜和水果中有机磷、有机氯、拟除虫菊酯和氨基甲酸酯类农药多残留的测定；GB 23200.113—2018 食品安全国家标准 植物源性食品中 208 种农药及其代谢物残留量的测定 气相色谱 – 质谱联用法
	氧乐果	GB 2763	NY/T 761—2008 蔬菜和水果中有机磷、有机氯、拟除虫菊酯和氨基甲酸酯类农药多残留的测定；NY/T 1379—2007 蔬菜中 334 种农药多残留的测定 气相色谱质谱法和液相色谱质谱法；GB 23200.113—2018 食品安全国家标准 植物源性食品中 208 种农药及其代谢物残留量的测定 气相色谱 – 质谱联用法
	克百威	GB 2763	NY/T 761—2008 蔬菜和水果中有机磷、有机氯、拟除虫菊酯和氨基甲酸酯类农药多残留的测定；GB 23200.112—2018 食品安全国家标准 植物源性食品中 9 种氨基甲酸酯类农药及其代谢物残留量的测定 液相色谱 – 柱后衍生法
芹菜	阿维菌素	GB 2763	GB 23200.19—2016 食品安全国家标准 水果和蔬菜中阿维菌素残留量的测定 液相色谱法；GB 23200.20—2016 食品安全国家标准 食品中阿维菌素残留量的测定 液相色谱 – 质谱 / 质谱法；NY/T 1379—2007 蔬菜中 334 种农药多残留的测定 气相色谱质谱法和液相色谱质谱法
	毒死蜱	GB 2763	GB 23200.8—2016 食品安全国家标准 水果和蔬菜中 500 种农药及相关化学品残留量的测定 气相色谱 – 质谱法；NY/T 761—2008 蔬菜和水果中有机磷、有机氯、拟除虫菊酯和氨基甲酸酯类农药多残留的测定；SN/T 2158—2008 进出口食品中毒死蜱残留量检测方法；GB 23200.113—2018 食品安全国家标准 植物源性食品中 208 种农药及其代谢物残留量的测定 气相色谱 – 质谱联用法

续表

食品细类（四级）	高风险参数	判定依据	检测方法
芹菜	氟虫腈	GB 2763	SN/T 1982—2007 进出口食品中氟虫腈残留量检测方法 气相色谱－质谱法
	甲拌磷	GB 2763	GB 23200.113—2018 食品安全国家标准 植物源性食品中 208 种农药及其代谢物残留量的测定 气相色谱－质谱联用法
	克百威	GB 2763	NY/T 761—2008 蔬菜和水果中有机磷、有机氯、拟除虫菊酯和氨基甲酸酯类农药多残留的测定；GB 23200.112—2018 食品安全国家标准 植物源性食品中 9 种氨基甲酸酯类农药及其代谢物残留量的测定 液相色谱－柱后衍生法
	氯氟氰菊酯和高效氯氟氰菊酯	GB 2763	GB/T 5009.146—2008 植物性食品中有机氯和拟除虫菊酯类农药多种残留量的测定；NY/T 761—2008 蔬菜和水果中有机磷、有机氯、拟除虫菊酯和氨基甲酸酯类农药多残留的测定；GB 23200.113—2018 食品安全国家标准 植物源性食品中 208 种农药及其代谢物残留量的测定 气相色谱－质谱联用法；GB 23200.8—2016 食品安全国家标准 水果和蔬菜中 500 种农药及相关化学品残留量的测定 气相色谱－质谱法
	氧乐果	GB 2763	NY/T 761—2008 蔬菜和水果中有机磷、有机氯、拟除虫菊酯和氨基甲酸酯类农药多残留的测定；NY/T 1379—2007 蔬菜中 334 种农药多残留的测定 气相色谱质谱法和液相色谱质谱法；GB 23200.113—2018 食品安全国家标准 植物源性食品中 208 种农药及其代谢物残留量的测定 气相色谱－质谱联用法
	氯氰菊酯和高效氯氰菊酯	GB 2763	GB/T 5009.146—2008 植物性食品中有机氯和拟除虫菊酯类农药多种残留量的测定；GB 23200.8—2016 食品安全国家标准 水果和蔬菜中 500 种农药及相关化学品残留量的测定 气相色谱－质谱法；NY/T 761—2008 蔬菜和水果中有机磷、有机氯、拟除虫菊酯和氨基甲酸酯类农药多残留的测定；GB 23200.113—2018 食品安全国家标准 植物源性食品中 208 种农药及其代谢物残留量的测定 气相色谱－质谱联用法
普通白菜（小白菜、小油菜、青菜）	阿维菌素	GB 2763	GB 23200.19—2016 食品安全国家标准 水果和蔬菜中阿维菌素残留量的测定 液相色谱法；GB 23200.20—2016 食品安全国家标准 食品中阿维菌素残留量的测定 液相色谱－质谱 / 质谱法；NY/T 1379—2007 蔬菜中 334 种农药多残留的测定 气相色谱质谱法和液相色谱质谱法
	啶虫脒	GB 2763	GB/T 20769—2008 水果和蔬菜中 450 种农药及相关化学品残留量的测定 液相色谱－串联质谱法；GB/T 23584—2009 水果、蔬菜中啶虫脒残留量的测定 液相色谱－串联质谱法

续表

食品细类（四级）	高风险参数	判定依据	检测方法
普通白菜（小白菜、小油菜、青菜）	毒死蜱	GB 2763	GB 23200.8—2016 水果和蔬菜中 500 种农药及相关化学品残留量的测定　气相色谱 – 质谱法；NY/T 761—2008 蔬菜和水果中有机磷、有机氯、拟除虫菊酯和氨基甲酸酯类农药多残留的测定；SN/T 2158—2008 进出口食品中毒死蜱残留量检测方法；GB 23200.113—2018 食品安全国家标准　植物源性食品中 208 种农药及其代谢物残留量的测定　气相色谱 – 质谱联用法
	氟虫腈	GB 2763	SN/T 1982—2007 进出口食品中氟虫腈残留量检测方法　气相色谱 – 质谱法
	甲氨基阿维菌素苯甲酸盐	GB 2763	GB/T 20769—2008 水果和蔬菜中 450 种农药及相关化学品残留量的测定　液相色谱 – 串联质谱法
	甲胺磷	GB 2763	GB/T 5009.103—2003 植物性食品中甲胺磷和乙酰甲胺磷农药残留量的测定；NY/T 761—2008 蔬菜和水果中有机磷、有机氯、拟除虫菊酯和氨基甲酸酯类农药多残留的测定；GB 23200.113—2018 食品安全国家标准　植物源性食品中 208 种农药及其代谢物残留量的测定　气相色谱 – 质谱联用法
	甲拌磷	GB 2763	GB 23200.113—2018 食品安全国家标准　植物源性食品中 208 种农药及其代谢物残留量的测定　气相色谱 – 质谱联用法
	克百威	GB 2763	NY/T 761—2008 蔬菜和水果中有机磷、有机氯、拟除虫菊酯和氨基甲酸酯类农药多残留的测定；GB 23200.112—2018 食品安全国家标准　植物源性食品中 9 种氨基甲酸酯类农药及其代谢物残留量的测定　液相色谱 – 柱后衍生法
	氯氰菊酯和高效氯氰菊酯	GB 2763	GB/T 5009.146—2008 植物性食品中有机氯和拟除虫菊酯类农药多种残留量的测定；GB 23200.8—2016 食品安全国家标准　水果和蔬菜中 500 种农药及相关化学品残留量的测定　气相色谱 – 质谱法；NY/T 761—2008 蔬菜和水果中有机磷、有机氯、拟除虫菊酯和氨基甲酸酯类农药多残留的测定；GB 23200.113—2018 食品安全国家标准　植物源性食品中 208 种农药及其代谢物残留量的测定　气相色谱 – 质谱联用法
	氧乐果	GB 2763	NY/T 761—2008 蔬菜和水果中有机磷、有机氯、拟除虫菊酯和氨基甲酸酯类农药多残留的测定；NY/T 1379—2007 蔬菜中 334 种农药多残留的测定　气相色谱质谱法和液相色谱质谱法；GB 23200.113—2018 食品安全国家标准　植物源性食品中 208 种农药及其代谢物残留量的测定　气相色谱 – 质谱联用法

续表

食品细类（四级）	高风险参数	判定依据	检测方法
油麦菜	甲基异柳磷	GB 2763	GB/T 5009.144—2003 植物性食品中甲基异柳磷残留量的测定；GB 23200.113—2018 食品安全国家标准　植物源性食品中 208 种农药及其代谢物残留量的测定　气相色谱 – 质谱联用法
	克百威	GB 2763	NY/T 761—2008 蔬菜和水果中有机磷、有机氯、拟除虫菊酯和氨基甲酸酯类农药多残留的测定；GB 23200.112—2018 食品安全国家标准　植物源性食品中 9 种氨基甲酸酯类农药及其代谢物残留量的测定　液相色谱 – 柱后衍生法
	氧乐果	GB 2763	NY/T 761—2008 蔬菜和水果中有机磷、有机氯、拟除虫菊酯和氨基甲酸酯类农药多残留的测定；NY/T 1379—2007 蔬菜中 334 种农药多残留的测定　气相色谱质谱法和液相色谱质谱法；GB 23200.113—2018 食品安全国家标准　植物源性食品中 208 种农药及其代谢物残留量的测定　气相色谱 – 质谱联用法
	乙酰甲胺磷	GB 2763	GB/T 5009.103—2003 植物性食品中甲胺磷和乙酰甲胺磷农药残留量的测定；GB/T 5009.145—2003 植物性食品中有机磷和氨基甲酸酯类农药多种残留的测定；NY/T 761—2008 蔬菜和水果中有机磷、有机氯、拟除虫菊酯和氨基甲酸酯类农药多残留的测定；GB 23200.113—2018 食品安全国家标准　植物源性食品中 208 种农药及其代谢物残留量的测定　气相色谱 – 质谱联用法
大白菜	阿维菌素	GB 2763	GB 23200.19—2016 食品安全国家标准　水果和蔬菜中阿维菌素残留量的测定　液相色谱法；GB 23200.20—2016 食品安全国家标准　食品中阿维菌素残留量的测定　液相色谱 – 质谱 / 质谱法；NY/T 1379—2007 蔬菜中 334 种农药多残留的测定　气相色谱质谱法和液相色谱质谱法
	啶虫脒	GB 2763	GB/T 20769—2008 水果和蔬菜中 450 种农药及相关化学品残留量的测定　液相色谱 – 串联质谱法；GB/T 23584—2009 水果、蔬菜中啶虫脒残留量的测定　液相色谱 – 串联质谱法
	毒死蜱	GB 2763	GB 23200.8—2016 食品安全国家标准　水果和蔬菜中 500 种农药及相关化学品残留量的测定　气相色谱 – 质谱法；NY/T 761—2008 蔬菜和水果中有机磷、有机氯、拟除虫菊酯和氨基甲酸酯类农药多残留的测定；SN/T 2158—2008 进出口食品中毒死蜱残留量检测方法；GB 23200.113—2018 食品安全国家标准　植物源性食品中 208 种农药及其代谢物残留量的测定　气相色谱 – 质谱联用法
	氟虫腈	GB 2763	SN/T 1982—2007 进出口食品中氟虫腈残留量检测方法　气相色谱 – 质谱法

续表

食品细类（四级）	高风险参数	判定依据	检测方法
大白菜	甲胺磷	GB 2763	GB/T 5009.103—2003 植物性食品中甲胺磷和乙酰甲胺磷农药残留量的测定；NY/T 761—2008 蔬菜和水果中有机磷、有机氯、拟除虫菊酯和氨基甲酸酯类农药多残留的测定；GB 23200.113—2018 食品安全国家标准 植物源性食品中 208 种农药及其代谢物残留量的测定 气相色谱 - 质谱联用法
	甲拌磷	GB 2763	GB 23200.113—2018 食品安全国家标准 植物源性食品中 208 种农药及其代谢物残留量的测定 气相色谱 - 质谱联用法
	甲基异柳磷	GB 2763	GB/T 5009.144—2003 植物性食品中甲基异柳磷残留量的测定；GB 23200.113—2018 食品安全国家标准 植物源性食品中 208 种农药及其代谢物残留量的测定 气相色谱 - 质谱联用法
	克百威	GB 2763	NY/T 761—2008 蔬菜和水果中有机磷、有机氯、拟除虫菊酯和氨基甲酸酯类农药多残留的测定；GB 23200.112—2018 食品安全国家标准 植物源性食品中 9 种氨基甲酸酯类农药及其代谢物残留量的测定 液相色谱 - 柱后衍生法
	氧乐果	GB 2763	NY/T 761—2008 蔬菜和水果中有机磷、有机氯、拟除虫菊酯和氨基甲酸酯类农药多残留的测定；NY/T 1379—2007 蔬菜中 334 种农药多残留的测定 气相色谱质谱法和液相色谱质谱法；GB 23200.113—2018 食品安全国家标准 植物源性食品中 208 种农药及其代谢物残留量的测定 气相色谱 - 质谱联用法
茄子	氟虫腈	GB 2763	SN/T 1982—2007 进出口食品中氟虫腈残留量检测方法气相色谱 - 质谱法
	甲胺磷	GB 2763	GB/T 5009.103—2003 植物性食品中甲胺磷和乙酰甲胺磷农药残留量的测定；NY/T 761—2008 蔬菜和水果中有机磷、有机氯、拟除虫菊酯和氨基甲酸酯类农药多残留的测定；GB 23200.113—2018 食品安全国家标准 植物源性食品中 208 种农药及其代谢物残留量的测定 气相色谱 - 质谱联用法
	甲拌磷	GB 2763	GB 23200.113—2018 食品安全国家标准 植物源性食品中 208 种农药及其代谢物残留量的测定 气相色谱 - 质谱联用法
	克百威	GB 2763	NY/T 761—2008 蔬菜和水果中有机磷、有机氯、拟除虫菊酯和氨基甲酸酯类农药多残留的测定；GB 23200.112—2018 食品安全国家标准 植物源性食品中 9 种氨基甲酸酯类农药及其代谢物残留量的测定 液相色谱 - 柱后衍生法

续表

食品细类（四级）	高风险参数	判定依据	检测方法
茄子	氧乐果	GB 2763	NY/T 761—2008 蔬菜和水果中有机磷、有机氯、拟除虫菊酯和氨基甲酸酯类农药多残留的测定；NY/T 1379—2007 蔬菜中 334 种农药多残留的测定 气相色谱质谱法和液相色谱质谱法；GB 23200.113—2018 食品安全国家标准 植物源性食品中 208 种农药及其代谢物残留量的测定 气相色谱－质谱联用法
辣椒	多菌灵	GB 2763	GB/T 20769—2008 水果和蔬菜中 450 种农药及相关化学品残留量的测定 液相色谱串联质谱法；NY/T 1453—2007 蔬菜及水果中多菌灵等 16 种农药残留测定 液相色谱－质谱－质谱联用法
	氟虫腈	GB 2763	SN/T 1982—2007 进出口食品中氟虫腈残留量检测方法 气相色谱－质谱法
	甲拌磷	GB 2763	GB 23200.113—2018 食品安全国家标准 植物源性食品中 208 种农药及其代谢物残留量的测定 气相色谱－质谱联用法
	克百威	GB 2763	NY/T 761—2008 蔬菜和水果中有机磷、有机氯、拟除虫菊酯和氨基甲酸酯类农药多残留的测定；GB 23200.112—2018 食品安全国家标准 植物源性食品中 9 种氨基甲酸酯类农药及其代谢物残留量的测定 液相色谱－柱后衍生法
	氯氰菊酯和高效氯氰菊酯	GB 2763	NY/T 761—2008 蔬菜和水果中有机磷、有机氯、拟除虫菊酯和氨基甲酸酯类农药多残留的测定；GB 23200.8—2016 食品安全国家标准 水果和蔬菜中 500 种农药及相关化学品残留量的测定 气相色谱－质谱法；GB/T 5009.146—2008 植物性食品中有机氯和拟除虫菊酯类农药多种残留量的测定；GB 23200.113—2018 食品安全国家标准 植物源性食品中 208 种农药及其代谢物残留量的测定 气相色谱－质谱联用法
	咪鲜胺和咪鲜胺锰盐	GB 2763	NY/T 1456—2007 水果中咪鲜胺残留量的测定 气相色谱法
	氧乐果	GB 2763	NY/T 1379—2007 蔬菜中 334 种农药多残留的测定 气相色谱质谱法和液相色谱质谱法；NY/T 761—2008 蔬菜和水果中有机磷、有机氯、拟除虫菊酯和氨基甲酸酯类农药多残留的测定；GB 23200.113—2018 食品安全国家标准 植物源性食品中 208 种农药及其代谢物残留量的测定 气相色谱－质谱联用法
甜椒	氟虫腈	GB 2763	SN/T 1982—2007 进出口食品中氟虫腈残留量检测方法 气相色谱－质谱法

续表

食品细类（四级）	高风险参数	判定依据	检测方法
甜椒	甲胺磷	GB 2763	GB/T 5009.103—2003 植物性食品中甲胺磷和乙酰甲胺磷农药残留量的测定；NY/T 761—2008 蔬菜和水果中有机磷、有机氯、拟除虫菊酯和氨基甲酸酯类农药多残留的测定；GB 23200.113—2018 食品安全国家标准 植物源性食品中 208 种农药及其代谢物残留量的测定 气相色谱 - 质谱联用法
	甲拌磷	GB 2763	GB 23200.113—2018 食品安全国家标准 植物源性食品中 208 种农药及其代谢物残留量的测定 气相色谱 - 质谱联用法
	甲基异柳磷	GB 2763	GB/T 5009.144—2003 植物性食品中甲基异柳磷残留量的测定；GB 23200.113—2018 食品安全国家标准 植物源性食品中 208 种农药及其代谢物残留量的测定 气相色谱 - 质谱联用法
	克百威	GB 2763	NY/T 761—2008 蔬菜和水果中有机磷、有机氯、拟除虫菊酯和氨基甲酸酯类农药多残留的测定；GB 23200.112—2018 食品安全国家标准 植物源性食品中 9 种氨基甲酸酯类农药及其代谢物残留量的测定 液相色谱 - 柱后衍生法
	氯氟氰菊酯和高效氯氟氰菊酯	GB 2763	GB/T 5009.146—2008 植物性食品中有机氯和拟除虫菊酯类农药多种残留量的测定；NY/T 761—2008 蔬菜和水果中有机磷、有机氯、拟除虫菊酯和氨基甲酸酯类农药多残留的测定；GB 23200.113—2018 食品安全国家标准 植物源性食品中 208 种农药及其代谢物残留量的测定 气相色谱 - 质谱联用法；GB 23200.8—2016 食品安全国家标准 食品安全国家标准 水果和蔬菜中 500 种农药及相关化学品残留量的测定 气相色谱 - 质谱法
	氧乐果	GB 2763	NY/T 761—2008 蔬菜和水果中有机磷、有机氯、拟除虫菊酯和氨基甲酸酯类农药多残留的测定；NY/T 1379—2007 蔬菜中 334 种农药多残留的测定 气相色谱质谱法和液相色谱质谱法；GB 23200.113—2018 食品安全国家标准 植物源性食品中 208 种农药及其代谢物残留量的测定 气相色谱 - 质谱联用法
番茄	苯醚甲环唑	GB 2763	GB 23200.8—2016 食品安全国家标准 水果和蔬菜中 500 种农药及相关化学品残留量的测定 气相色谱 - 质谱法；GB 23200.49—2016 食品安全国家标准 食品中苯醚甲环唑残留量的测定 气相色谱 - 质谱法；GB/T 5009.218—2008 水果和蔬菜中多种农药残留量的测定；GB 23200.113—2018 食品安全国家标准 植物源性食品中 208 种农药及其代谢物残留量的测定 气相色谱 - 质谱联用法

续表

食品细类（四级）	高风险参数	判定依据	检测方法
番茄	甲氨基阿维菌素苯甲酸盐	GB 2763	GB/T 20769—2008 水果和蔬菜中 450 种农药及相关化学品残留量的测定 液相色谱 – 串联质谱法
	氯氰菊酯和高效氯氰菊酯	GB 2763	NY/T 761—2008 蔬菜和水果中有机磷、有机氯、拟除虫菊酯和氨基甲酸酯类农药多残留的测定；GB 23200.8—2016 食品安全国家标准 水果和蔬菜中 500 种农药及相关化学品残留量的测定 气相色谱 – 质谱法；GB/T 5009.146—2008 植物性食品中有机氯和拟除虫菊酯类农药多种残留量的测定；GB 23200.113—2018 食品安全国家标准 植物源性食品中 208 种农药及其代谢物残留量的测定 气相色谱 – 质谱联用法
	氧乐果	GB 2763	NY/T 1379—2007 蔬菜中 334 种农药多残留的测定 气相色谱质谱法和液相色谱质谱法；NY/T 761—2008 蔬菜和水果中有机磷、有机氯、拟除虫菊酯和氨基甲酸酯类农药多残留的测定；GB 23200.113—2018 食品安全国家标准 植物源性食品中 208 种农药及其代谢物残留量的测定 气相色谱 – 质谱联用法
黄瓜	毒死蜱	GB 2763	GB 23200.8—2016 食品安全国家标准 水果和蔬菜中 500 种农药及相关化学品残留量的测定 气相色谱 – 质谱法；NY/T 761—2008 蔬菜和水果中有机磷、有机氯、拟除虫菊酯和氨基甲酸酯类农药多残留的测定；SN/T 2158—2008 进出口食品中毒死蜱残留量检测方法；GB 23200.113—2018 食品安全国家标准 植物源性食品中 208 种农药及其代谢物残留量的测定 气相色谱 – 质谱联用法
	氟虫腈	GB 2763	SN/T 1982—2007 进出口食品中氟虫腈残留量检测方法 气相色谱 – 质谱法
	甲氨基阿维菌素苯甲酸盐	GB 2763	GB/T 20769—2008 水果和蔬菜中 450 种农药及相关化学品残留量的测定 液相色谱 – 串联质谱法
	克百威	GB 2763	NY/T 761—2008 蔬菜和水果中有机磷、有机氯、拟除虫菊酯和氨基甲酸酯类农药多残留的测定；GB 23200.112—2018 食品安全国家标准 植物源性食品中 9 种氨基甲酸酯类农药及其代谢物残留量的测定 液相色谱 – 柱后衍生法
	氧乐果	GB 2763	NY/T 1379—2007 蔬菜中 334 种农药多残留的测定 气相色谱质谱法和液相色谱质谱法；NY/T 761—2008 蔬菜和水果中有机磷、有机氯、拟除虫菊酯和氨基甲酸酯类农药多残留的测定；GB 23200.113—2018 食品安全国家标准 植物源性食品中 208 种农药及其代谢物残留量的测定 气相色谱 – 质谱联用法

续表

食品细类（四级）	高风险参数	判定依据	检测方法
黄瓜	甲霜灵和精甲霜灵	GB 2763	GB 23200.8—2016 食品安全国家标准　水果和蔬菜中 500 种农药及相关化学品残留量的测定　气相色谱－质谱法；GB/T 20769—2008 水果和蔬菜中 450 种农药及相关化学品残留量的测定　液相色谱－串联质谱法；GB 23200.113—2018 食品安全国家标准　植物源性食品中 208 种农药及其代谢物残留量的测定　气相色谱－质谱联用法
豇豆	阿维菌素	GB 2763	GB 23200.19—2016 食品安全国家标准　水果和蔬菜中阿维菌素残留量的测定　液相色谱法；GB 23200.20—2016 食品安全国家标准　食品中阿维菌素残留量的测定　液相色谱－质谱 / 质谱法；NY/T 1379—2007 蔬菜中 334 种农药多残留的测定　气相色谱质谱法和液相色谱质谱法
	氟虫腈	GB 2763	SN/T 1982—2007 进出口食品中氟虫腈残留量检测方法　气相色谱－质谱法
	甲胺磷	GB 2763	GB/T 5009.103—2003 植物性食品中甲胺磷和乙酰甲胺磷农药残留量的测定；NY/T 761—2008 蔬菜和水果中有机磷、有机氯、拟除虫菊酯和氨基甲酸酯类农药多残留的测定；GB 23200.113—2018 食品安全国家标准　植物源性食品中 208 种农药及其代谢物残留量的测定　气相色谱－质谱联用法
	甲拌磷	GB 2763	GB 23200.113—2018 食品安全国家标准　植物源性食品中 208 种农药及其代谢物残留量的测定　气相色谱－质谱联用法
	甲基异柳磷	GB 2763	GB/T 5009.144—2003 植物性食品中甲基异柳磷残留量的测定；GB 23200.113—2018 食品安全国家标准　植物源性食品中 208 种农药及其代谢物残留量的测定　气相色谱－质谱联用法
	克百威	GB 2763	NY/T 761—2008 蔬菜和水果中有机磷、有机氯、拟除虫菊酯和氨基甲酸酯类农药多残留的测定；GB 23200.112—2018 食品安全国家标准　植物源性食品中 9 种氨基甲酸酯类农药及其代谢物残留量的测定　液相色谱－柱后衍生法
	氯氰菊酯和高效氯氰菊酯	GB 2763	GB/T 5009.146—2008 植物性食品中有机氯和拟除虫菊酯类农药多种残留量的测定；GB 23200.8—2016 食品安全国家标准　水果和蔬菜中 500 种农药及相关化学品残留量的测定　气相色谱－质谱法；NY/T 761—2008 蔬菜和水果中有机磷、有机氯、拟除虫菊酯和氨基甲酸酯类农药多残留的测定；GB 23200.113—2018 食品安全国家标准　植物源性食品中 208 种农药及其代谢物残留量的测定　气相色谱－质谱联用法

续表

食品细类（四级）	高风险参数	判定依据	检测方法
豇豆	水胺硫磷	GB 2763	NY/T 761—2008 蔬菜和水果中有机磷、有机氯、拟除虫菊酯和氨基甲酸酯类农药多残留的测定；GB 23200.113—2018 食品安全国家标准　植物源性食品中 208 种农药及其代谢物残留量的测定　气相色谱－质谱联用法
	氧乐果	GB 2763	NY/T 761—2008 蔬菜和水果中有机磷、有机氯、拟除虫菊酯和氨基甲酸酯类农药多残留的测定；NY/T 1379—2007 蔬菜中 334 种农药多残留的测定　气相色谱质谱法和液相色谱质谱法；GB 23200.113—2018 食品安全国家标准　植物源性食品中 208 种农药及其代谢物残留量的测定　气相色谱－质谱联用法
菜豆	氟虫腈	GB 2763	SN/T 1982—2007 进出口食品中氟虫腈残留量检测方法　气相色谱－质谱法
	克百威	GB 2763	NY/T 761—2008 蔬菜和水果中有机磷、有机氯、拟除虫菊酯和氨基甲酸酯类农药多残留的测定；GB 23200.112—2018 食品安全国家标准　植物源性食品中 9 种氨基甲酸酯类农药及其代谢物残留量的测定　液相色谱－柱后衍生法
	氧乐果	GB 2763	NY/T 761—2008 蔬菜和水果中有机磷、有机氯、拟除虫菊酯和氨基甲酸酯类农药多残留的测定；NY/T 1379—2007 蔬菜中 334 种农药多残留的测定　气相色谱质谱法和液相色谱质谱法；GB 23200.113—2018 食品安全国家标准　植物源性食品中 208 种农药及其代谢物残留量的测定　气相色谱－质谱联用法
山药	铅（以 Pb 计）	GB 2762	GB 5009.12—2017 食品安全国家标准 食品中铅的测定
	甲拌磷	GB 2763	GB 23200.113—2018 食品安全国家标准　植物源性食品中 208 种农药及其代谢物残留量的测定　气相色谱－质谱联用法
	克百威	GB 2763	NY/T 761—2008 蔬菜和水果中有机磷、有机氯、拟除虫菊酯和氨基甲酸酯类农药多残留的测定；GB 23200.112—2018 食品安全国家标准　植物源性食品中 9 种氨基甲酸酯类农药及其代谢物残留量的测定　液相色谱－柱后衍生法
	氧乐果	GB 2763	NY/T 761—2008 蔬菜和水果中有机磷、有机氯、拟除虫菊酯和氨基甲酸酯类农药多残留的测定；NY/T 1379—2007 蔬菜中 334 种农药多残留的测定　气相色谱质谱法和液相色谱质谱法；GB 23200.113—2018 食品安全国家标准　植物源性食品中 208 种农药及其代谢物残留量的测定　气相色谱－质谱联用法

续表

食品细类（四级）	高风险参数	判定依据	检测方法
姜	铅（以 Pb 计）	GB 2762	GB 5009.12—2017 食品安全国家标准 食品中铅的测定
	甲拌磷	GB 2763	GB 23200.113—2018 食品安全国家标准 植物源性食品中 208 种农药及其代谢物残留量的测定 气相色谱－质谱联用法
	甲胺磷	GB 2763	GB/T 5009.103—2003 植物性食品中甲胺磷和乙酰甲胺磷农药残留量的测定; NY/T 761—2008 蔬菜和水果中有机磷、有机氯、拟除虫菊酯和氨基甲酸酯类农药多残留的测定; GB 23200.113—2018 食品安全国家标准 植物源性食品中 208 种农药及其代谢物残留量的测定 气相色谱－质谱联用法
	克百威	GB 2763	NY/T 761—2008 蔬菜和水果中有机磷、有机氯、拟除虫菊酯和氨基甲酸酯类农药多残留的测定; GB 23200.112—2018 食品安全国家标准 植物源性食品中 9 种氨基甲酸酯类农药及其代谢物残留量的测定 液相色谱－柱后衍生法
	氧乐果	GB 2763	NY/T 761—2008 蔬菜和水果中有机磷、有机氯、拟除虫菊酯和氨基甲酸酯类农药多残留的测定; NY/T 1379—2007 蔬菜中 334 种农药多残留的测定 气相色谱质谱法和液相色谱质谱法; GB 23200.113—2018 食品安全国家标准 植物源性食品中 208 种农药及其代谢物残留量的测定 气相色谱－质谱联用法
	氟虫腈	GB 2763	SN/T 1982—2007 进出口食品中氟虫腈残留量检测方法 气相色谱－质谱法
	氯氰菊酯和高效氯氰菊酯	GB 2763	NY/T 761—2008 蔬菜和水果中有机磷、有机氯、拟除虫菊酯和氨基甲酸酯类农药多残留的测定; GB 23200.113—2018 食品安全国家标准 植物源性食品中 208 种农药及其代谢物残留量的测定 气相色谱－质谱联用法
	氯氟氰菊酯和高效氯氟氰菊酯	GB 2763	GB/T 5009.146—2008 植物性食品中有机氯和拟除虫菊酯类农药多种残留量的测定; NY/T 761—2008 蔬菜和水果中有机磷、有机氯、拟除虫菊酯和氨基甲酸酯类农药多残留的测定; GB 23200.113—2018 食品安全国家标准 植物源性食品中 208 种农药及其代谢物残留量的测定 气相色谱－质谱联用法
莲藕	铅（以 Pb 计）	GB 2762	GB 5009.12—2017 食品安全国家标准 食品中铅的测定
	克百威	GB 2763	NY/T 761—2008 蔬菜和水果中有机磷、有机氯、拟除虫菊酯和氨基甲酸酯类农药多残留的测定; GB 23200.112—2018 食品安全国家标准 植物源性食品中 9 种氨基甲酸酯类农药及其代谢物残留量的测定 液相色谱－柱后衍生法

续表

食品细类（四级）	高风险参数	判定依据	检测方法
莲藕	氧乐果	GB 2763	NY/T 761—2008 蔬菜和水果中有机磷、有机氯、拟除虫菊酯和氨基甲酸酯类农药多残留的测定；NY/T 1379—2007 蔬菜中334种农药多残留的测定 气相色谱质谱法和液相色谱质谱法；GB 23200.113—2018 食品安全国家标准 植物源性食品中208种农药及其代谢物残留量的测定 气相色谱－质谱联用法
	吡虫啉	GB 2763	GB/T 20769—2008 水果和蔬菜中450种农药及相关化学品残留量的测定 液相色谱－串联质谱法；GB/T 23379—2009 水果、蔬菜及茶叶中吡虫啉残留的测定 高效液相色谱法
淡水鱼	挥发性盐基氮	GB 2733	GB 5009.228—2016 食品安全国家标准 食品中挥发性盐基氮的测定
	镉（以Cd计）	GB 2762	GB 5009.15—2014 食品安全国家标准 食品中镉的测定
	孔雀石绿	农业农村部公告第250号	GB/T 19857—2005 水产品中孔雀石绿和结晶紫残留量的测定；GB/T 20361—2006 水产品中孔雀石绿和结晶紫残留量的测定 高效液相色谱荧光检测法
	氯霉素	农业农村部公告第250号	GB/T 20756—2006 可食动物肌肉、肝脏和水产品中氯霉素、甲砜霉素和氟苯尼考残留量的测定 液相色谱－串联质谱法；GB/T 22338—2008 动物源性食品中氯霉素类药物残留量测定
	呋喃唑酮代谢物	农业农村部公告第250号	农业部783号公告—1—2006 水产品中硝基呋喃类代谢物残留量的测定 液相色谱－串联质谱法
	呋喃西林代谢物	农业农村部公告第250号	农业部783号公告—1—2006 水产品中硝基呋喃类代谢物残留量的测定 液相色谱－串联质谱法
	恩诺沙星（以恩诺沙星与环丙沙星之和计）	GB 31650	GB/T 20366—2006 动物源产品中喹诺酮类残留量的测定 液相色谱－串联质谱法；农业部1077号公告—1—2008 水产品中17种磺胺类及15种喹诺酮类药物残留量的测定 液相色谱－串联质谱法
	氧氟沙星	农业部公告第2292号	GB/T 20366—2006 动物源产品中喹诺酮类残留量的测定 液相色谱－串联质谱法；农业部1077号公告—1—2008 水产品中17种磺胺类及15种喹诺酮类药物残留量的测定 液相色谱－串联质谱法
	磺胺类（总量）	GB 31650	农业部1025号公告—23—2008 动物源食品中磺胺类药物残留检测 液相色谱－串联质谱法；农业部1077号公告—1—2008 水产品中17种磺胺类及15种喹诺酮类药物残留量的测定 液相色谱－串联质谱法

续表

食品细类（四级）	高风险参数	判定依据	检测方法
淡水鱼	地西泮	GB 31650	SN/T 3235—2012 出口动物源食品中多类禁用药物残留量检测方法 液相色谱－质谱/质谱法
	五氯酚酸钠（以五氯酚计）	农业农村部公告第 250 号	GB 23200.92—2016 食品安全国家标准 动物源性食品中五氯酚残留量的测定 液相色谱－质谱法
淡水虾	镉（以 Cd 计）	GB 2762	GB 5009.15—2014 食品安全国家标准 食品中镉的测定
	孔雀石绿	农业农村部公告第 250 号	GB/T 19857—2005 水产品中孔雀石绿和结晶紫残留量的测定；GB/T 20361—2006 水产品中孔雀石绿和结晶紫残留量的测定 高效液相色谱荧光检测法
	氯霉素	农业农村部公告第 250 号	GB/T 20756—2006 可食动物肌肉、肝脏和水产品中氯霉素、甲砜霉素和氟苯尼考残留量的测定 液相色谱－串联质谱法；GB/T 22338—2008 动物源性食品中氯霉素类药物残留量测定
	呋喃唑酮代谢物	农业农村部公告第 250 号	农业部 783 号公告—1—2006 水产品中硝基呋喃类代谢物残留量的测定 液相色谱－串联质谱法
	呋喃西林代谢物	农业农村部公告第 250 号	农业部 783 号公告—1—2006 水产品中硝基呋喃类代谢物残留量的测定 液相色谱－串联质谱法
	呋喃妥因代谢物	农业农村部公告第 250 号	农业部 783 号公告—1—2006 水产品中硝基呋喃类代谢物残留量的测定 液相色谱－串联质谱法
	恩诺沙星（以恩诺沙星与环丙沙星之和计）	GB 31650	GB/T 20366—2006 动物源产品中喹诺酮类残留量的测定 液相色谱－串联质谱法；农业部 1077 号公告—1—2008 水产品中 17 种磺胺类及 15 种喹诺酮类药物残留量的测定 液相色谱－串联质谱法
	氧氟沙星	农业部公告第 2292 号	GB/T 20366—2006 动物源产品中喹诺酮类残留量的测定 液相色谱－串联质谱法；农业部 1077 号公告—1—2008 水产品中 17 种磺胺类及 15 种喹诺酮类药物残留量的测定 液相色谱－串联质谱法
	五氯酚酸钠（以五氯酚计）	农业农村部公告第 250 号	GB 23200.92—2016 食品安全国家标准 动物源性食品中五氯酚残留量的测定 液相色谱－质谱法
淡水蟹	镉（以 Cd 计）	GB 2762	GB 5009.15—2014 食品安全国家标准 食品中镉的测定
	孔雀石绿	农业农村部公告第 250 号	GB/T 19857—2005 水产品中孔雀石绿和结晶紫残留量的测定；GB/T 20361—2006 水产品中孔雀石绿和结晶紫残留量的测定 高效液相色谱荧光检测法
	氯霉素	农业农村部公告第 250 号	GB/T 22338—2008 动物源性食品中氯霉素类药物残留量测定
	呋喃唑酮代谢物	农业农村部公告第 250 号	农业部 783 号公告—1—2006 水产品中硝基呋喃类代谢物残留量的测定 液相色谱－串联质谱法

续表

食品细类（四级）	高风险参数	判定依据	检测方法
淡水蟹	呋喃西林代谢物	农业农村部公告第250号	农业部783号公告—1—2006 水产品中硝基呋喃类代谢物残留量的测定 液相色谱－串联质谱法
	恩诺沙星（以恩诺沙星与环丙沙星之和计）	GB 31650	GB/T 20366—2006 动物源产品中喹诺酮类残留量的测定 液相色谱－串联质谱法；农业部1077号公告—1—2008 水产品中17种磺胺类及15种喹诺酮类药物残留量的测定 液相色谱－串联质谱法
	氧氟沙星	农业部公告第2292号	GB/T 20366—2006 动物源产品中喹诺酮类残留量的测定 液相色谱－串联质谱法；农业部1077号公告—1—2008 水产品中17种磺胺类及15种喹诺酮类药物残留量的测定 液相色谱－串联质谱法
	五氯酚酸钠（以五氯酚计）	农业农村部公告第250号	GB 23200.92—2016 食品安全国家标准 动物源性食品中五氯酚残留量的测定 液相色谱－质谱法
海水鱼	挥发性盐基氮	GB 2733	GB 5009.228—2016 食品安全国家标准 食品中挥发性盐基氮的测定
	组胺	GB 2733	GB 5009.208—2016 食品安全国家标准 食品中生物胺的测定
	镉（以Cd计）	GB 2762	GB 5009.15—2014 食品安全国家标准 食品中镉的测定
	孔雀石绿	农业农村部公告第250号	GB/T 19857—2005 水产品中孔雀石绿和结晶紫残留量的测定；GB/T 20361—2006 水产品中孔雀石绿和结晶紫残留量的测定 高效液相色谱荧光检测法
	氯霉素	农业农村部公告第250号	GB/T 20756—2006 可食动物肌肉、肝脏和水产品中氯霉素、甲砜霉素和氟苯尼考残留量的测定 液相色谱－串联质谱法；GB/T 22338—2008 动物源性食品中氯霉素类药物残留量测定
	呋喃唑酮代谢物	农业农村部公告第250号	农业部783号公告—1—2006 水产品中硝基呋喃类代谢物残留量的测定 液相色谱－串联质谱法
	呋喃西林代谢物	农业农村部公告第250号	农业部783号公告—1—2006 水产品中硝基呋喃类代谢物残留量的测定 液相色谱－串联质谱法
	恩诺沙星（以恩诺沙星与环丙沙星之和计）	GB 31650	GB/T 20366—2006 动物源产品中喹诺酮类残留量的测定 液相色谱－串联质谱法；农业部1077号公告—1—2008 水产品中17种磺胺类及15种喹诺酮类药物残留量的测定 液相色谱－串联质谱法
	氧氟沙星	农业部公告第2292号	GB/T 20366—2006 动物源产品中喹诺酮类残留量的测定 液相色谱－串联质谱法；农业部1077号公告—1—2008 水产品中17种磺胺类及15种喹诺酮类药物残留量的测定 液相色谱－串联质谱法
	磺胺类（总量）	GB 31650	农业部1025号公告—23—2008 动物源食品中磺胺类药物残留检测 液相色谱－串联质谱法；农业部1077号公告—1—2008 水产品中17种磺胺类及15种喹诺酮类药物残留量的测定 液相色谱－串联质谱法

续表

食品细类（四级）	高风险参数	判定依据	检测方法
海水鱼	地西泮	GB 31650	SN/T 3235—2012 出口动物源食品中多类禁用药物残留量检测方法 液相色谱－质谱/质谱法
	甲硝唑	GB 31650	GB/T 21318—2007 动物源性食品中硝基咪唑残留量检验方法；SN/T 1928—2007 进出口动物源食品中硝基咪唑残留量的检测方法 液相色谱－质谱/质谱法
	五氯酚酸钠（以五氯酚计）	农业农村部公告第 250 号	GB 23200.92—2016 食品安全国家标准 动物源性食品中五氯酚残留量的测定 液相色谱－质谱法
海水虾	挥发性盐基氮	GB 2733	GB 5009.228—2016 食品安全国家标准 食品中挥发性盐基氮的测定
	镉（以 Cd 计）	GB 2762	GB 5009.15—2014 食品安全国家标准 食品中镉的测定
	孔雀石绿	农业农村部公告第 250 号	GB/T 19857—2005 水产品中孔雀石绿和结晶紫残留量的测定；GB/T 20361—2006 水产品中孔雀石绿和结晶紫残留量的测定 高效液相色谱荧光检测法
	氯霉素	农业农村部公告第 250 号	GB/T 20756—2006 可食动物肌肉、肝脏和水产品中氯霉素、甲砜霉素和氟苯尼考残留量的测定 液相色谱－串联质谱法；GB/T 22338—2008 动物源性食品中氯霉素类药物残留量测定
	呋喃唑酮代谢物	农业农村部公告第 250 号	农业部 783 号公告—1—2006 水产品中硝基呋喃类代谢物残留量的测定 液相色谱－串联质谱法
	呋喃西林代谢物	农业农村部公告第 250 号	农业部 783 号公告—1—2006 水产品中硝基呋喃类代谢物残留量的测定 液相色谱－串联质谱法
	呋喃妥因代谢物	农业农村部公告第 250 号	农业部 783 号公告—1—2006 水产品中硝基呋喃类代谢物残留量的测定 液相色谱－串联质谱法
	恩诺沙星（以恩诺沙星与环丙沙星之和计）	GB 31650	GB/T 20366—2006 动物源产品中喹诺酮类残留量的测定 液相色谱－串联质谱法；农业部 1077 号公告—1—2008 水产品中 17 种磺胺类及 15 种喹诺酮类药物残留量的测定 液相色谱－串联质谱法
	氧氟沙星	农业部公告第 2292 号	GB/T 20366—2006 动物源产品中喹诺酮类残留量的测定 液相色谱－串联质谱法；农业部 1077 号公告—1—2008 水产品中 17 种磺胺类及 15 种喹诺酮类药物残留量的测定 液相色谱－串联质谱法
	五氯酚酸钠（以五氯酚计）	农业农村部公告第 250 号	GB 23200.92—2016 食品安全国家标准 动物源性食品中五氯酚残留量的测定 液相色谱－质谱法
海水蟹	镉（以 Cd 计）	GB 2762	GB 5009.15—2014 食品安全国家标准 食品中镉的测定
	孔雀石绿	农业农村部公告第 250 号	GB/T 19857—2005 水产品中孔雀石绿和结晶紫残留量的测定；GB/T 20361—2006 水产品中孔雀石绿和结晶紫残留量的测定 高效液相色谱荧光检测法

续表

食品细类（四级）	高风险参数	判定依据	检测方法
海水蟹	氯霉素	农业农村部公告第250号	GB/T 22338—2008 动物源性食品中氯霉素类药物残留量测定
	呋喃唑酮代谢物	农业农村部公告第250号	农业部783号公告—1—2006 水产品中硝基呋喃类代谢物残留量的测定 液相色谱－串联质谱法
	呋喃它酮代谢物	农业农村部公告第250号	农业部783号公告—1—2006 水产品中硝基呋喃类代谢物残留量的测定 液相色谱－串联质谱法
	呋喃西林代谢物	农业农村部公告第250号	农业部783号公告—1—2006 水产品中硝基呋喃类代谢物残留量的测定 液相色谱－串联质谱法
	呋喃妥因代谢物	农业农村部公告第250号	农业部783号公告—1—2006 水产品中硝基呋喃类代谢物残留量的测定 液相色谱－串联质谱法
	恩诺沙星（以恩诺沙星与环丙沙星之和计）	GB 31650	GB/T 20366—2006 动物源产品中喹诺酮类残留量的测定 液相色谱－串联质谱法；农业部1077号公告—1—2008 水产品中17种磺胺类及15种喹诺酮类药物残留量的测定 液相色谱－串联质谱法
	氧氟沙星	农业部公告第2292号	GB/T 20366—2006 动物源产品中喹诺酮类残留量的测定 液相色谱－串联质谱法；农业部1077号公告—1—2008 水产品中17种磺胺类及15种喹诺酮类药物残留量的测定 液相色谱－串联质谱法
	五氯酚酸钠（以五氯酚计）	农业农村部公告第250号	GB 23200.92—2016 食品安全国家标准 动物源性食品中五氯酚残留量的测定 液相色谱－质谱法
贝类	镉（以Cd计）	GB 2762	GB 5009.15—2014 食品安全国家标准 食品中镉的测定
	孔雀石绿	农业农村部公告第250号	GB/T 19857—2005 水产品中孔雀石绿和结晶紫残留量的测定；GB/T 20361—2006 水产品中孔雀石绿和结晶紫残留量的测定 高效液相色谱荧光检测法
	氯霉素	农业农村部公告第250号	GB/T 22338—2008 动物源性食品中氯霉素类药物残留量测定
	呋喃唑酮代谢物	农业农村部公告第250号	农业部783号公告—1—2006 水产品中硝基呋喃类代谢物残留量的测定 液相色谱－串联质谱法
	呋喃西林代谢物	农业农村部公告第250号	农业部783号公告—1—2006 水产品中硝基呋喃类代谢物残留量的测定 液相色谱－串联质谱法
	恩诺沙星（以恩诺沙星与环丙沙星之和计）	GB 31650	GB/T 20366—2006 动物源产品中喹诺酮类残留量的测定 液相色谱－串联质谱法；农业部1077号公告—1—2008 水产品中17种磺胺类及15种喹诺酮类药物残留量的测定 液相色谱－串联质谱法
	氧氟沙星	农业部公告第2292号	GB/T 20366—2006 动物源产品中喹诺酮类残留量的测定 液相色谱－串联质谱法；农业部1077号公告—1—2008 水产品中17种磺胺类及15种喹诺酮类药物残留量的测定 液相色谱－串联质谱法
其他水产品	镉（以Cd计）	GB 2762	GB 5009.15—2014 食品安全国家标准 食品中镉的测定

续表

食品细类（四级）	高风险参数	判定依据	检测方法
其他水产品	孔雀石绿	农业农村部公告第 250 号	GB/T 19857—2005 水产品中孔雀石绿和结晶紫残留量的测定；GB/T 20361—2006 水产品中孔雀石绿和结晶紫残留量的测定 高效液相色谱荧光检测法
	氯霉素	农业农村部公告第 250 号	GB/T 22338—2008 动物源性食品中氯霉素类药物残留量测定
	呋喃唑酮代谢物	农业农村部公告第 250 号	农业部 783 号公告—1—2006 水产品中硝基呋喃类代谢物残留量的测定 液相色谱－串联质谱法
	呋喃西林代谢物	农业农村部公告第 250 号	农业部 783 号公告—1—2006 水产品中硝基呋喃类代谢物残留量的测定 液相色谱－串联质谱法
	恩诺沙星（以恩诺沙星与环丙沙星之和计）	GB 31650	GB/T 20366—2006 动物源产品中喹诺酮类残留量的测定 液相色谱－串联质谱法；农业部 1077 号公告—1—2008 水产品中 17 种磺胺类及 15 种喹诺酮类药物残留量的测定 液相色谱－串联质谱法
	氧氟沙星	农业部公告第 2292 号	GB/T 20366—2006 动物源产品中喹诺酮类残留量的测定 液相色谱－串联质谱法；农业部 1077 号公告—1—2008 水产品中 17 种磺胺类及 15 种喹诺酮类药物残留量的测定 液相色谱－串联质谱法
苹果	毒死蜱	GB 2763	GB 23200.8—2016 食品安全国家标准 水果和蔬菜中 500 种农药及相关化学品残留量的测定 气相色谱－质谱法；NY/T 761—2008 蔬菜和水果中有机磷、有机氯、拟除虫菊酯和氨基甲酸酯类农药多残留的测定；SN/T 2158—2008 进出口食品中毒死蜱残留量检测方法；GB 23200.113—2018 食品安全国家标准 植物源性食品中 208 种农药及其代谢物残留量的测定 气相色谱－质谱联用法
	丙溴磷	GB 2763	NY/T 761—2008 蔬菜和水果中有机磷、有机氯、拟除虫菊酯和氨基甲酸酯类农药多残留的测定；SN/T 2234—2008 进出口食品中丙溴磷残留量检测方法 气相色谱法和气相色谱－质谱法；GB 23200.113—2018 食品安全国家标准 植物源性食品中 208 种农药及其代谢物残留量的测定 气相色谱－质谱联用法
	甲拌磷	GB 2763	GB 23200.113—2018 食品安全国家标准 植物源性食品中 208 种农药及其代谢物残留量的测定 气相色谱－质谱联用法
	克百威	GB 2763	NY/T 761—2008 蔬菜和水果中有机磷、有机氯、拟除虫菊酯和氨基甲酸酯类农药多残留的测定；GB 23200.112—2018 食品安全国家标准 植物源性食品中 9 种氨基甲酸酯类农药及其代谢物残留量的测定 液相色谱－柱后衍生法

续表

食品细类（四级）	高风险参数	判定依据	检测方法
苹果	氧乐果	GB 2763	NY/T 761—2008 蔬菜和水果中有机磷、有机氯、拟除虫菊酯和氨基甲酸酯类农药多残留的测定；NY/T 1379—2007 蔬菜中 334 种农药多残留的测定　气相色谱质谱法和液相色谱质谱法；GB 23200.113—2018 食品安全国家标准　植物源性食品中 208 种农药及其代谢物残留量的测定　气相色谱－质谱联用法
梨	氧乐果	GB 2763	NY/T 761—2008 蔬菜和水果中有机磷、有机氯、拟除虫菊酯和氨基甲酸酯类农药多残留的测定；NY/T 1379—2007 蔬菜中 334 种农药多残留的测定　气相色谱质谱法和液相色谱质谱法；GB 23200.113—2018 食品安全国家标准　植物源性食品中 208 种农药及其代谢物残留量的测定　气相色谱－质谱联用法
	氯氟氰菊酯和高效氯氟氰菊酯	GB 2763	GB/T　5009.146—2008 植物性食品中有机氯和拟除虫菊酯类农药多种残留量的测定；NY/T 761—2008 蔬菜和水果中有机磷、有机氯、拟除虫菊酯和氨基甲酸酯类农药多残留的测定；GB 23200.113—2018 食品安全国家标准　植物源性食品中 208 种农药及其代谢物残留量的测定　气相色谱－质谱联用法
	氟氯氰菊酯和高效氟氯氰菊酯	GB 2763	GB/T　5009.146—2008 植物性食品中有机氯和拟除虫菊酯类农药多种残留量的测定；NY/T 761—2008 蔬菜和水果中有机磷、有机氯、拟除虫菊酯和氨基甲酸酯类农药多残留的测定；GB 23200.113—2018 食品安全国家标准　植物源性食品中 208 种农药及其代谢物残留量的测定　气相色谱－质谱联用法
	氟虫腈	GB 2763	参照 NY/T　1379—2007 蔬菜中 334 种农药多残留的测定　气相色谱质谱法和液相色谱质谱法；GB 23200.34—2016 食品安全国家标准　食品中涕灭砜威、吡唑醚菌酯、嘧菌酯等 65 种农药残留量的测定　液相色谱－质谱／质谱法
	多菌灵	GB 2763	GB/T　20769—2008 水果和蔬菜中 450 种农药及相关化学品残留量的测定　液相色谱－串联质谱法；NY/T　1453—2007 蔬菜及水果中多菌灵等 16 种农药残留测定 液相色谱－质谱－质谱联用法
	毒死蜱	GB 2763	GB　23200.8—2016 食品安全国家标准　水果和蔬菜中 500 种农药及相关化学品残留量的测定　气相色谱－质谱法；NY/T　761—2008 蔬菜和水果中有机磷、有机氯、拟除虫菊酯和氨基甲酸酯类农药多残留的测定；SN/T　2158—2008 进出口食品中毒死蜱残留量检测方法；GB 23200.113—2018 食品安全国家标准　植物源性食品中 208 种农药及其代谢物残留量的测定　气相色谱－质谱联用法

续表

食品细类（四级）	高风险参数	判定依据	检测方法
梨	吡虫啉	GB 2763	GB/T 20769—2008 水果和蔬菜中 450 种农药及相关化学品残留量的测定 液相色谱－串联质谱法；GB/T 23379—2009 水果、蔬菜及茶叶中吡虫啉残留的测定 高效液相色谱法
	氯氰菊酯和高效氯氰菊酯	GB 2763	GB/T 5009.146—2008 植物性食品中有机氯和拟除虫菊酯类农药多种残留量的测定；GB 23200.8—2016 水果和蔬菜中 500 种农药及相关化学品残留量的测定 气相色谱－质谱法；NY/T 761—2008 蔬菜和水果中有机磷、有机氯、拟除虫菊酯和氨基甲酸酯类农药多残留的测定；GB 23200.113—2018 食品安全国家标准 植物源性食品中 208 种农药及其代谢物残留量的测定 气相色谱－质谱联用法
	克百威	GB 2763	NY/T 761—2008 蔬菜和水果中有机磷、有机氯、拟除虫菊酯和氨基甲酸酯类农药多残留的测定；GB 23200.112—2018 食品安全国家标准 植物源性食品中 9 种氨基甲酸酯类农药及其代谢物残留量的测定 液相色谱－柱后衍生法
枣	氧乐果	GB 2763	NY/T 761—2008 蔬菜和水果中有机磷、有机氯、拟除虫菊酯和氨基甲酸酯类农药多残留的测定；NY/T 1379—2007 蔬菜中 334 种农药多残留的测定 气相色谱质谱法和液相色谱质谱法；GB 23200.113—2018 食品安全国家标准 植物源性食品中 208 种农药及其代谢物残留量的测定 气相色谱－质谱联用法
	氟虫腈	GB 2763	参照 NY/T 1379—2007 蔬菜中 334 种农药多残留的测定 气相色谱质谱法和液相色谱质谱法；GB 23200.34—2016 食品安全国家标准 食品中涕灭砜威、吡唑醚菌酯、嘧菌酯等 65 种农药残留量的测定 液相色谱－质谱 / 质谱法
	氰戊菊酯和 *S*－氰戊菊酯	GB 2763	GB 23200.8—2016 食品安全国家标准 水果和蔬菜中 500 种农药及相关化学品残留量的测定 气相色谱－质谱法；NY/T 761—2008 蔬菜和水果中有机磷、有机氯、拟除虫菊酯和氨基甲酸酯类农药多残留的测定；GB 23200.113—2018 食品安全国家标准 植物源性食品中 208 种农药及其代谢物残留量的测定 气相色谱－质谱联用法
桃	氰戊菊酯和 *S*－氰戊菊酯	GB 2763	GB 23200.8—2016 食品安全国家标准 水果和蔬菜中 500 种农药及相关化学品残留量的测定 气相色谱－质谱法；NY/T 761—2008 蔬菜和水果中有机磷、有机氯、拟除虫菊酯和氨基甲酸酯类农药多残留的测定；GB 23200.113—2018 食品安全国家标准 植物源性食品中 208 种农药及其代谢物残留量的测定 气相色谱－质谱联用法

续表

食品细类（四级）	高风险参数	判定依据	检测方法
桃	氟虫腈	GB 2763	参照NY/T　1379—2007 蔬菜中334种农药多残留的测定　气相色谱质谱法和液相色谱质谱法；GB 23200.34—2016 食品安全国家标准　食品中涕灭砜威、吡唑醚菌酯、嘧菌酯等65种农药残留量的测定　液相色谱－质谱/质谱法
	苯醚甲环唑	GB 2763	GB　23200.8—2016 食品安全国家标准　水果和蔬菜中500种农药及相关化学品残留量的测定　气相色谱－质谱法；GB　23200.49—2016 食品安全国家标准　食品中苯醚甲环唑残留量的测定　气相色谱－质谱法；GB/T　5009.218—2008 水果和蔬菜中多种农药残留量的测定；GB 23200.113—2018 食品安全国家标准　植物源性食品中208种农药及其代谢物残留量的测定　气相色谱－质谱联用法
	多菌灵	GB 2763	GB/T　20769—2008 水果和蔬菜中450种农药及相关化学品残留量的测定　液相色谱－串联质谱法；NY/T　1453—2007 蔬菜及水果中多菌灵等16种农药残留测定 液相色谱－质谱－质谱联用法
油桃	克百威	GB 2763	NY/T 761—2008 蔬菜和水果中有机磷、有机氯、拟除虫菊酯和氨基甲酸酯类农药多残留的测定；GB 23200.112—2018 食品安全国家标准　植物源性食品中9种氨基甲酸酯类农药及其代谢物残留量的测定　液相色谱－柱后衍生法
	甲胺磷	GB 2763	GB/T　5009.103—2003 植物性食品中甲胺磷和乙酰甲胺磷农药残留量的测定；NY/T　761—2008 蔬菜和水果中有机磷、有机氯、拟除虫菊酯和氨基甲酸酯类农药多残留的测定；GB 23200.113—2018 食品安全国家标准　植物源性食品中208种农药及其代谢物残留量的测定　气相色谱－质谱联用法
	氟虫腈	GB 2763	参照NY/T　1379—2007 蔬菜中334种农药多残留的测定　气相色谱质谱法和液相色谱质谱法；GB 23200.34—2016 食品安全国家标准　食品中涕灭砜威、吡唑醚菌酯、嘧菌酯等65种农药残留量的测定　液相色谱－质谱/质谱法
	多菌灵	GB 2763	GB/T　20769—2008 水果和蔬菜中450种农药及相关化学品残留量的测定　液相色谱－串联质谱法；NY/T　1453—2007 蔬菜及水果中多菌灵等16种农药残留测定　液相色谱－质谱－质谱联用法
杏	克百威	GB 2763	NY/T 761—2008 蔬菜和水果中有机磷、有机氯、拟除虫菊酯和氨基甲酸酯类农药多残留的测定；GB 23200.112—2018 食品安全国家标准　植物源性食品中9种氨基甲酸酯类农药及其代谢物残留量的测定　液相色谱－柱后衍生法

续表

食品细类（四级）	高风险参数	判定依据	检测方法
杏	氧乐果	GB 2763	NY/T 761—2008 蔬菜和水果中有机磷、有机氯、拟除虫菊酯和氨基甲酸酯类农药多残留的测定；NY/T 1379—2007 蔬菜中334种农药多残留的测定 气相色谱质谱法和液相色谱质谱法；GB 23200.113—2018 食品安全国家标准 植物源性食品中208种农药及其代谢物残留量的测定 气相色谱－质谱联用法
李子	氰戊菊酯和*S*－氰戊菊酯	GB 2763	GB 23200.8—2016 食品安全国家标准 水果和蔬菜中500种农药及相关化学品残留量的测定 气相色谱－质谱法；NY/T 761—2008 蔬菜和水果中有机磷、有机氯、拟除虫菊酯和氨基甲酸酯类农药多残留的测定；GB 23200.113—2018 食品安全国家标准 植物源性食品中208种农药及其代谢物残留量的测定 气相色谱－质谱联用法
	氧乐果	GB 2763	NY/T 761—2008 蔬菜和水果中有机磷、有机氯、拟除虫菊酯和氨基甲酸酯类农药多残留的测定；NY/T 1379—2007 蔬菜中334种农药多残留的测定 气相色谱质谱法和液相色谱质谱法；GB 23200.113—2018 食品安全国家标准 植物源性食品中208种农药及其代谢物残留量的测定 气相色谱－质谱联用法
	多菌灵	GB 2763	GB/T 20769—2008 水果和蔬菜中450种农药及相关化学品残留量的测定 液相色谱－串联质谱法；NY/T 1453—2007 蔬菜及水果中多菌灵等16种农药残留测定 液相色谱－质谱－质谱联用法
柑、橘	三唑磷	GB 2763	NY/T 761—2008 蔬菜和水果中有机磷、有机氯、拟除虫菊酯和氨基甲酸酯类农药多残留的测定；GB 23200.113—2018 食品安全国家标准 植物源性食品中208种农药及其代谢物残留量的测定 气相色谱－质谱联用法
	克百威	GB 2763	NY/T 761—2008 蔬菜和水果中有机磷、有机氯、拟除虫菊酯和氨基甲酸酯类农药多残留的测定；GB 23200.112—2018 食品安全国家标准 植物源性食品中9种氨基甲酸酯类农药及其代谢物残留量的测定 液相色谱－柱后衍生法
	丙溴磷	GB 2763	GB 23200.8—2016 食品安全国家标准 水果和蔬菜中500种农药及相关化学品残留量的测定 气相色谱－质谱法；NY/T 761—2008 蔬菜和水果中有机磷、有机氯、拟除虫菊酯和氨基甲酸酯类农药多残留的测定；SN/T 2234—2008 进出口食品中丙溴磷残留量检测方法 气相色谱法和气相色谱－质谱法；GB 23200.113—2018 食品安全国家标准 植物源性食品中208种农药及其代谢物残留量的测定 气相色谱－质谱联用法

续表

食品细类（四级）	高风险参数	判定依据	检测方法
柑、橘	苯醚甲环唑	GB 2763	GB 23200.8—2016 食品安全国家标准 水果和蔬菜中500种农药及相关化学品残留量的测定 气相色谱－质谱法；GB 23200.49—2016 食品安全国家标准 食品中苯醚甲环唑残留量的测定 气相色谱－质谱法；GB/T 5009.218—2008 水果和蔬菜中多种农药残留量的测定；GB 23200.113—2018 食品安全国家标准 植物源性食品中208种农药及其代谢物残留量的测定 气相色谱－质谱联用法
	多菌灵	GB 2763	GB/T 20769—2008 水果和蔬菜中450种农药及相关化学品残留量的测定 液相色谱－串联质谱法；NY/T 1453—2007 蔬菜及水果中多菌灵等16种农药残留测定 液相色谱－质谱－质谱联用法
	氧乐果	GB 2763	NY/T 761—2008 蔬菜和水果中有机磷、有机氯、拟除虫菊酯和氨基甲酸酯类农药多残留的测定；NY/T 1379—2007 蔬菜中334种农药多残留的测定 气相色谱质谱法和液相色谱质谱法；GB 23200.113—2018 食品安全国家标准 植物源性食品中208种农药及其代谢物残留量的测定 气相色谱－质谱联用法
柚	联苯菊酯	GB 2763	GB/T 5009.146—2008 植物性食品中有机氯和拟除虫菊酯类农药多种残留量的测定；NY/T 761—2008 蔬菜和水果中有机磷、有机氯、拟除虫菊酯和氨基甲酸酯类农药多残留的测定；SN/T 1969—2007 进出口食品中联苯菊酯残留量的检测方法 气相色谱－质谱法
	氟虫腈	GB 2763	参照NY/T 1379—2007 蔬菜中334种农药多残留的测定 气相色谱质谱法和液相色谱质谱法；GB 23200.34—2016 食品安全国家标准 食品中涕灭砜威、吡唑醚菌酯、嘧菌酯等65种农药残留量的测定 液相色谱－质谱/质谱法
	溴氰菊酯	GB 2763	GB 23200.113—2018 食品安全国家标准 植物源性食品中208种农药及其代谢物残留量的测定 气相色谱－质谱联用法；NY/T 761—2008 蔬菜和水果中有机磷、有机氯、拟除虫菊酯和氨基甲酸酯类农药多残留的测定
	水胺硫磷	GB 2763	GB/T 5009.20—2003 食品中有机磷农药残留量的测定；GB 23200.113—2018 食品安全国家标准 植物源性食品中208种农药及其代谢物残留量的测定 气相色谱－质谱联用法
柠檬	联苯菊酯	GB 2763	GB/T 5009.146—2008 植物性食品中有机氯和拟除虫菊酯类农药多种残留量的测定；NY/T 761—2008 蔬菜和水果中有机磷、有机氯、拟除虫菊酯和氨基甲酸酯类农药多残留的测定；SN/T 1969—2007 进出口食品中联苯菊酯残留量的检测方法 气相色谱－质谱法

续表

食品细类（四级）	高风险参数	判定依据	检测方法
柠檬	水胺硫磷	GB 2763	GB/T 5009.20—2003 食品中有机磷农药残留量的测定；GB 23200.113—2018 食品安全国家标准 植物源性食品中 208 种农药及其代谢物残留量的测定 气相色谱－质谱联用法
	联苯菊酯	GB 2763	GB/T 5009.146—2008 植物性食品中有机氯和拟除虫菊酯类农药多种残留量的测定；NY/T 761—2008 蔬菜和水果中有机磷、有机氯、拟除虫菊酯和氨基甲酸酯类农药多残留的测定；SN/T 1969—2007 进出口食品中联苯菊酯残留量的检测方法 气相色谱－质谱法
	多菌灵	GB 2763	GB/T 20769—2008 水果和蔬菜中 450 种农药及相关化学品残留量的测定 液相色谱－串联质谱法；NY/T 1453—2007 蔬菜及水果中多菌灵等 16 种农药残留测定 液相色谱－质谱－质谱联用法
	克百威	GB 2763	NY/T 761—2008 蔬菜和水果中有机磷、有机氯、拟除虫菊酯和氨基甲酸酯类农药多残留的测定；GB 23200.112—2018 食品安全国家标准 植物源性食品中 9 种氨基甲酸酯类农药及其代谢物残留量的测定 液相色谱－柱后衍生法
橙	联苯菊酯	GB 2763	GB/T 5009.146—2008 植物性食品中有机氯和拟除虫菊酯类农药多种残留量的测定；NY/T 761—2008 蔬菜和水果中有机磷、有机氯、拟除虫菊酯和氨基甲酸酯类农药多残留的测定；SN/T 1969—2007 进出口食品中联苯菊酯残留量的检测方法 气相色谱－质谱法
	多菌灵	GB 2763	GB/T 20769—2008 水果和蔬菜中 450 种农药及相关化学品残留量的测定 液相色谱－串联质谱法；NY/T 1453—2007 蔬菜及水果中多菌灵等 16 种农药残留测定 液相色谱－质谱－质谱联用法
	克百威	GB 2763	NY/T 761—2008 蔬菜和水果中有机磷、有机氯、拟除虫菊酯和氨基甲酸酯类农药多残留的测定；GB 23200.112—2018 食品安全国家标准 植物源性食品中 9 种氨基甲酸酯类农药及其代谢物残留量的测定 液相色谱－柱后衍生法
	水胺硫磷	GB 2763	GB/T 5009.20—2003 食品中有机磷农药残留量的测定；GB 23200.113—2018 食品安全国家标准 植物源性食品中 208 种农药及其代谢物残留量的测定 气相色谱－质谱联用法
	氧乐果	GB 2763	NY/T 761—2008 蔬菜和水果中有机磷、有机氯、拟除虫菊酯和氨基甲酸酯类农药多残留的测定；NY/T 1379—2007 蔬菜中 334 种农药多残留的测定 气相色谱质谱法和液相色谱质谱法；GB 23200.113—2018 食品安全国家标准 植物源性食品中 208 种农药及其代谢物残留量的测定 气相色谱－质谱联用法

续表

食品细类（四级）	高风险参数	判定依据	检测方法
橙	丙溴磷	GB 2763	GB 23200.8—2016 食品安全国家标准　水果和蔬菜中500种农药及相关化学品残留量的测定　气相色谱－质谱法；NY/T 761—2008 蔬菜和水果中有机磷、有机氯、拟除虫菊酯和氨基甲酸酯类农药多残留的测定；SN/T 2234—2008 进出口食品中丙溴磷残留量检测方法　气相色谱法和气相色谱－质谱法；GB 23200.113—2018 食品安全国家标准　植物源性食品中208种农药及其代谢物残留量的测定　气相色谱－质谱联用法
葡萄	氰戊菊酯和 *S*- 氰戊菊酯	GB 2763	GB 23200.8—2016 食品安全国家标准　水果和蔬菜中500种农药及相关化学品残留量的测定　气相色谱－质谱法；NY/T 761—2008 蔬菜和水果中有机磷、有机氯、拟除虫菊酯和氨基甲酸酯类农药多残留的测定；GB 23200.113—2018 食品安全国家标准　植物源性食品中208种农药及其代谢物残留量的测定　气相色谱－质谱联用法
	苯醚甲环唑	GB 2763	GB 23200.8—2016 食品安全国家标准 水果和蔬菜中500种农药及相关化学品残留量的测定　气相色谱－质谱法；GB 23200.49—2016 食品安全国家标准 食品中苯醚甲环唑残留量的测定　气相色谱－质谱法；GB/T 5009.218—2008 水果和蔬菜中多种农药残留量的测定；GB 23200.113—2018 食品安全国家标准　植物源性食品中208种农药及其代谢物残留量的测定　气相色谱－质谱联用法
	氧乐果	GB 2763	NY/T 761—2008 蔬菜和水果中有机磷、有机氯、拟除虫菊酯和氨基甲酸酯类农药多残留的测定；NY/T 1379—2007 蔬菜中334种农药多残留的测定　气相色谱质谱法和液相色谱质谱法；GB 23200.113—2018 食品安全国家标准　植物源性食品中208种农药及其代谢物残留量的测定　气相色谱－质谱联用法
	克百威	GB 2763	NY/T 761—2008 蔬菜和水果中有机磷、有机氯、拟除虫菊酯和氨基甲酸酯类农药多残留的测定；GB 23200.112—2018 食品安全国家标准　植物源性食品中9种氨基甲酸酯类农药及其代谢物残留量的测定　液相色谱－柱后衍生法
	氰戊菊酯和 *S*- 氰戊菊酯	GB 2763	GB 23200.8—2016 食品安全国家标准　水果和蔬菜中500种农药及相关化学品残留量的测定　气相色谱－质谱法；NY/T 761—2008 蔬菜和水果中有机磷、有机氯、拟除虫菊酯和氨基甲酸酯类农药多残留的测定；GB 23200.113—2018 食品安全国家标准　植物源性食品中208种农药及其代谢物残留量的测定　气相色谱－质谱联用法

续表

食品细类（四级）	高风险参数	判定依据	检测方法
葡萄	氯氰菊酯和高效氯氰菊酯	GB 2763	GB/T 5009.146—2008 植物性食品中有机氯和拟除虫菊酯类农药多种残留量的测定；GB 23200.8—2016 食品安全国家标准 水果和蔬菜中500种农药及相关化学品残留量的测定 气相色谱-质谱法；NY/T 761—2008 蔬菜和水果中有机磷、有机氯、拟除虫菊酯和氨基甲酸酯类农药多残留的测定；GB 23200.113—2018 食品安全国家标准 植物源性食品中208种农药及其代谢物残留量的测定 气相色谱-质谱联用法
草莓	烯酰吗啉	GB 2763	GB/T 20769—2008 水果和蔬菜中450种农药及相关化学品残留量的测定 液相色谱-串联质谱法
	阿维菌素	GB 2763	GB 23200.19—2016 食品安全国家标准 水果和蔬菜中阿维菌素残留量的测定 液相色谱法；GB 23200.20—2016 食品中阿维菌素残留量的测定 液相色谱-质谱/质谱法
	多菌灵	GB 2763	GB/T 20769—2008 水果和蔬菜中450种农药及相关化学品残留量的测定 液相色谱-串联质谱法；NY/T 1453—2007 蔬菜及水果中多菌灵等16种农药残留测定 液相色谱-质谱-质谱联用法
	氧乐果	GB 2763	NY/T 761—2008 蔬菜和水果中有机磷、有机氯、拟除虫菊酯和氨基甲酸酯类农药多残留的测定；NY/T 1379—2007 蔬菜中334种农药多残留的测定 气相色谱质谱法和液相色谱质谱法；GB 23200.113—2018 食品安全国家标准 植物源性食品中208种农药及其代谢物残留量的测定 气相色谱-质谱联用法
	克百威	GB 2763	NY/T 761—2008 蔬菜和水果中有机磷、有机氯、拟除虫菊酯和氨基甲酸酯类农药多残留的测定；GB 23200.112—2018 食品安全国家标准 植物源性食品中9种氨基甲酸酯类农药及其代谢物残留量的测定 液相色谱-柱后衍生法
猕猴桃	多菌灵	GB 2763	GB/T 20769—2008 水果和蔬菜中450种农药及相关化学品残留量的测定 液相色谱-串联质谱法；NY/T 1453—2007 蔬菜及水果中多菌灵等16种农药残留测定 液相色谱-质谱-质谱联用法
	氧乐果	GB 2763	NY/T 761—2008 蔬菜和水果中有机磷、有机氯、拟除虫菊酯和氨基甲酸酯类农药多残留的测定；NY/T 1379—2007 蔬菜中334种农药多残留的测定 气相色谱质谱法和液相色谱质谱法；GB 23200.113—2018 食品安全国家标准 植物源性食品中208种农药及其代谢物残留量的测定 气相色谱-质谱联用法
	氯吡脲	GB 2763	GB 23200.110—2018 食品安全国家标准 植物源性食品中氯吡脲残留量的测定 液相色谱-质谱联用法

续表

食品细类（四级）	高风险参数	判定依据	检测方法
西番莲（百香果）	氰戊菊酯和 S-氰戊菊酯	GB 2763	GB 23200.8—2016 食品安全国家标准　水果和蔬菜中 500 种农药及相关化学品残留量的测定　气相色谱－质谱法；NY/T 761—2008 蔬菜和水果中有机磷、有机氯、拟除虫菊酯和氨基甲酸酯类农药多残留的测定；GB 23200.113—2018 食品安全国家标准　植物源性食品中 208 种农药及其代谢物残留量的测定　气相色谱－质谱联用法
	氯氟氰菊酯和高效氯氟氰菊酯	GB 2763	GB/T 5009.146—2008 植物性食品中有机氯和拟除虫菊酯类农药多种残留量的测定；GB 23200.8—2016 食品安全国家标准　水果和蔬菜中 500 种农药及相关化学品残留量的测定　气相色谱－质谱法；NY/T 761—2008 蔬菜和水果中有机磷、有机氯、拟除虫菊酯和氨基甲酸酯类农药多残留的测定；GB 23200.113—2018 食品安全国家标准　植物源性食品中 208 种农药及其代谢物残留量的测定　气相色谱－质谱联用法
	苯醚甲环唑	GB 2763	GB 23200.113—2018 食品安全国家标准　植物源性食品中 208 种农药及其代谢物残留量的测定　气相色谱－质谱联用法；GB 23200.49—2016 食品安全国家标准 食品中苯醚甲环唑残留量的测定　气相色谱－质谱法；GB/T 5009.218—2008 水果和蔬菜中多种农药残留量的测定
香蕉	苯醚甲环唑	GB 2763	GB 23200.8—2016 食品安全国家标准 水果和蔬菜中 500 种农药及相关化学品残留量的测定　气相色谱－质谱法；GB 23200.49—2016 食品安全国家标准 食品中苯醚甲环唑残留量的测定 气相色谱－质谱法；GB/T 5009.218—2008 水果和蔬菜中多种农药残留量的测定；GB 23200.113—2018 食品安全国家标准　植物源性食品中 208 种农药及其代谢物残留量的测定 气相色谱－质谱联用法
	多菌灵	GB 2763	GB/T 20769—2008 水果和蔬菜中 450 种农药及相关化学品残留量的测定　液相色谱－串联质谱法；NY/T 1453—2007 蔬菜及水果中多菌灵等 16 种农药残留测定　液相色谱－质谱－质谱联用法
	甲拌磷	GB 2763	GB 23200.113—2018 食品安全国家标准　植物源性食品中 208 种农药及其代谢物残留量的测定　气相色谱－质谱联用法
	吡唑醚菌酯	GB 2763	GB 23200.8—2016 食品安全国家标准 水果和蔬菜中 500 种农药及相关化学品残留量的测定 气相色谱－质谱法
芒果	氧乐果	GB 2763	NY/T 761—2008 蔬菜和水果中有机磷、有机氯、拟除虫菊酯和氨基甲酸酯类农药多残留的测定；NY/T 1379—2007 蔬菜中 334 种农药多残留的测定　气相色谱质谱法和液相色谱质谱法；GB 23200.113—2018 食品安全国家标准　植物源性食品中 208 种农药及其代谢物残留量的测定 气相色谱－质谱联用法

续表

食品细类（四级）	高风险参数	判定依据	检测方法
芒果	多菌灵	GB 2763	GB/T 20769—2008 水果和蔬菜中 450 种农药及相关化学品残留量的测定 液相色谱 – 串联质谱法；NY/T 1453—2007 蔬菜及水果中多菌灵等 16 种农药残留测定 液相色谱 – 质谱 – 质谱联用法
	氯氟氰菊酯和高效氯氟氰菊酯	GB 2763	GB/T 5009.146—2008 植物性食品中有机氯和拟除虫菊酯类农药多种残留量的测定；GB 23200.8—2016 食品安全国家标准 水果和蔬菜中 500 种农药及相关化学品残留量的测定 气相色谱 – 质谱法；NY/T 761—2008 蔬菜和水果中有机磷、有机氯、拟除虫菊酯和氨基甲酸酯类农药多残留的测定；GB 23200.113—2018 食品安全国家标准 植物源性食品中 208 种农药及其代谢物残留量的测定 气相色谱 – 质谱联用法
	氯氰菊酯和高效氯氰菊酯	GB 2763	GB/T 5009.146—2008 植物性食品中有机氯和拟除虫菊酯类农药多种残留量的测定；GB 23200.8—2016 食品安全国家标准 水果和蔬菜中 500 种农药及相关化学品残留量的测定 气相色谱 – 质谱法；NY/T 761—2008 蔬菜和水果中有机磷、有机氯、拟除虫菊酯和氨基甲酸酯类农药多残留的测定；GB 23200.113—2018 食品安全国家标准 植物源性食品中 208 种农药及其代谢物残留量的测定 气相色谱 – 质谱联用法
	苯醚甲环唑	GB 2763	GB 23200.8—2016 食品安全国家标准 水果和蔬菜中 500 种农药及相关化学品残留量的测定 气相色谱 – 质谱法；GB 23200.49—2016 食品安全国家标准 食品中苯醚甲环唑残留量的测定 气相色谱 – 质谱法；GB/T 5009.218—2008 水果和蔬菜中多种农药残留量的测定；GB 23200.113—2018 食品安全国家标准 植物源性食品中 208 种农药及其代谢物残留量的测定 气相色谱 – 质谱联用法
火龙果	氧乐果	GB 2763	NY/T 761—2008 蔬菜和水果中有机磷、有机氯、拟除虫菊酯和氨基甲酸酯类农药多残留的测定；NY/T 1379—2007 蔬菜中 334 种农药多残留的测定 气相色谱质谱法和液相色谱质谱法；GB 23200.113—2018 食品安全国家标准 植物源性食品中 208 种农药及其代谢物残留量的测定 气相色谱 – 质谱联用法
	甲拌磷	GB 2763	GB 23200.113—2018 食品安全国家标准 植物源性食品中 208 种农药及其代谢物残留量的测定 气相色谱 – 质谱联用法
	克百威	GB 2763	NY/T 761—2008 蔬菜和水果中有机磷、有机氯、拟除虫菊酯和氨基甲酸酯类农药多残留的测定；GB 23200.112—2018 食品安全国家标准 植物源性食品中 9 种氨基甲酸酯类农药及其代谢物残留量的测定 液相色谱 – 柱后衍生法

续表

食品细类（四级）	高风险参数	判定依据	检测方法
柿子	水胺硫磷	GB 2763	GB/T 5009.20—2003 食品中有机磷农药残留量的测定；GB 23200.113—2018 食品安全国家标准 植物源性食品中 208 种农药及其代谢物残留量的测定 气相色谱 – 质谱联用法
	氰戊菊酯和 S– 氰戊菊酯	GB 2763	GB 23200.8—2016 食品安全国家标准 水果和蔬菜中 500 种农药及相关化学品残留量的测定 气相色谱 – 质谱法；NY/T 761—2008 蔬菜和水果中有机磷、有机氯、拟除虫菊酯和氨基甲酸酯类农药多残留的测定；GB 23200.113—2018 食品安全国家标准 植物源性食品中 208 种农药及其代谢物残留量的测定 气相色谱 – 质谱联用法
	克百威	GB 2763	NY/T 761—2008 蔬菜和水果中有机磷、有机氯、拟除虫菊酯和氨基甲酸酯类农药多残留的测定；GB 23200.112—2018 食品安全国家标准 植物源性食品中 9 种氨基甲酸酯类农药及其代谢物残留量的测定 液相色谱 – 柱后衍生法
菠萝	烯酰吗啉	GB 2763	GB/T 20769—2008 水果和蔬菜中 450 种农药及相关化学品残留量的测定 液相色谱 – 串联质谱法
	多菌灵	GB 2763	GB/T 20769—2008 水果和蔬菜中 450 种农药及相关化学品残留量的测定 液相色谱 – 串联质谱法；NY/T 1453—2007 蔬菜及水果中多菌灵等 16 种农药残留测定 液相色谱 – 质谱 – 质谱联用法
荔枝	毒死蜱	GB 2763	GB 23200.8—2016 食品安全国家标准 水果和蔬菜中 500 种农药及相关化学品残留量的测定 气相色谱 – 质谱法；NY/T 761—2008 蔬菜和水果中有机磷、有机氯、拟除虫菊酯和氨基甲酸酯类农药多残留的测定；SN/T 2158—2008 进出口食品中毒死蜱残留量检测方法；GB 23200.113—2018 食品安全国家标准 植物源性食品中 208 种农药及其代谢物残留量的测定 气相色谱 – 质谱联用法
	氯氰菊酯和高效氯氰菊酯	GB 2763	GB/T 5009.146—2008 植物性食品中有机氯和拟除虫菊酯类农药多种残留量的测定；GB 23200.8—2016 食品安全国家标准 水果和蔬菜中 500 种农药及相关化学品残留量的测定 气相色谱 – 质谱法；NY/T 761—2008 蔬菜和水果中有机磷、有机氯、拟除虫菊酯和氨基甲酸酯类农药多残留的测定
	苯醚甲环唑	GB 2763	GB 23200.8—2016 食品安全国家标准 水果和蔬菜中 500 种农药及相关化学品残留量的测定 气相色谱 – 质谱法；GB 23200.49—2016 食品安全国家标准 食品中苯醚甲环唑残留量的测定 气相色谱 – 质谱法；GB/T 5009.218—2008 水果和蔬菜中多种农药残留量的测定；GB 23200.113—2018 食品安全国家标准 植物源性食品中 208 种农药及其代谢物残留量的测定 气相色谱 – 质谱联用法

续表

食品细类（四级）	高风险参数	判定依据	检测方法
龙眼	克百威	GB 2763	NY/T 761—2008 蔬菜和水果中有机磷、有机氯、拟除虫菊酯和氨基甲酸酯类农药多残留的测定；GB 23200.112—2018 食品安全国家标准 植物源性食品中 9 种氨基甲酸酯类农药及其代谢物残留量的测定 液相色谱 - 柱后衍生法
	氧乐果	GB 2763	NY/T 761—2008 蔬菜和水果中有机磷、有机氯、拟除虫菊酯和氨基甲酸酯类农药多残留的测定；NY/T 1379—2007 蔬菜中 334 种农药多残留的测定 气相色谱质谱法和液相色谱质谱法；GB 23200.113—2018 食品安全国家标准 植物源性食品中 208 种农药及其代谢物残留量的测定 气相色谱 - 质谱联用法
石榴	克百威	GB 2763	NY/T 761—2008 蔬菜和水果中有机磷、有机氯、拟除虫菊酯和氨基甲酸酯类农药多残留的测定；GB 23200.112—2018 食品安全国家标准 植物源性食品中 9 种氨基甲酸酯类农药及其代谢物残留量的测定 液相色谱 - 柱后衍生法
	苯醚甲环唑	GB 2763	GB 23200.8—2016 食品安全国家标准 水果和蔬菜中 500 种农药及相关化学品残留量的测定 气相色谱 - 质谱法；GB 23200.49—2016 食品安全国家标准 食品中苯醚甲环唑残留量的测定 气相色谱 - 质谱法；GB/T 5009.218—2008 水果和蔬菜中多种农药残留量的测定；GB 23200.113—2018 食品安全国家标准 植物源性食品中 208 种农药及其代谢物残留量的测定 气相色谱 - 质谱联用法
西瓜	氧乐果	GB 2763	NY/T 761—2008 蔬菜和水果中有机磷、有机氯、拟除虫菊酯和氨基甲酸酯类农药多残留的测定；NY/T 1379—2007 蔬菜中 334 种农药多残留的测定 气相色谱质谱法和液相色谱质谱法；GB 23200.113—2018 食品安全国家标准 植物源性食品中 208 种农药及其代谢物残留量的测定 气相色谱 - 质谱联用法
	克百威	GB 2763	NY/T 761—2008 蔬菜和水果中有机磷、有机氯、拟除虫菊酯和氨基甲酸酯类农药多残留的测定；GB 23200.112—2018 食品安全国家标准 植物源性食品中 9 种氨基甲酸酯类农药及其代谢物残留量的测定 液相色谱 - 柱后衍生法
	甲霜灵和精甲霜灵	GB 2763	GB 23200.8—2016 食品安全国家标准 水果和蔬菜中 500 种农药及相关化学品残留量的测定 气相色谱 - 质谱法；GB/T 20769—2008 水果和蔬菜中 450 种农药及相关化学品残留量的测定 液相色谱 - 串联质谱法；GB 23200.113—2018 食品安全国家标准 植物源性食品中 208 种农药及其代谢物残留量的测定 气相色谱 - 质谱联用法

续表

食品细类（四级）	高风险参数	判定依据	检测方法
甜瓜类	烯酰吗啉	GB 2763	GB/T 20769—2008 水果和蔬菜中 450 种农药及相关化学品残留量的测定　液相色谱－串联质谱法
	氧乐果	GB 2763	NY/T 761—2008 蔬菜和水果中有机磷、有机氯、拟除虫菊酯和氨基甲酸酯类农药多残留的测定；NY/T 1379—2007 蔬菜中 334 种农药多残留的测定　气相色谱质谱法和液相色谱质谱法；GB 23200.113—2018 食品安全国家标准　植物源性食品中 208 种农药及其代谢物残留量的测定　气相色谱－质谱联用法
	克百威	GB 2763	NY/T 761—2008 蔬菜和水果中有机磷、有机氯、拟除虫菊酯和氨基甲酸酯类农药多残留的测定；GB 23200.112—2018 食品安全国家标准　植物源性食品中 9 种氨基甲酸酯类农药及其代谢物残留量的测定　液相色谱－柱后衍生法
鸡蛋	恩诺沙星（以恩诺沙星与环丙沙星之和计）	GB 31650	GB/T 21312—2007 动物源性食品中 14 种喹诺酮药物残留检测方法　液相色谱－质谱 / 质谱法
	氧氟沙星	农业部公告第 2292 号	GB/T 21312—2007 动物源性食品中 14 种喹诺酮药物残留检测方法　液相色谱－质谱 / 质谱法
	氟苯尼考	GB 31650	GB/T 22338—2008 动物源性食品中氯霉素类药物残留量测定
	多西环素（强力霉素）	GB 31650	GB/T 21317—2007 动物源性食品中四环素类兽药残留量检测方法　液相色谱－质谱 / 质谱法与高效液相色谱法
	金刚烷胺	农业部公告第 560 号	SN/T　4253—2015 出口动物组织中抗病毒类药物残留量的测定　液相色谱－质谱质谱法
	金刚乙胺	农业部公告第 560 号	SN/T　4253—2015 出口动物组织中抗病毒类药物残留量的测定　液相色谱－质谱质谱法
	利巴韦林	农业部公告第 560 号	SN/T　4519—2016 出口动物源食品中利巴韦林残留量的测定　液相色谱－质谱质谱法
	甲硝唑	GB 31650	SN/T 2624—2010 动物源性食品中多种碱性药物残留量的检测方法　液相色谱－质谱 / 质谱法
	氟虫腈（以氟虫腈、氟甲腈、氟虫腈砜、氟虫腈亚砜之和计）	GB 2763	GB　23200.115—2018 食品安全国家标准　鸡蛋中氟虫腈及其代谢物残留量的测定　液相色谱－质谱联用法
其他禽蛋	氧氟沙星	农业部公告第 2292 号	GB/T 21312—2007 动物源性食品中 14 种喹诺酮药物残留检测方法　液相色谱－质谱 / 质谱法
	氟苯尼考	GB 31650	GB/T 22338—2008 动物源性食品中氯霉素类药物残留量测定

续表

食品细类（四级）	高风险参数	判定依据	检测方法
其他禽蛋	氟虫腈（以氟虫腈、氟甲腈、氟虫腈砜、氟虫腈亚砜之和计）	GB 2763	GB 23200.115—2018 食品安全国家标准 鸡蛋中氟虫腈及其代谢物残留量的测定 液相色谱－质谱联用法
豆类	铅（以 Pb 计）	GB 2762	GB 5009.12—2017 食品安全国家标准 食品中铅的测定
	赭曲霉毒素 A	GB 2761	GB 5009.96—2016 食品安全国家标准 食品中赭曲霉毒素 A 的测定
生干坚果	酸价（以脂肪计）	GB 19300	GB 19300—2014 食品安全国家标准 坚果与籽类食品；GB 5009.229—2016 食品安全国家标准 食品中酸价的测定
	过氧化值（以脂肪计）	GB 19300	GB 19300—2014 食品安全国家标准 坚果与籽类食品；GB 5009.227—2016 食品安全国家标准 食品中过氧化值的测定
生干籽类	酸价（以脂肪计）	GB 19300	GB 19300—2014 食品安全国家标准 坚果与籽类食品；GB 5009.229—2016 食品安全国家标准 食品中酸价的测定
	过氧化值（以脂肪计）	GB 19300	GB 19300—2014 食品安全国家标准 坚果与籽类食品；GB 5009.227—2016 食品安全国家标准 食品中过氧化值的测定
	黄曲霉毒素 B_1	GB 2761	GB 5009.22—2016 食品安全国家标准 食品中黄曲霉毒素 B 族和 G 族的测定

3. 高频不合格 / 问题参数

近年来，在各级政府开展的监督抽检、风险监测和评价性抽检中，针对食用农产品，发现比较突出的不合格 / 问题参数为：

（1）蔬菜：农药残留（毒死蜱、腐霉利、克百威、氧乐果、甲拌磷、氟虫腈、阿维菌素、4– 氯苯氧乙酸钠等）。

（2）水果：农药残留（丙溴磷、三唑磷、氧乐果、克百威、吡唑醚菌酯、联苯菊酯、苯醚甲环唑等）。

（3）生干坚果与籽类食品：黄曲霉毒素 B_1。

（4）畜禽肉及副产品：兽药残留（克伦特罗、恩诺沙星等）。

（5）鲜蛋：兽药残留（氟苯尼考、恩诺沙星、氧氟沙星等）。

（6）水产品：兽药残留（恩诺沙星、呋喃西林代谢物、呋喃唑酮代谢物、孔雀石绿、地西泮、氯霉素、氧氟沙星等）、重金属（镉）。

三十三、食品添加剂

1. 类别

食品添加剂的主要分类及典型代表食品详见表 1–65。

表1–65 食品添加剂的分类

<table>
<tr><th>食品大类（一级）</th><th>食品亚类（二级）</th><th>食品品种（三级）</th><th>食品细类（四级）</th><th>典型代表食品</th></tr>
<tr><td rowspan="3">食品添加剂</td><td rowspan="3">食品添加剂</td><td>增稠剂</td><td>明胶</td><td>明胶</td></tr>
<tr><td>复配食品添加剂</td><td>复配食品添加剂</td><td>复配食品添加剂</td></tr>
<tr><td>食品用香精</td><td>食品用香精</td><td>液体香精、乳化香精、浆（膏）状香精、粉末香精（拌和型、胶囊型）</td></tr>
</table>

2. 监督抽检高风险因子

食品添加剂的监督抽检高风险参数、判定依据及相关检测方法等详见表 1–66。

表1–66 监督抽检高风险参数推荐

<table>
<tr><th>食品细类（四级）</th><th>高风险参数</th><th>判定依据</th><th>检测方法</th></tr>
<tr><td rowspan="2">明胶</td><td>二氧化硫</td><td>GB 6783</td><td>GB 6783—2013 食品安全国家标准 食品添加剂明胶</td></tr>
<tr><td>铬（Cr）</td><td>GB 6783</td><td>GB 5009123—2014 食品安全国家标准 食品中铬的测定 原子吸收石墨炉法</td></tr>
<tr><td rowspan="2">复配食品添加剂</td><td>铅（Pb）</td><td>GB 26687</td><td>GB 500975—2014 食品安全国家标准 食品添加剂中铅的测定</td></tr>
<tr><td>砷(以 As 计)</td><td>GB 26687</td><td>GB 500976—2014 食品安全国家标准 食品添加剂中砷的测定</td></tr>
<tr><td rowspan="2">食品用香精</td><td>菌落总数</td><td>GB 30616</td><td>GB 47892—2016 食品安全国家标准 食品微生物学检验 菌落总数测定</td></tr>
<tr><td>砷(以 As 计)含量 / 无机砷含量</td><td>GB 30616</td><td>GB 500911—2014 食品安全国家标准 食品中总砷及无机砷的测定; GB 500976—2014 食品安全国家标准 食品添加剂中砷的测定</td></tr>
</table>

3. 高频不合格 / 问题参数

近年来，在各级政府开展的监督抽检、风险监测和评价性抽检中，针对食品添加剂，发现比较突出的不合格 / 问题参数为：标签。

三十四、食盐

1. 类别

食盐的主要分类及典型代表食品详见表 1–67。

表1–67　食盐的分类

食品大类（一级）	食品亚类（二级）	食品品种（三级）	食品细类（四级）	典型代表食品
食盐	食盐	食盐	食盐	食用盐（精制盐、粉碎洗涤盐、日晒盐、加碘盐、非碘食盐等），多品种食盐（强化营养盐、调味盐、低钠盐等），食品加工用盐（腌制盐、泡菜盐等）

2. 监督抽检高风险参数

食盐的监督抽检高风险参数、判定依据及相关检测方法等详见表 1–68。

表1–68　监督抽检高风险参数推荐

食品细类（四级）	风险参数	判定依据	检测方法
食盐	碘（以 I 计）	GB 2721；GB 26878	GB 5009.42—2016 食品安全国家标准 食盐指标的测定；GB/T 13025.7—2012 制盐工业通用试验方法 碘的测定
	亚铁氰化钾（以亚铁氰根计）	GB 2760	GB 5009.42—2016 食品安全国家标准 食盐指标的测定；GB/T 13025.7—2012 制盐工业通用试验方法 亚铁氰根的测定

3. 高频不合格 / 问题参数

近年来，在各级政府开展的监督抽检、风险监测和评价性抽检中，针对食盐，发现比较突出的不合格 / 问题参数为：碘。

另外，2020 年 1 月 2 日，国家市场监督管理总局发布了总局令第 23 号，宣布《食盐质量安全监督管理办法》已于 2019 年 12 月 23 日经国家市场监督管理总局 2019 年第 18 次局务会议审议通过，自 2020 年 3 月 1 日起施行。

第二章　风险参数解析

一、微生物

食品微生物污染的主要原因：①杀菌不完全，如杀菌温度过低、时间太短、杀菌后又受到二次污染等；②生产过程污染，如车间环境、生产设备、生产操作人员的卫生情况，半成品在车间内部或厂内移动过程中的防护未按制度落实到位等；③包装物污染，如包装前对包装物没有进行清洗消毒，或清洗消毒不严格；④储藏和运输污染，如储藏和运输环境和条件不能做到密闭、无菌或低温。

风险防范建议：主要包括以下几条。

（1）食品生产企业应严格落实主体责任，注重生产全过程质量控制。首先应加强原物料的采购控制，切实把好源头关（食品原料中存在大量微生物，条件适宜时更易繁殖倍增）；其次应注重生产全过程、全方位质量控制，保持生产场所和生产设备的环境卫生，确保人、机、料的清洗消毒到位，保证关键控制点有效运行，减少微生物滋生带来的风险；还应严格按照灭菌工艺参数操作，根据需要采用各种手段杀灭原料、成品中的微生物。

（2）食品经营单位应控制好销售食品的储存条件。经营者应清楚销售食品的存放要求，严格按照销售产品标签上明示的储藏条件保存食品，同时应对不同类别食品做好分隔，避免交叉污染。

（3）监管部门应加强对重点产品涉及企业的巡查和力度。 在日常巡查中应督促生产、经营单位做好生产场所卫生清洁及各类库房的环境条件控制，注重检查卫生清洁、消毒杀菌等记录。

1. 菌落总数

（1）风险描述

菌落总数是指示性微生物指标，主要用来评价食品清洁度，反映食品在生产过程中是否符合卫生要求。菌落总数超标食品对人体健康具有潜在的危险性，可能会引起急性中毒、呕吐、腹泻等症状。

（2）来源分析

食品从原辅料通过运输、储存、加工直至制成成品以及销售等的各个环节都可能受到微生物的污染。例如：生产环境的卫生状况不良，对设备清洗不到位或消毒不严，生产企业操作人员不按生产要求进行操作，在加工过程中生熟不分，没有按照食品相应的要求进行储存和运输（如冷链储存）等，都会导致菌落总数超标。

（3）监管建议

在食品生产企业推行建立危害分析与关键控制点（hazard analysis and control point，HACCP）食品安全管理体系，设定相应的温度和时间的关键控制点；加强食品从业人员的食品卫生知识培训；加强对不合格生产企业和经营者的责任追溯和处罚力度。

2. 大肠菌群

（1）风险描述

大肠菌群是反映食品卫生质量的指标之一，是指示性微生物指标。如食品检出大肠菌群，提示被致病菌（如沙门氏菌、志贺氏菌、致病性大肠杆菌）污染的可能性较大。食用大肠菌群超标的食品，可能引起急性中毒、呕吐、腹泻等症状，危害人体健康安全。

（2）来源分析

产品的加工原料、包装材料、生产设备和环境受污染，产品灭菌不彻底，生产企业操作人员不按生产要求进行操作，生熟不分开放置，没有按食品相应的要求进行储存和运输等，都可能会引起食品的大肠菌群超标。

（3）监管建议

加强食品从业人员的食品卫生知识培训；督促生产企业建立健全规范的食品卫生质量管理体系并严格执行；严格要求生产企业操作人员按生产要求操作，防止食品生产、储存、销售各环节受到大肠菌群的污染；加强对不合格生产企业和经营者的责任追溯和处罚力度。

3. 霉菌

（1）风险描述

霉菌是形成分枝菌丝的真菌的统称，其种类繁多、繁殖能力极强。霉菌是用于判定食品加工过程中被污染程度及卫生质量的指标。生活中霉菌无处不在。它不仅会使食品保质期变短、引起食品霉坏变质，其产生的毒素还会引起人中毒，甚至有些毒素还有致癌性。霉菌超标食品的感官品质明显下降。食用霉菌超标的食品，如果已有一定量的霉菌毒素，可能引起急性中毒、慢性中毒，严重的可能会致癌、致畸和致突变等，危害人体健康安全。

（2）来源分析

生产企业的卫生水平不佳，食品生产车间或运输仓储管理不规范，受污染的自来水、通风系统、操作人员、食品原料和包装材料等都能促使霉菌生长。

（3）监管建议

加强生产企业的进货渠道监督，杜绝使用陈年霉变原料；加强在库储藏监管和生产过程卫生监督管理，避免车间地面积水，避免使用吸湿材料和木质结构的包装容器，严格控制仓库车间的温度和湿度，保持房间通风，如有空调设施的空间需保证足够换气次数，使仓库车间环境不利于霉菌生长；向企业提供相关食品安全信息及行业内发展趋势，引导企业引进先进技术工艺、设备和科学管理规范，从而提高质量控制和食品安全水平。

4. 酵母菌

（1）风险描述

酵母菌对糖类、脂类等有较强的“糖酵解”能力，能以分解有机质的形式危害食品，造成食品的腐败变质，如啤酒酵母会导致水果和其他含糖食品腐败。食品酵母菌含量超标，表明该食品的生产环节卫生质量较差，以及这种食品已过分发酵，很容易变质。酵母菌本身并非有害菌，但酵母菌超标会引起食物变质。食用酵母菌超标的食物可能会引起腹泻，危害人体健康。

（2）来源分析

酵母菌喜欢在有糖偏酸的环境中生长。生产过程中用于溶糖的容器、用具、输送管道及生产设备易存在糖液残留物，当环境湿度大、换气不良、卫生条件差时，酵母菌可大量繁殖，甚至飘浮于空气中。另外，食品原料（如果酱、谷物、巧克力、香料或蜂蜜等）会带入酵母菌。生产企业操作人员不按生产要求进行操作，设备清洗不干净或消毒不严，加工环境卫生不达标等因素造成的交叉污染都会导致酵母菌超标。

（3）监管建议

加强对食品从业人员的食品卫生知识培训，要求人员自身卫生条件达标，严格按规范操作；加强生产车间的卫生监督，特别是地板、天花板、墙壁和地漏等部位的清洁，确保定期消毒；引导企业引进先进技术工艺和设备。同时，加大对相关产品的抽检力度，强化对不合格样品的追踪溯源，降低污染风险。对于保质期短、需要冷链储运的产品，加强环境和过程监控，确保产品始终处于标准规定的限度之内，并监督企业做好供应商管理。

5. 沙门氏菌

（1）风险描述

沙门氏菌是一种重要的人畜共患病原菌。该菌在外界的生活力较强，分布极为广泛，菌型繁多，是常见的食品污染源。沙门氏菌不产生外毒素，主要由食入活菌引起食物中毒，且食入的活菌数量越多，发生中毒的概率越大。研究表明，人一旦接触并摄入大量（10^5 ～ 10^6CFU/g）沙门氏菌，就会引起细菌性感染，进而在毒素的作用下发生食物中毒。常见的沙门氏菌中毒事件多由动物性食品引起，其中禽肉类比较突出。由于沙门氏菌血清型与宿主不同，因此沙门氏菌引起的临床中毒表现主要有以下 5 种类型：胃肠炎型、类伤寒型、类霍乱型、类感冒型及败血症型。其中，以胃肠炎型最为多见。一般在感染后 6 ～ 48 小时出现症状。轻者出现黏液样便、水样便、腹痛、发热等症状；重者出现血便、腹胀、高热不退、剧烈腹痛、呕吐等症状，甚至死亡。

（2）来源分析

沙门氏菌的污染源主要是人和动物的粪便。该菌在动物、水、土壤、工厂和厨房设施的表面等均可发现，可存在于多数食品中，包括肉及其制品、蛋及其制品、奶及其制品、鱼、酱油、巧克力等，其中主要是动物源性食品。

（3）监管建议

加强食品生产企业对原料采购验证工作的监管，加强对养殖源头的实地考察与评估，做好原料的相关检验工作，杜绝使用病死禽肉。提高食品从业人员的素质和门槛，加强对食品从业人员的食品卫生知识培训，督促餐饮企业和食品生产企业按照规范生产经营。加大对相关产品的抽检力度，对不合格样品进行追踪溯源，加强对不合格生产企业的责任追溯和处罚力度。

6. 金黄色葡萄球菌

（1）风险描述

金黄色葡萄球菌在自然界中无处不在，空气、水、灰尘及人和动物的排泄物中都可找到。它是人类化脓性感染中最常见的病原菌，也是国内外最常见的细菌性食物中毒病原之一。金黄色葡萄球菌感染多见于春夏季，可导致中毒的食品种类多，如奶、肉、蛋、鱼及其制品等。金黄色葡萄球菌的主要致病机制：其在一定条件下可产生相当数量的肠毒素。金黄色葡萄球菌引起的食物中毒患者主要表现为激烈反复的呕吐、恶心，上腹不适或疼痛，腹泻等急性肠胃炎症状。

（2）来源分析

一般来说，金黄色葡萄球菌可通过以下途径污染食品：食品加工人员、炊事员或销售人员带菌，造成食品污染；食品在加工前本身带菌，或在加工过程中受到污染；熟食制品包装不严，运输过程受到污染；奶牛患化脓性乳腺炎或禽畜局部化脓，污染肉体其他部位。

（3）监管建议

加强对生产人员的卫生监督，督促企业定期对生产加工人员进行健康检查，防止带菌人群对食品的污染；加强企业对生产原料的验收监管，防止病死肉品中金黄色葡萄球菌的带入；加强产品储存环境的监管，应在低温和通风良好的条件下储藏食品，以防肠毒素形成；加强对消费者食品安全知识的宣传。

7. 铜绿假单胞菌

（1）风险描述

铜绿假单胞菌原称绿脓杆菌，属于非发酵革兰氏阴性杆菌，是一种常见的条件致病菌，潮湿的环境是其存在的重要条件，广泛分布于自然界中，是土壤中最常见的小细菌之一。水、空气、正常人的皮肤、呼吸道和肠道等都有该细菌的存在，在机体抵抗力正常情况下一般不致病，在机体抵抗力低下时可致病。除此以外，该菌具有耐药质粒，可以形成耐药性。因铜绿假单胞菌兼性化能自养代谢而对有机营养要求低，在瓶装水中可生长达到 10^4 CFU/mL 的水平。除产生异味等感官异常现象外，铜绿假单胞菌的生长还可改变瓶装水理化指标，如直接影响亚硝酸盐含量。该菌可产生内毒素和其他致病因素，且具有侵袭性，是急性肠道疾病和食物中毒的病原菌。人体食入 10^3 ～ 10^4 个即可发病，尤其是抵抗力较差的老弱病幼人群，饮用含铜绿假单胞菌的瓶装水可能导致疾病的发生。

（2）来源分析

①受中间流通环节、存放时间的影响，特别是水桶的循环使用增加了二次污染的风险；②部分企业对卫生管理认识不足，人员操作不够规范，生产设备如过滤、罐装系统等消毒不彻底，在生产过程中发生交叉污染；③回收桶未配备自动刷洗消毒设备，仅手工刷洗或罐装前在罐装机上短暂冲洗桶内壁，增加了二次污染的风险；④生产车间内湿度太大，易滋生微生物；⑤水源存在铜绿假单胞菌污染。

（3）监管建议

督促企业提高生产设备的自动化程度，减少手工操作，并配备自动刷洗消毒设备，防止二次污染；加强操作人员的食品卫生培训，要求人员进入车间穿戴防护衣、帽（鞋），做好手的清洁和消毒；加强对企业环境卫生的抽检力度，严格监控企业管道设备、瓶盖、回收桶、罐装间的清洗和消毒，做好生产过程控制；合理使用消毒剂，保持有效浓度，保证生产环境、设备、人员的有效消毒；强化水源保护并加强水源污染的监测。

二、真菌毒素

真菌毒素主要是黄曲霉毒素 B_1、脱氧雪腐镰刀菌烯醇、玉米赤霉烯酮和赭曲霉毒素 A。黄曲霉毒素 B_1 超标主要集中在花生制品中，如花生油、花生米等；脱氧雪腐镰刀菌烯醇和赭曲霉毒素 A 主要出现在小麦和小麦粉制品中；玉米赤霉烯酮超标主要导致玉米粉及其制品不合格。粮、油制品中真菌毒素超标的主要原因：①生产所用原料陈旧霉变；②成品的储存环境潮湿导致霉变。

风险防范建议：生产者把好原料质量关、控制好生产加工场所卫生和成品库房的环境条件，这是降低真菌毒素污染最有效的途径；监管部门应加强对粮食加工品、食用植物油等生产厂家原料及成品库房的环境条件和原辅料进货台账的巡查。

1. 黄曲霉毒素 B_1

（1）化学结构式

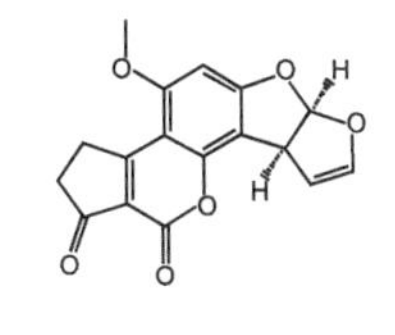

（2）风险描述

黄曲霉毒素已被分离鉴定出 12 种，被世界卫生组织（WHO）癌症研究机构划定为一类天然存在的致癌物，其中以黄曲霉毒素 B_1 最为多见，其毒性和致癌性也最强。黄曲霉毒素 B_1 存在于土壤、各种坚果，特别是花生和核桃中，一般以热带和亚热带等高温、高湿地区的污染程度最为严重。黄曲霉毒素耐热，280℃才可裂解，故一般烹调加工温度下难以破坏。黄曲霉毒素具有较强的致癌性、致突变性和致畸性，能诱发鱼类、禽类、家畜和灵长类动物的实验性肝癌。大量的流行病学调查均证实，黄曲霉毒素的高摄入量和人类肝癌的发病率密切相关。

（3）来源分析

黄曲霉毒素 B_1 是黄曲霉、寄生曲霉等产生的代谢产物。在有氧、高温（30～33℃）和高湿（89%～90%）条件下，黄曲霉或寄生曲霉容易生长而产生此类毒素，从而造成储存的花生、玉米、棉籽、椰子、核桃及其他坚果等的污染，尤其是当粮食未能及时晒干或储藏不当时。另外，生产企业没有严格进行原料质量控制，产品加工过程中工艺控制不当，也会造成黄曲霉毒素 B_1 超标。

（4）监管建议

重视原料安全，加大对玉米、花生等为主要原料的食品生产、加工企业，特别是“土榨油”生产作坊的检测力度，严格执行食品安全国家标准和相关技术规范，积极采取有效措施。加强对食品从业人员的食品卫生知识培训，严格把关每一个生产环节，确保产品的质量和安全。加强对不合格生产企业和经营者的责任追溯和处罚力度。

2. 脱氧雪腐镰刀菌烯醇（呕吐毒素）

（1）化学结构式

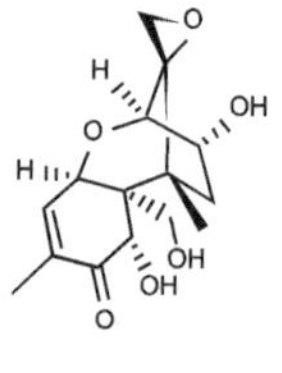

（2）风险描述

脱氧雪腐镰刀菌烯醇是镰刀菌属产生的一种 B 型单端孢霉烯族真菌毒素。对动物和人都具有很强的致呕吐能力，因此又被称为“呕吐毒素”。脱氧雪腐镰刀菌烯醇常与其他真菌毒素共存，被食后可以共同作用于人体，对人类健康造成很大的威胁。脱氧雪腐镰刀菌烯醇对人体有很强的细胞毒性和胚胎毒性，能引起食管癌、IgA 肾病、克山病和大骨节病等。

（3）来源分析

脱氧雪腐镰刀菌烯醇常由粮食类谷物附带的禾谷镰刀菌、尖孢镰刀菌等一系列菌类产生，多存在于温热带地区的饲料中，因此谷物引起的脱氧雪腐镰刀菌烯醇中毒率最高。中国谷物类原料呕吐毒素的污染相当普遍，其次是油籽类原料。

（4）监管建议

重视原料安全，加大以小麦、大麦、燕麦、玉米等谷类作物为主要原料的食品生产、加工企业的检测力度，应严格执行食品安全国家标准和相关技术规范，积极采取有效措施；严格执行食品卫生法规，严禁出售不符合卫生法规要求的食品；加强对食品从业人员的食品卫生知识培训；加强对不合格生产企业和经营者的责任追溯和处罚力度。

三、食品添加剂

食品生产经营者超范围、超限量使用食品添加剂，甚至违规添加，一直是诱发我国食品安全风险的重要原因之一。目前，大多数企业能够认识到滥用食品添加剂带来的食品安全风险，但有部分规模小的企业因食品安全意识淡薄，超量使用食品添加剂的问题突出。

超量使用食品添加剂主要原因包括：①生产者为了延长保质期，或使产品呈现更好的卖相或口感，存在侥幸心理故意超范围、超限量添加；②生产者对 GB 2760 理解不到位，没有正确掌握各类食品添加剂的最大允许使用量，或对食品的分类不清误用；③在产品加工过程中没有严格地按标准控制添加量（如配料时所用计量器具不够精确或仅凭经验随意添加，或未考虑到原料到成品的质量问题）；④我国食品添加剂使用标准要求，对食品中添加剂含量的检测以最终产品为主，兼顾过程中原料及半成品的检测控制。但有些企业所使用的基本原材料购自上游企业，而自身检验检测能力不足，无法对食品添加剂成分进行检测，导致食品添加剂可能会沿着供应链传输，风险未能得到及时控制。

风险防范建议：主要包括以下几条。

（1）食品生产企业要严格遵守相关标准法规。生产企业应严格遵守 GB 2760 的要求，在达到预期效果的前提下，应尽可能降低各类食品添加剂在食品中的使用量。通过积极改进工艺、革新技术等手段从技术、工艺上控制褐变、氧化变质、有害微生物的污染和繁殖，从源头减少食品添加剂的使用。生产者应加强食品安全知识及相关标准的学习，搞清楚自身产品在 GB 2760 中的分类，按照 GB 7718 的要求在产品标签上标识。

（2）监管部门需进一步加强对使用食品添加剂的科学指导，并要立足实际，对症下药，实施精准监管。加强对食品生产经营者如何使用 GB 2760 及产品标准等相关知识的培训和指导，进一步强化食品添加剂滥用行为的监管力度，特别是要提高食品添加剂滥用行为的经济成本，从源头上遏制滥用食品添加剂的行为。对于滥用食品添加剂的现象，还应从各自的实际出发，实施分类分级的精准监管。通过对食品监督抽查数据的分析，确定本地区风险最高的食品添加剂种类；将对食品添加剂依赖程度高的地方特色食品列入监管重点，并将企业规模较小、技术含量低且供应链一体化程度较差的食品企业作为监管重点。要将专项治理与系统治理相结合。

（3）消费者应树立正确的消费观，选购食品时，应认真研读食品标签。消费者要以正确心态选购食品，避免过度追求食品的外观，如色泽过分鲜亮的黄花菜、韧性过强的粉丝等。在选择食品之前，可以通过研读食品标签辨认该食品中是否添加了食品添加剂。

1. 膨松剂（铝的残留量，Al）

（1）风险描述

含铝食品添加剂可用作膨松剂、稳定剂、抗结剂和染色料等，很多国家如美国、欧盟成员国、澳大利亚、新西兰、日本和我国等都允许使用含铝食品添加剂。硫酸铝钾、硫酸铝铵是传统的食品添加剂，常在油条、焙烤食品、包子、馒头等食品的生产中作为膨松剂使用，使得一些食品中铝含量较高。2012 年，国家食品安全风险评估中心的评估结果显示，经常食用含铝量较高食物的消费者，存在一定的健康风险。铝可导致运动、学习和记忆能力下降，并会影响儿童智力发育；铝亦可影响雄性动物的生殖能力，抑制胎儿的生长发育；铝还可通过与钙、磷的相互作用造成骨骼系统的损伤和变形，出现骨软骨病、骨质疏松等。

（2）来源分析

个别企业为改善产品口感，在生产加工过程中超限量、超范围使用含铝添加剂，或者其使用的复配添加剂中铝含量过高。含铝膨松剂膨化固型效果好，价格低。部分食品生产企业和餐饮服务单位法律意识淡薄，未及时关注国家出台的有关规定及公告，致使含铝膨松剂超量或超范围使用。

（3）监管建议

加大宣传培训力度，让更多的食品从业人员和消费者科学认识食品添加剂，提高全社会的食品安全意识和水平；督促餐饮企业密切关注国家相关规定和公告；加强对企业食品添加剂仓库、台账、使用记录等的突击检查；加强行政执法与刑事司法的衔接，建立食品安全刑事案件预先通报和公安机关提前介入机制，加强部门间的有效配合与协助。

2. 防腐剂（苯甲酸、山梨酸、脱氢乙酸）

（1）化学结构式

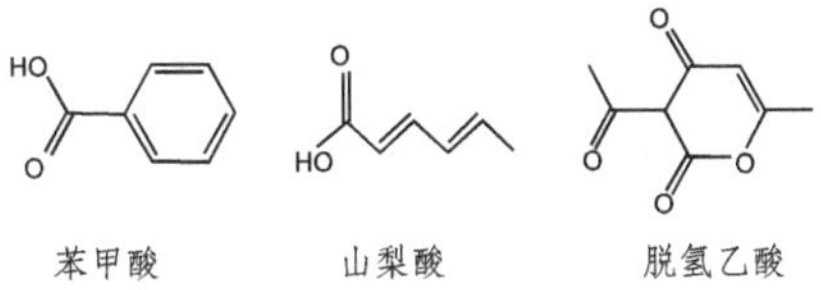

苯甲酸 山梨酸 脱氢乙酸

（2）风险描述

防腐剂是指将天然或合成的化学成分用于加入食品以延迟微生物生长或化学变化引起的腐败。防腐剂可以抑制食品腐败菌的生长，延长食物的保质期，避免因食品腐败导致的食品安全问题。目前，食品加工最常用的人工防腐剂有苯甲酸及其钠盐、山梨酸及其钾盐、脱氢乙酸及其钠盐。

苯甲酸及其钠盐是一种广谱酸性防腐剂，能够抑制或杀灭微生物，对酵母菌、霉菌及部分细菌作用效果很好，并且价格低廉，被广泛用于多类食品中。FAO/WHO 食品添加剂联合专家委员会评估苯甲酸可以被机体快速而有效地代谢和排出，对组织无明显损害；但苯甲酸也可能存在一定的细胞毒性、致突变作用、遗传毒性及对雄性动物的生殖毒性。

山梨酸及其钾盐是一种酸性防腐剂，其对霉菌、酵母和其他好氧性细菌有抑制生长的效果，具有高效防腐性和食用安全性，是目前应用最广泛的合成防腐剂。一般认为，山梨酸是相对无毒的添加剂，山梨酸在生物体内可被代谢成二氧化碳和水；但也有关于山梨酸引起皮肤刺激性、过敏性和超敏性反应的报道。

脱氢乙酸及其钠盐是一种广谱食品防腐剂，其抑菌作用基本不受食品酸碱度的影响，也不受加热的影响，稳定性较高，对细菌、酵母菌、霉菌和大肠杆菌等微生物的生长都能起到很好的抑制作用，其防腐效果优于苯甲酸。脱氢乙酸急性毒性低。在多种动物实验中，脱氢乙酸也没有表现出慢性毒性，只有长期超大剂量喂服（猴子每千克体重服用200mg）的情况下，才会引起生长紊乱和器官的生理变化。人体长期服用1.5～100mg的脱氢乙酸，未见病变反应；过量服用则可能会引起胆结石。

（3）来源分析

不法商家为求更大的经济利益，违规过量使用防腐剂；生产厂商对国家标准不了解或了解得不够透彻，随意添加，造成超范围使用或超量使用防腐剂；生产厂家忽视了原料中的本底，再次向产品中添加防腐剂，造成防腐剂使用量超标；自然界中许多动植物产品（如红莓、大枣等）本身及一些产品的生产工艺（如乳制品发酵）过程也会产生苯甲酸等防腐剂。

（4）监管建议

监督执法机构应在执法工作中考虑原料带入和天然本底的现象，酌情设定本底带入限值；广泛开展食品防腐剂添加的相关培训，尤其针对一些小摊点、家庭作坊等的生产从业者；政府执法监督部门应加强监督力度和执法力度，对那些小作坊、小生产厂家采用信用档案等手段进行更有效的管理，并对违规使用防腐剂的商家进行严厉处罚。

3. 合成着色剂

（1）风险描述

着色剂是指以给食品着色为主要目的的添加剂，也称食用色素，可分为天然食用色素和人工合成色素两类。天然食用色素是指从动物和植物组织及微生物（培养）中提取的色素；人工合成色素则是指人们用人工化学合成方法所制得的色素。人工合成色素相对于天然食用色素而言，具有颜色更鲜艳、着色力更强、成本更低的优点，所以目前被广泛应用于现代食品工业。人工食用色素的使用伴随着各种争议，目前主要的争议在于人工合成色素是否具有致癌性、是否存在人体不耐受及是否会增加儿童发生多动症的风险上。

（2）来源分析

生产厂家为了获取更高的经济利益，未按照国标规定，过量或违规使用；还有些生产者对国家标准不够了解，大量添加同一种颜色的不同色素，导致食品中相同色泽着色剂之和超标。

（3）监管建议

政府相关部门应加强食物生产厂家的资质审核，完善落实小摊贩的登记管理制度；对生产从业者开展添加剂使用知识培训；同时应强化监督监管，加强对街边摊贩的抽检力度，对大企业原辅料采储、生产环境条件、生产记录、出厂检验、销售记录等各环节的全面检查，严厉打击违法违规行为。

4. 护色剂（亚硝酸盐，RNO_2）

（1）风险描述

亚硝酸盐广泛存在于自然界中，粮食、鱼类、蛋类、蔬菜、肉类中都含有较低含量的亚硝酸盐，人的唾液中含有 6 ～ 10mg/L 亚硝酸盐。在各种肉制品加工制作中，亚硝酸钠的使用是相当普遍的，其作用包括：优良的呈色作用，使成品色泽红润；可抑制肉毒梭状杆菌及其他腐败菌的生长繁殖；具有抗氧化作用，延缓腌肉腐败变质；改善风味等。人体从食物中摄入的少量亚硝酸盐能够通过尿液排出，不会在体内蓄积，日常膳食中适量的亚硝酸盐不会对人体造成危害。但是，食入过量亚硝酸盐会引起中毒。亚硝酸盐引起人体中毒的剂量为 0.3 ～ 0.5g，致死量为 3g，毒理学分类属“剧毒”类物质。

（2）来源分析

亚硝酸盐集护色和防腐功能于一身，且价格低廉。一些生产商为了使商品拥有更诱人的外观和更长的保质期而肆意添加亚硝酸盐；部分生产企业为了降低成本、提高利润，对供应链及加工过程把关不够严格，采用的原材料不够新鲜，需加入更多亚硝酸盐以护色、防腐；此外，加工原材料肥瘦比例、腌制时间和温度以及熟肉加工过程中反复使用肉汤等程序也影响最终产品的亚硝酸盐残留量。

（3）监管建议

监管部门应当加强监管广度和力度，减少监管盲点，加强对不合格企业的处罚力度；根据标准更新情况和消费周期及时制定监测方案细则，有效开展对生产企业、经营商的监督管理，解决食品亚硝酸盐超标的质量问题；此外，有关部门需组织有针对性的培训，扩大对食品安全的宣传力度，树立和提高消费者食品安全观念，增加生产企业的法律意识。

5. 漂白剂、抗氧化剂、防腐剂（二氧化硫残留量，SO_2）

（1）风险描述

二氧化硫、焦亚硫酸钾、焦亚硫酸钠、亚硫酸钠、亚硫酸氢钠、低亚硫酸钠等是有效的漂白剂、防腐剂、抗氧化剂，在食品加工生产中的应用由来已久，日常检测时以二氧化硫残留量作为判定依据。人体摄入少量二氧化硫和亚硫酸盐会被体内亚硫酸盐氧化酶转变成硫酸盐，由尿液排出体外，因此一般不会对人体健康造成不良影响。但大量摄入二氧化硫超标的食物，易导致头晕、呕吐、腹泻、全身乏力、胃黏膜损伤等症状，严重时会伤害肝、肾等脏器。人体长期过量摄入二氧化硫，则可能对各种系统、器官组织产生不利影响。

（2）来源分析

食品中二氧化硫残留的主要原因——厂家在生产过程中使用了亚硫酸盐（含硫黄）对产品熏蒸或浸泡（既可以降低虫害，延长保存时间，又可以保持产品鲜艳的色泽，防止产品发生褐变）。部分生产厂家食品安全知识有限，法律意识淡薄，在生产过程中没有按照国家标准规定进行生产；甚至一些不法商贩在利益驱使下，过度追求产品外观效果和延长保质期，明知不可为而为之，超量或超范围使用亚硫酸盐类添加剂；更甚者使用工业硫黄，却无后续的二氧化硫清除技术，对二氧化硫产生的危害置之不理。

（3）监管建议

建议加强对不合格企业的处罚力度，责令整改，同时对相关企业增加抽检频次；加强对食品生产企业所使用原材料的质量监管；进一步加大宣传力度，针对生产企业负责人、采购及生产人员等开展食品添加剂标准和使用培训；增强公众法律意识，畅通投诉渠道，鼓励公众举报投诉食品小作坊生产经营违法行为。

6. 甜味剂（糖精钠、甜蜜素）

（1）化学结构式

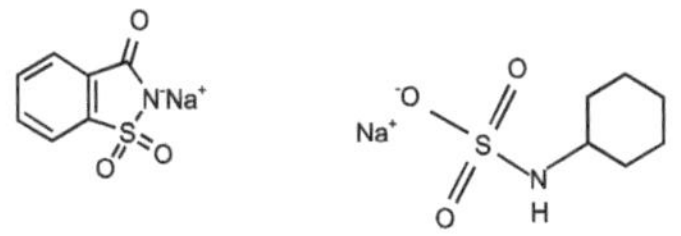

糖精钠　　甜蜜素

（2）风险描述

糖精是世界上使用最早的人工合成甜味剂，广泛使用的是其钠盐（糖精钠）。糖精的甜度是蔗糖的 200 ～ 700 倍，同时具有价格低廉、性能稳定、只提供低热量等优点，曾被广泛用于食品中，但由于其安全性一直存在争议，各国对其使用量和使用范围都在不断减少。

甜蜜素的化学名称为环己基氨基磺酸钠，甜度为蔗糖的 30 ～ 80 倍。甜蜜素甜味比较纯正，可以代替蔗糖或与蔗糖混合使用，能高度保持食品的原有风味，也是一种低热量甜味剂。

现有的研究结果并不能证实甜味剂具有致癌性。但有报道称短时间内食用大量糖精，可引起血小板减少，从而导致急性大出血，甚至引发恶性事件。近年有研究表明，甜味剂的摄入会改变肠道微生物菌落，进而增加罹患葡萄糖耐受不良症的风险。

（3）来源分析

人工甜味剂的甜度通常百倍于蔗糖，而价格较蔗糖更便宜。有些生产企业为降低生产成本，同时增加产品的口感，在产品中过量添加甜蜜素、糖精钠、安赛蜜等甜味剂，这也是食品中甜味剂超标的最直接原因。有些食品（比如水果制品）加工门槛较低，有些甚至是家庭作坊，其从业者可能对添加剂添加限量不了解，为了提高产品甜度，盲目添加，造成超量添加或超范围添加。

（4）监管建议

政府相关部门可针对相关从业人员，特别是一些小商小贩或家庭作坊的从业者开展食品添加剂使用方面的相关培训，提高其质量控制意识和法律意识；监督执法人员可加大不合格类别食品的抽检力度，加大不合格食品生产企业或个人的处罚力度。

四、污染物

食品中污染物包括有机污染物和无机污染物，不合格食品中超标的污染物主要是镉、铅、苯并[a]芘、溴酸盐、亚硝酸盐、*N*-二甲基亚硝胺、氰化物等。重金属污染是指食品在生产、加工或运输过程中受到由重金属或其化合物造成的污染。其中，重金属镉超标主要集中在皮皮虾、蟹等水产品和韭菜等蔬菜中；亚硝酸盐超标主要集中在酱腌菜、肉制品和瓶（桶）装饮用水等产品中；苯并[a]芘超标是引起食用植物油不合格的主要原因，是压榨过程或烘炒温度过高造成的；*N*-二甲基亚硝胺超标主要在水产制品中。此外，瓶（桶）装饮用水还可被检出溴酸盐超标，而氰化物超标仍是导致白酒不合格的重要指标之一。引起食品中污染物超标的主要原因：①原料在种养殖环节环境迁移性或加工过程中被污染；②生产者对原料的验收标准不够严格。

1. 铅（Pb）

（1）风险描述

铅是一种对人体有害的金属元素，可通过消化道、呼吸道进入人体，从而影响人的神经系统的许多功能，特别是可影响婴幼儿的智力发育、儿童的学习记忆功能。金属铅进入人体后，少部分会随着身体代谢排出体外，其余大量则会在体内沉积。铅主要侵犯神经系统、造血器官和肾脏，常见中毒症状有食欲不振、胃肠炎、口腔有金属味、失眠、头昏、关节肌肉疼痛、腹痛、便秘或腹泻、贫血等，后期会出现急性腹痛或瘫痪。

（2）来源分析

工业生产中废水废渣直接排入水体或土壤中，汽车废气中重金属沉降到地面，农业生产中污水灌溉、农药、劣质化肥的不合理使用等。企业在生产时未对原料进行严格验收或为降低产品成本而使用劣质原料，从而将生产原料或辅料中的铅带入到产品中。

（3）监管建议

检查农作物种植和动物养殖是否按国家相关法律法规要求进行选址，是否定期清除潜在污染源；督促食品生产企业加强食品原料、辅料的验收工作，避免使用受重金属污染的原辅料；指导种植、养殖户配方施肥、合理给药、科学生产，推广先进农业技术；日常巡查中加强对企业生产原料及仓库、台账、使用记录等的突击检查。

2. 镉（Cd）

（1）风险描述

镉是银白色有光泽的金属，熔点320.9℃，沸点765℃，相对密度8.642。镉是人体非必需元素，在自然界中常以化合物状态存在。金属镉毒性很低，但其化合物毒性很大。人体的镉中毒主要由摄入被镉污染的水、食物、空气引起。镉在人体积蓄作用，潜伏期可长达10～30年。镉被人体吸收后，主要对肾脏、肝脏产生危害，还易造成骨质疏松、骨骼变形、关节疼痛等一系列症状，如日本富山县镉中毒事件的“痛痛病”。从20世纪初期开始，日本富山县的水源遭受上游含镉废水的污染，该水源灌溉的农田产出的稻米镉含量增加，人们由于食用该种大米和被污染的水而镉中毒，全身各部位发生神经痛、骨痛、骨骼萎缩变形、骨折等，疼痛难忍。

（2）来源分析

①环境污染（水体、土壤）是造成食品中重金属镉超标的主要因素，如大米镉超标等；②食品不规范生产加工过程中引入的镉污染。

（3）监管建议

监督食品生产企业进行原料相关的采购验证工作，制定严格的验货制度，索取含镉项目的检验合格报告，防止购入不合格原辅料；要求企业对种植和养殖源头进行实地考察与评估，采购符合种植、养殖条件的产品；加大对镉含量高产品的抽检力度；加强相关知识的宣传，提醒消费者保持饮食的多样化，不要挑食或偏食。

3. 汞（Hg）

（1）风险描述

汞俗称水银，熔点 –38.87℃，沸点 356.6℃，密度 13.59g/cm^3，是常温常压下唯一以液态存在的金属，是一种银白色闪亮的重质液体，常温下即可蒸发，汞蒸气和汞的化合物多有剧毒。最危险的汞有机化合物为二甲基汞，皮肤接触到仅几微升即可致死。汞可以在生物体内积累，很容易被皮肤、呼吸道和消化道吸收。人体汞中毒以慢性为多见，主要发生在生产活动中，由长期吸入汞蒸气和汞化合物粉尘所致，以神经异常、牙龈炎、震颤为主要症状。大剂量汞蒸气吸入或汞化合物摄入会导致急性汞中毒。对汞过敏者，即使局部涂抹汞油基质制剂，亦可发生汞中毒。

（2）来源分析

汞化合物可以用于电器仪表、制药、造纸、油漆、颜料等中。工业“三废”中大量的汞进入环境，成为较大的汞污染源。汞污染食品的主要来源：含汞的工业废水污染水体，使得水体中的鱼、虾和贝类等受到污染；含汞农药的使用，导致植物性食品原料被直接污染；农田淤泥中汞含量过高，也会导致农产品或其他水生物的汞污染。

（3）监管建议

主要是加强对原料产地环境的监督，确保农作物种植地远离汞污染区。监督食品生产企业对原辅料的索票检验制度，避免使用受汞污染的原辅料；监管人员加大对企业生产原料及仓库、台账、使用记录等的检查频率。

4. 苯并 [a] 芘

（1）化学结构式

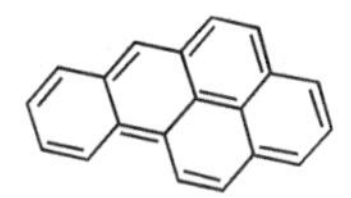

（2）风险描述

苯并 [a] 芘是由 5 个苯环构成的多环芳烃化合物，种类约有十余种。存在于煤焦油中，而煤焦油可见于汽车废气（尤其是柴油引擎）、烟草与木材燃烧产生的烟，以及炭烤食物中。苯并芘为一种突变原和致癌物质，与许多癌症有关，其在体内的代谢物二羟环氧苯并芘具有强致癌性。苯并 [a] 芘是第一种被确认的化学环境致癌物，是强致癌类物质的代表。在动物经口服、静脉注射、吸入、气管滴注等多种方式给药的实验中证实，苯并 [a] 芘可以引起动物肺、胃、膀胱、气管等组织肿瘤。苯并 [a] 芘也具有致畸性和致突变性，可通过母体胎盘影响胎儿的发育，引起胚胎畸形甚至死亡，并且苯并 [a] 芘还可在生物体内进行长期隐匿的潜伏。

（3）来源分析

油类压榨工艺中的热压榨工艺需要对油料作物进行高温加热，有些商家为了最大化提高出油率，对油料残渣进行反复高温加热，均可直接导致苯并 [a] 芘的产生。环境中的苯并 [a] 芘本底对油料原料或加工过程的污染也可能造成苯并 [a] 芘含量超标。

（4）监管建议

相关监督执法部门应通过监督检查，加大对苯并 [a] 芘含量超标的油脂产品生产者的处罚力度；加大对消费者食用油脂相关知识的宣传，建议消费者在经济条件允许的情况下，首选营养价值更高的冷榨工艺油脂；加强企业生产过程的监管，完善原料验收的索票索证制度，减少原料污染；监督企业改善生产工艺，杜绝对油料残渣的过度高温加热。

5. *N*–二甲基亚硝胺

（1）化学结构式

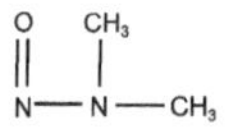

```
O    CH3
‖    |
N —— N —— CH3
```

（2）风险描述

N–二甲基亚硝胺是*N*–亚硝胺类化合物的一种。食品中天然存在的*N*–亚硝胺类化合物含量极微，但其前体物质亚硝酸盐和胺类广泛存在于自然界中，在适宜的条件下可以形成*N*–亚硝胺类化合物。*N*–二甲基亚硝胺是国际公认的毒性较大的污染物，具有肝毒性和致癌性。目前，*N*–二甲基亚硝胺引起的急性中毒较少，但如果人一次或多次摄入含大量*N*–二甲亚硝胺化合物的食物，可引起急性中毒，主要症状为头晕、乏力、肝实质病变等。*N*–二甲基亚硝胺还具有致畸性和致突变性，可通过母体胎盘影响胎儿的发育，引起胚胎畸形甚至死亡。

（3）来源分析

N–二甲基亚硝胺是反映食品卫生状况的指标，*N*–二甲基亚硝胺超标可能由产品原料腐败所致。烟熏或盐腌的鱼及肉中含有较多的胺类，特别是海洋鱼类中存在天然胺类物质——氧化三甲胺，在氧化三甲胺还原酶、腐败细菌特别是兼性厌氧菌的作用下，氧化三甲胺脱氧可被还原成三甲胺。三甲胺是海洋鱼类腐败的恶臭成分，可经亚硝化反应生成亚硝胺。

（4）监管建议

应加大对烟熏或盐腌等水产制品生产企业的检测力度，严格执行食品安全国家标准和相关技术规范，积极采取有效措施，重视原料安全。加强食品从业人员的食品卫生知识培训，严格把关每一个生产环节，确保产品的质量和安全。加强对不合格生产企业和经营者的责任追溯和处罚力度。

6. 溴酸盐（$RBrO_3$）

（1）风险描述

由于水源受到矿物溶解、海水入侵或特殊地质条件的影响，以及后来在生产过程中受到的一些污染，水中含有部分溴离子，溴离子与水体中天然有机物质反应生成溴仿、三溴硝基甲烷、溴乙酸等有害物质。随着臭氧氧化等深度处理技术在饮用水处理中的广泛应用，溴离子很容易被氧化为次溴酸根，最终生成溴酸盐。溴酸盐具有高度稳定性，一旦形成，用传统的处理技术去除较为困难。国际癌症研究协会认为，溴酸盐可能增加人类患癌症的概率，将溴酸盐归为 2B 类致癌物质，对人体健康有害。科学实验证明，溴酸盐可引起染色体畸变和 DNA 损伤。溴酸盐对身体的危害与饮用含有微量溴酸盐饮用水的时间长短有关：短期内不会给饮用者的身体健康带来危害，但是长期饮用高溴酸盐含量的饮用水，将增加癌症的患病率。

（2）来源分析

天然水体中的溴离子主要来源于咸潮入侵地表淡水或渗入地下水，以及矿物溶解、特殊地质条件和无机盐类药剂的生产等工业活动等，在经臭氧消毒后形成溴酸盐。一些小型饮用水生产企业为了控制成本，所用水源质量低劣，含溴量较高，在经臭氧消毒后溴酸盐含量偏高。

（3）监管建议

监管部门应当加强监管广度和力度，根据实际情况制定监测方案细则，有效开展对饮用水溴酸盐含量的监督管理工作。政府相关部门应借鉴一些国家管理经验，提高行业准入门槛，注重保护优质水源地，维护生态安全，同时研究和推广无臭氧工艺（包括超滤，高温等灭菌技术新工艺）的应用，并提高消费者食品安全意识，建议其通过正规途径购买检验合格的商品。

五、非法添加物

非食用物质是指那些传统上不属于食品原料，不属于批准使用的新资源食品，不属于卫健委公布的食药两用或作为普通食品管理，也未列入我国 GB 2760、卫健委食品添加剂公告，以及其他我国法律法规未允许使用的物质。在食品中添加非食用物质对人体健康会产生直接的较大危害，是当前重点打击的食品安全违法行为。检出的非食用物质主要有富马酸二甲酯、罂粟碱、苏丹红、硼砂等，还有西地那非、他达拉非等药物。不合格产品主要集中在餐饮食品中，如自制糕点和自制调料（吗啡、罂粟碱等）等。在餐饮食品中添加非食用物质主要是为了增加口感、风味和卖相。检出的西地那非、他达拉非等药物主要集中在保健食品中。

风险防范建议：针对此类问题，建议监管部门在今后的抽检工作中，继续加大对可能添加非食用物质的餐饮食品和保健食品的抽检比例，在日常监管中应经常使用快检设备对易添加的非食用物质进行快速筛查，杜绝含有非食用物质的食品流入餐饮服务环节。同时，建议各地监管部门结合餐饮特色开展自制糕点、调味料等餐饮食品的专项整治和突击检查，对查处的违法犯罪行为严厉处置。

1. 西地那非、他达拉非等药物

（1）化学结构式

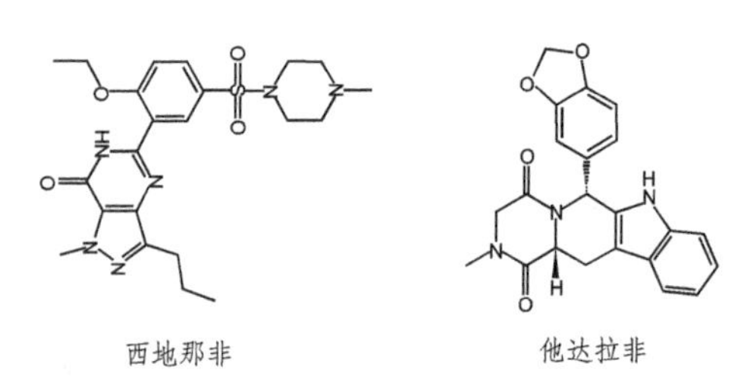

西地那非　　他达拉非

（2）风险描述

西地那非、他达拉非均是治疗男性勃起功能障碍的处方药物，其中西地那非的商品名为万艾可。在任何时候，正在服用任何剂型硝酸酯类药物（包括硝酸甘油）的患者绝对不能同时服用万艾可。如果将万艾可与任一种硝酸酯类药物合用，患者的血压可能会突然下降至不安全或危及生命的水平。短期服用添加了西地那非物质的保健食品，不会出现明显危害；但长期过量食用含有该类物质的保健食品，存在健康风险，可能产生头痛、视觉异常等不良反应。食品或保健食品等中添加西地那非属违法行为。《食品安全法》第三十八条规定：生产经营的食品中不得添加药品，但是可以添加按照传统既是食品又是中药材的物质。按照传统既是食品又是中药材的物质目录由国务院卫生行政部门会同国务院食品药品监督管理部门制定、公布。西地那非为处方药，在食品或保健食品等特殊食品中添加属于违法行为，必须予以打击。国家市场监督管理总局表示，我国从未批准注册过具有“改善男性性功能”的保健食品。凡已批准注册的保健食品如宣传“改善男性性功能”，则均属虚假宣传。在我国既往注册的保健食品的“抗疲劳”和“缓解体力疲劳”功能主要针对体力负荷引起的身体疲劳设置，与壮阳和性保健功能无关。

（3）来源分析

保健食品中的西地那非、他达拉非等为企业非法添加。

（4）监管建议

监管部门需要提高警惕，加强管理，加大检查与检测等力度。不仅要抓非法食品生产等源头，更要严控中间环节，同时也要加强对流通与零售等环节的监管，将相关非法的、不合格的、存在安全隐患的保健品和食品等堵在老百姓购买之前。而且相关违法行为一经发现与查实，就一定要坚决执行法律法规，从严从重处罚，加大相关违法者的违法成本。

2. 硼酸

（1）风险描述

硼酸为白色粉末状结晶或三斜轴面鳞片状光泽结晶，有滑腻手感，无臭味。硼酸对人体的危害：会引起皮肤刺激、结膜炎、支气管炎。口服硼酸引起的急性中毒，主要表现为胃肠道症状（如恶心、呕吐、腹痛、腹泻等），继之发生脱水、休克、昏迷，可有高热、肝肾损害，重者可致死。全国打击违法添加非食用物质和滥用食品添加剂专项整治领导小组关于印发《食品中可能违法添加的非食用物质和易滥用的食品添加剂品种名单（第一批）》的通知（食品整治办〔2008〕3号）中规定，不得检出硼酸。

（2）来源分析

食品中检出的硼酸可能是生产者为了增加食品的口感、柔韧度或延长保质期而非法添加，或产品在生产加工过程中由原料带入。

（3）监管建议

监管部门需要提高警惕，加强管理，加大检查与检测力度。不仅要抓非法食品生产等源头，更要严控中间环节，同时也要加强对流通与零售等环节的监管，将相关非法的、不合格的、存在安全隐患的食品等，堵在老百姓购买之前。

而且相关违法行为一经发现与查实，就一定要坚决执行法律法规，从严从重处罚，加大相关违法者的违法成本。

3. 吗啡、蒂巴因、罂粟碱、可待因、那可丁等罂粟壳成分

（1）化学结构式

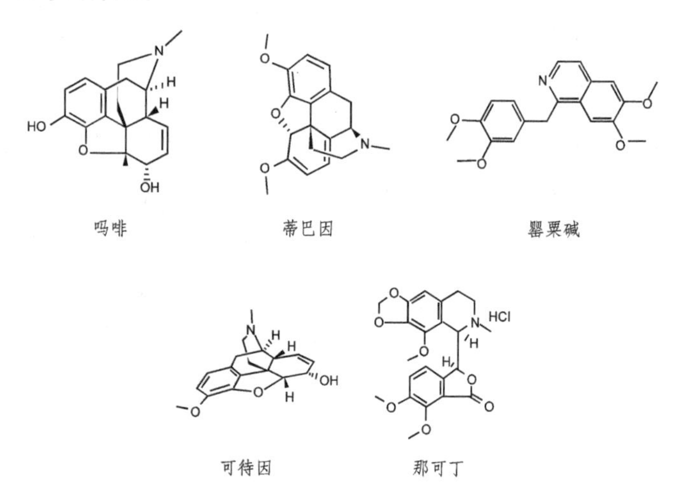

吗啡　蒂巴因　罂粟碱

可待因　那可丁

（2）风险描述

罂粟壳，又名“御米壳”，俗称“米壳”。罂粟壳中含有吗啡、可待因、罂粟碱、蒂巴因、那可丁等生物碱类物质。吗啡，是鸦片类毒品的主要组成部分，长期食用者从心理上到生理上都会对其产生依赖性；罂粟碱是临床用于治疗心血管痉挛等的处方药；可待因属于阿片类生物碱，是国家特殊管制的麻醉药品；蒂巴因可从罂粟分离出来，有麻醉作用。全国打击违法添加非食用物质和滥用食品添加剂专项整治领导小组关于印发《食品中可能违法添加的非食用物质和易滥用的食品添加剂品种名单（第一批）》的通知（食品整治办〔2008〕3号）中规定，罂粟壳为食品中可能违法添加的非食用物质。我国现行的食品安全法中明确规定了，“不得在食品生产中使用食品添加剂以外的化学物质和其他可能危害人体健康的物质”，且对于食品生产者也有较为严格的要求。

（3）来源分析

食品生产企业或者餐饮店非法使用罂粟壳，导致食品中检出非食用物质罂

粟碱、吗啡、可待因、蒂巴因、那可丁。

（4）监管建议

监管部门需要提高警惕，加强管理，加大检查与检测等力度。不仅要抓非法食品生产等源头，更要严控中间环节，同时也要加强对流通与零售等环节的监管，将相关非法的、不合格的、存在安全隐患的食品等，堵在老百姓购买之前。而且相关违法行为一经发现与查实，就一定要坚决执行法律法规，从严从重处罚，加大相关违法者的违法成本。

4. 富马酸二甲酯

（1）化学结构式

（2）风险描述

富马酸二甲酯具有高效、广谱抗菌特点，是一种具有抗菌和杀虫作用的防腐剂。但它对人体有腐蚀性和致过敏性，经食管吸入后对人体肠道、内脏产生腐蚀性损害并引起过敏，对身体健康造成极大影响，尤其对儿童的成长发育会造成很大危害。我国已将其列为非食用物质，不得在糕点中使用。

（3）来源分析

食品中检出的富马酸二甲酯是生产者为了降低成本、延长保质期而非法添加，或由原料带入。

（4）监管建议

监管部门需要提高警惕，加强管理，加大检查与检测等力度。不仅要抓非法食品生产等源头，更要严控中间环节，同时也要加强对流通与零售等环节的监管，将相关非法的、不合格的、存在安全隐患的食品等，堵在老百姓购买之前。而且相关违法行为一经发现与查实，就一定要坚决执行法律法规，从严从重处罚，加大相关违法者的违法成本。

六、农药残留

农药残留是指在农业生产中施用农药后一部分农药直接或间接残存于谷物、蔬菜、果品、畜产品、水产品中以及土壤和水体中的现象。蔬菜和水果等植物性食用农产品的不合格项目主要集中在农药残留。近年来的统计数据显示：蔬菜中农药残留超标不合格项目出现较多的是毒死蜱、腐霉利、氟虫腈、克百威和氧乐果，水果中检出超标较多的是丙溴磷、三唑磷、克百威、氧乐果和苯醚甲环唑。农药残留超标导致食品不合格的可能原因：①在种植环节滥用或非法使用农药，未经合理的休药期；②禁止公告和相关法规宣传不到位，部分种植者对农业部禁用公告不熟悉而仍在使用禁止的品种；③食品生产经营者对这些药物缺乏检测手段或原料把关不严。

风险防范建议：蔬菜制品或水果制品的农药残留超标主要是原料带入所致，为了有效防范农药成分带入到加工食品中，建议食品加工方应把好原料采购关，严格落实索证、索票制度。一方面，监管部门应加强对菜农、果农等种植者农药的使用培训，指导他们科学合理用药，杜绝使用禁用农药；另一方面，农业、食品等监管部门应采取联动监管机制。

对当前蔬菜水果等植物性农产品超标相对较多的15种农药简单解析如下。

1. 氧乐果

（1）化学结构式

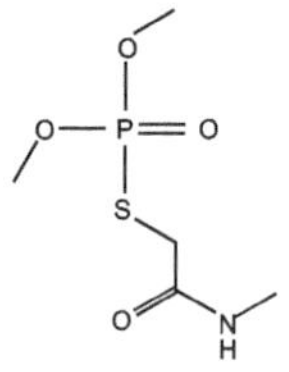

（2）风险描述

氧乐果，又名氧化乐果，是一种杀虫谱广，内吸性强，杀虫活性高的杀虫剂。但由于氧乐果具有高毒性，我国对其的使用范围进行了限制：2002年，农业部发布的194号公告中，禁止氧乐果在甘蓝的种植中使用；2011年农业部第1586号公告中，撤销了氧乐果在柑橘树上的登记。根据《食品安全法》第四十九条，禁止将剧毒、高毒农药用于蔬菜、瓜果、茶叶和中草药等国家规定的农作物。喷洒的氧乐果部分会逸散在周围的土壤、大气、水体中，造成生态系统的污染，有可能会对环境生物产生潜在危害；蔬菜、水果等中残留的氧乐果进入人体后对体内胆碱酯酶有抑制作用，可能造成人体各种急慢性中毒，甚至致癌。近年来，氧乐果出现超标较多的农产品有芹菜、豇豆、柑橘和冬枣等。

（3）来源分析

乐果在种植过程中的使用也可能导致其代谢物氧乐果残留超标。根据农业部公告第2552号，自2019年8月1日起，禁止乙酰甲胺磷、丁硫克百威、乐果在蔬菜、瓜果、茶叶、菌类和中草药材作物上使用。但有些种植者对相关农药的禁用或限用情况不明确，可能滥用农药，甚至违规使用禁用的乐果及氧乐果。

（4）监管建议

对种植户开展农药使用知识和相关法律条规知识的培训，增强种植户的安全用药意识，改变其落后的农药使用观念；加强农药经营流通行为的监管，加强对农药生产单位的生产许可和销售单位的登记真实性的核查，对违法生产和销售禁用或限用农药以及非法添加隐性成分等行为依法严惩；加强农产品中农药残留项目的抽检力度。

2. 毒死蜱

（1）化学结构式

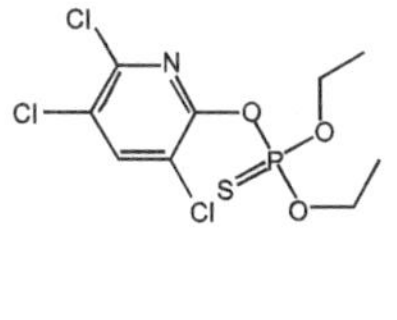

（2）风险描述

毒死蜱是一种具有触杀、胃毒和熏蒸作用的有机磷杀虫剂。《食品安全国家标准　食品中农药最大残留限量》（GB 2763—2019）中规定，毒死蜱在不同农作物上有不同的限量值，0.01～3mg/kg，比如：毒死蜱在食荚豌豆中的最大残留限量为0.01mg/kg，在小麦粉、韭菜、普通白菜、黄瓜、葡萄干等中的最大残留限量为0.1mg/kg，在结球甘蓝、花椰菜、菜豆、柑、橘、苹果、梨等中的最大残留限量为 1mg/kg，在桃中的最大残留限量为 3mg/kg。毒死蜱对鱼类及水生生物毒性较高，在土壤中残留期较长。人长期暴露在含有毒死蜱的环境中，可能会导致神经毒性、生殖毒性，影响胚胎的生长发育。少量的农药残留不会引起人体急性中毒，但长期食用农药残留超标的食品，对人体健康有一定影响。为保障农业生产安全、农产品质量安全和生态环境安全，维护人民生命安全和健康，根据农业部公告第 2032 号，自 2016 年 12 月 31 日起，禁止毒死蜱和三唑磷在蔬菜上使用。近年来，毒死蜱出现超标较多的农产品有芹菜、菠菜、普通白菜、韭菜等。

（3）来源分析

毒死蜱在不同的农作物上残留限量的规定差异较大。种植户对毒死蜱在水果等可使用的农作物上的安全间隔期不了解，对毒死蜱在蔬菜上的禁用情况不明确，可能导致农药滥用，甚至违规使用禁用或限用农药的情况。

（4）监管建议

对种植户开展农药使用知识和相关法律条规知识的培训，增强种植户的安全用药意识，改变其落后的农药使用观念；加强农药经营流通行为的监管，加强对农药生产单位的生产许可和销售单位的登记真实性的核查，对违法生产和销售禁用或限用农药以及非法添加隐性成分等行为依法严惩；加强农产品中农药残留项目的抽检力度。

3. 克百威

（1）化学结构式

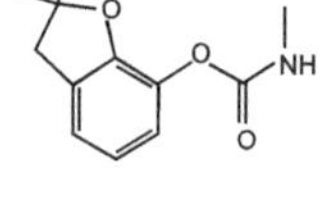

（2）风险描述

克百威，又名呋喃丹，是一种高效广谱的氨基甲酸酯类杀虫剂，属于高毒农药。由于其毒性较高，2002 年，农业部第 199 号公告中明令禁止用于蔬菜、果树、茶叶、中草药材。但由于其杀虫效果较好，至今仍发现有违规使用的现象。据中国农药毒性分级标准，克百威对人、畜属高毒杀虫剂，人体中毒症状主要有头昏、头痛、乏力、面色苍白、呕吐、多汗、流涎、瞳孔缩小、视力模糊。严重者出现血压下降、意识不清、皮肤接触性皮炎（如风疹）、局部红肿痛痒、眼结膜充血、流泪、胸闷、呼吸困难等症状；由于克百威对鱼类、鸟类毒性较高，逸散在周围土壤、大气、水体中的克百威可能会对这几类生物造成一定危害。近年来，克百威出现超标较多的农产品有芹菜、豇豆、韭菜、黄瓜、茶叶等。

（3）来源分析

丁硫克百威在种植过程中的使用也可能导致其代谢物克百威残留超标。根据农业部公告第2552号，自2019年8月1日起，禁止乙酰甲胺磷、丁硫克百威、乐果在蔬菜、瓜果、茶叶、菌类和中草药材作物上使用。但有些种植者对相关农药的禁用或限用情况不明确，可能滥用农药，甚至违规使用禁用的丁硫克百威及克百威。

（4）监管建议

对种植户开展农药使用知识和相关法律条规知识的培训，增强种植户的安全用药意识，改变其落后的农药使用观念；加强农药经营流通行为的监管，加强对农药生产单位的生产许可和销售单位的登记真实性的核查，对违法生产和销售禁用或限用农药以及非法添加隐性成分等行为依法严惩；加强农产品中农药残留项目的抽检力度。

4. 腐霉利

（1）化学结构式

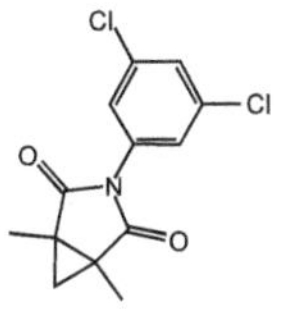

（2）风险描述

腐霉利是一种低毒内吸性杀菌剂，具有保护和治疗双重作用，低温高湿条件下使用效果明显，可用于油菜、萝卜、茄子、黄瓜、白菜、番茄、向日葵、西瓜、草莓、洋葱、桃、樱桃、花卉、葡萄等作物的灰霉病、菌核病、灰星病、花腐病、褐腐病、蔓枯病等防治，也可用于杀灭对甲基硫菌灵、多菌灵有抗性病原菌。腐霉利对眼睛、皮肤有刺激作用。少量的腐霉利残留不会导致人体急性中毒，但长期食用腐霉利残留超标的蔬菜，可能对人体健康产生一定的不良影响。近年来，腐霉利在韭菜出现超标较多。

（3）来源分析

《食品安全国家标准 食品中农药最大残留限量》（GB 2763—2019）中规定，腐霉利在不同农作物上有不同的限量值，0.2 ～ 10mg/kg，比如：腐霉利在韭菜中的最大残留限量为0.2mg/kg，在油菜籽、番茄和黄瓜中的最大残留限量为2mg/kg，在鲜食玉米、茄子、辣椒、蘑菇类（鲜）和葡萄中的最大残留限量为5mg/kg，在草莓中的最大残留限量为10mg/kg。种植户对不同作物的安全间隔期不了解，对相关农药的使用情况不明确，可能滥用农药。

（4）监管建议

对种植户开展农药使用知识和相关法律条规知识的培训，增强种植户的安全用药意识，改变其落后的农药使用观念；加强农药经营流通行为的监管，加强对农药生产单位的生产许可和销售单位的登记真实性的核查；加强农作物中农药残留项目的抽检力度。

5. 氯氟氰菊酯

（1）化学结构式

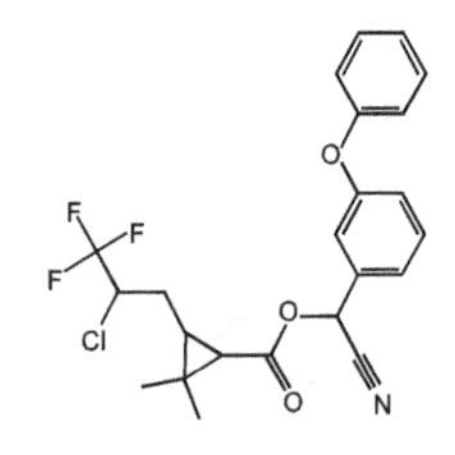

（2）风险描述

氯氟氰菊酯又叫三氟氯氰菊酯、功夫菊酯，是一种具有触杀和胃毒作用的拟除虫菊酯类农药，对昆虫具有趋避、击倒及毒杀作用，杀虫谱广，活性较高，药效迅速，喷洒后耐雨水冲刷，对刺吸式口器的害虫及害螨有一定防效，能有效地防治棉花、果树、蔬菜、大豆等作物上的多种害虫，也能防治动物体上的寄生虫。氯氟氰菊酯属神经毒剂，残留量超标会引起人体中毒，接触部位皮肤感到刺痛，尤其在口、鼻周围，但无红斑，很少引起全身性中毒；氯氟氰菊酯的大量接触会引起头痛、头昏，恶心、呕吐，双手颤抖，全身抽搐或惊厥、昏迷甚至休克。近年来，氯氟氰菊酯在韭菜中出现超标较多。

（3）来源分析

《食品安全国家标准 食品中农药最大残留限量》（GB 2763—2019）中规定，氯氟氰菊酯在不同农作物上有不同的限量值，0.01 ～ 15mg/kg，比如：氯氟氰菊酯在坚果中最大残留限量为0.01mg/kg，在玉米、大豆、马铃薯中的最大残留限量为0.02mg/kg，在瓜类蔬菜（黄瓜除外）、瓜果类水果、甘蔗等中的最大残留限量为0.05mg/kg，在柑、橘、苹果、梨、枇杷等中的最大残留限量为0.2mg/kg，在大麦、韭菜、芹菜、桃、枸杞(鲜）等中的最大残留限量为0.5mg/kg，在糙米、结球甘蓝、菜薹、大白菜、黄瓜、橄榄等中的最大残留限量为1mg/kg，在茶叶中的最大残留限量为15mg/kg。种植户对氯氟氰菊酯在不同作物上使用的安全间隔期不了解，对相关农药的使用情况不明确，可能滥用农药。

（4）监管建议

对种植户开展农药使用知识和相关法律条规知识的培训，增强种植户的安全用药意识，改变其落后的农药使用观念；加强农药经营流通行为的监管，加强对农药生产单位的生产许可和销售单位的登记真实性的核查；加强农产品中农药残留项目的抽检力度。

6. 多菌灵

（1）化学结构式

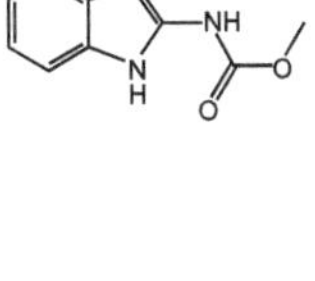

（2）风险描述

多菌灵是一种高效低毒的苯并咪唑类杀菌剂，对多种作物由真菌引起的病害有防治效果，且化学性质稳定，能通过作物叶片和种子渗入植物体内，耐雨水冲洗，对哺乳动物有一定的毒性。多菌灵经口中毒者会出现头昏、恶心、呕吐等现象。因此，农产品中多菌灵的残留限量越来越引起人们的重视。近年来，多菌灵在韭菜、柑橘、桃、香蕉等上常被检出超标。

（3）来源分析

《食品安全国家标准　食品中农药最大残留限量》（GB 2763—2019）中规定，多菌灵在不同食品上有不同的限量值，0.02 ～ 20mg/kg，比如：多菌灵在食荚豌豆中的最大残留限量为 0.02mg/kg，在黑麦和腌制用小黄瓜中的最大残留限量为 0.05mg/kg，在小麦、大麦、玉米、西葫芦、菜豆、李子、樱桃等中的最大残留限量为 0.5mg/kg，在大米、韭菜、辣椒、黄瓜、桃、油桃、香蕉、西瓜等中的最大残留限量为 2mg/kg，在结球莴苣、柑、橘、橙、苹果、茶叶等中的最大残留限量为 5mg/kg，在干辣椒中的最大残留限量为 20mg/kg。

甲基硫菌灵在种植过程中的使用也可能导致其代谢物多菌灵的残留超标。

种植户对不同农作物安全间隔期不了解，对相关农药的使用情况不明确，可能滥用农药。

（4）监管建议

对种植户开展农药使用知识和相关法律条规知识的培训，增强种植户的安全用药意识，改变其落后的农药使用观念；加强农药经营流通行为的监管，加强对农药生产单位的生产许可和销售单位的登记真实性的核查；加强农作物中农药残留项目的抽检力度。

7. 水胺硫磷

（1）化学结构式

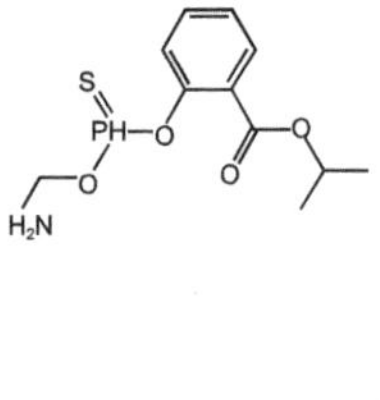

S
PH—O
O
O
H_2N

（2）风险描述

水胺硫磷是一种兼具胃毒和杀卵作用的有机磷杀虫剂。水胺硫磷主要通过食管、皮肤和呼吸道引起人体中毒，短期内大量接触可引起急性中毒，引起头痛、恶心、多汗、胸闷、视物模糊等症状。水胺硫磷为高毒农药，根据农业部第 1586 号公告，禁止用于柑橘树。根据《食品安全法》第四十九条，禁止将剧毒、高毒农药用于蔬菜、瓜果、茶叶和中草药等国家规定的农作物。近年来，水胺硫磷在豇豆出现超标较多，在稻谷中也有发现超标。

（3）来源分析

种植户对相关农药的禁用或限用情况不明确，可能滥用农药，甚至违规使用一些禁用或限用的农药。

（4）监管建议

对种植户开展农药使用知识和相关法律条规知识的培训，增强蔬菜种植户的安全用药意识，改变其落后的农药使用观念；加强农药经营流通行为的监管，加强对农药生产单位的生产许可和销售单位的登记真实性的核查，对违法生产和销售禁用或限用农药以及非法添加隐性成分等行为依法严惩；加强农作物中农药残留项目的抽检力度。

8. 甲拌磷

（1）化学结构式

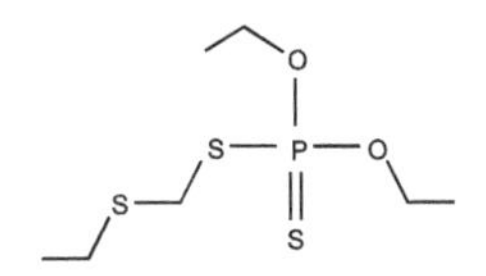

（2）风险描述

甲拌磷是一种高毒农药，具有触杀、胃毒、熏蒸作用的有机磷类广谱杀虫、杀螨剂。甲拌磷土壤残留期较长，短期内大量接触可引起急性中毒，中毒者可产生头痛、头昏、食欲减退、恶心、呕吐、多汗、呼吸困难等症状。农业部第 199 号公告中也指出甲拌磷属高毒农药，不得用于蔬菜、果树、茶叶、中草药上。近年来，甲拌磷在芹菜、豇豆、韭菜、姜等常被检出超标。

（3）来源分析

种植户对相关农药的禁用或限用情况不明确，可能滥用农药，甚至违规使用一些禁用或限用的农药。

（4）监管建议

对种植户开展农药使用知识和相关法律条规知识的培训，增强种植户的安全用药意识，改变其落后的农药使用观念；加强农药经营流通行为的监管，加强对农药生产单位的生产许可和销售单位的登记真实性的核查，对违法生产和销售禁用或限用农药以及非法添加隐性成分等行为依法严惩；加强农作物中农药残留项目的抽检力度。

9. 灭蝇胺

（1）化学结构式

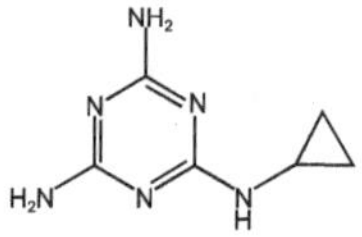

（2）风险描述

灭蝇胺又名环丙氨嗪，是一种三嗪类化合物，对昆虫生长起调节作用，属新型高效、低毒、含氮杂环类杀虫剂，对防治双翅目昆虫幼虫和蛹具有特殊的生理活性。灭蝇胺具有内吸传导作用，可以干扰蜕皮和化蛹，使其在形态上发生畸变，导致成虫羽化受到抑制或不全，从而达到控制双翅目害虫繁殖过量、减少害虫数量的目的，是目前防治双翅目昆虫病虫害效果较好的生态农药。灭蝇胺对人的眼睛、皮肤有刺激作用，短期内大量接触可引起急性中毒，产生恶心、呕吐、眩晕等症状。近年来，灭蝇胺在豇豆中多次被检出超标。

（3）来源分析

《食品安全国家标准　食品中农药最大残留限量》（GB 2763—2019）中规定，灭蝇胺在不同农产品中有不同的限量值，0.1 ～ 10mg/kg，比如：灭蝇胺在洋葱中的最大残留限量为0.1mg/kg，在豇豆、菜豆、食荚豌豆、扁豆、豌豆、芒果、瓜果类水果（西瓜除外）等中的最大残留限量为0.5mg/kg，在青花菜、黄瓜和平菇中的最大残留限量为1mg/kg，在叶用莴苣、结球莴苣和芹菜中的最大残留限量为4mg/kg，在叶芥菜和干辣椒中的最大残留限量为10mg/kg。

种植者对灭蝇胺在不同农作物的安全间隔期不了解，对相关农药的使用情况不明确，可能滥用农药。

（4）监管建议

对种植户开展农药使用知识和相关法律条规知识的培训，增强种植户的安全用药意识，改变其落后的农药使用观念；加强农药经营流通行为的监管，加强对农药生产单位的生产许可和销售单位的登记真实性的核查，对违法生产和销售禁用或限用农药的行为依法严惩；加强农作物中农药残留项目的抽检力度。

10. 阿维菌素

（1）化学结构式

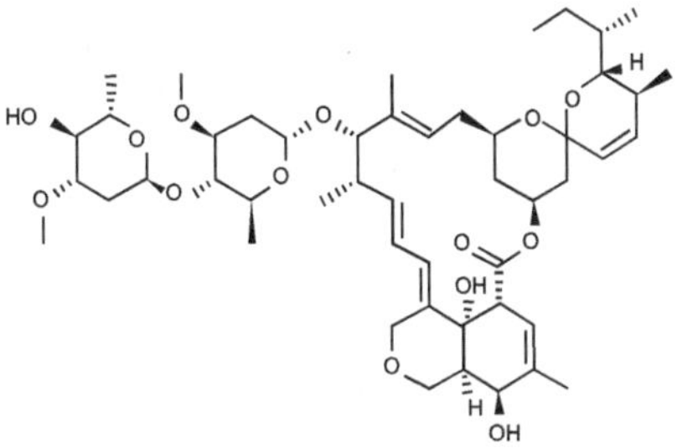

（2）风险描述

阿维菌素是一种大环内酯双糖类化合物，对昆虫和螨类具有触杀、胃毒及微弱的熏蒸作用，无内吸作用。阿维菌素原药高毒，在土壤中降解迅速。对鱼、蜜蜂高毒。阿维菌素对中枢神经系统损害最为多见，可表现为中枢抑制、呼吸抑制、血压异常，严重者可因频繁抽搐窒息或出现室颤而死亡。近年来，阿维菌素在菠菜、豇豆等常被检出超标。

（3）来源分析

《食品安全国家标准　食品中农药最大残留限量》（GB 2763—2019）中规定，阿维菌素在不同农产品中有不同的限量值，0.01～0.3mg/kg，比如：阿维菌素在小麦、棉籽、西葫芦、萝卜、马铃薯、瓜果类水果（西瓜除外）、杏仁、核桃等中的最大残留限量为0.01mg/kg，在糙米、芥蓝、番茄、甜椒、黄瓜、柑、橘、橙、苹果、草莓、杨梅、西瓜等中的最大残留限量为0.02mg/kg，在大豆、花生仁、韭菜、结球甘蓝、青花菜、小白菜、菠菜、青菜、油麦菜、芹菜、豇豆、菜用大豆等中的最大残留限量为0.05mg/kg，在葱、菜薹、小油菜、菜豆等中的最大残留限量为 0.1mg/kg，在叶芥菜、茄子和干辣椒中的最大残留限量为 0.2mg/kg，茭白中的最大残留限量为 0.3mg/kg。

种植户对阿维菌素在不同农作物的安全间隔期不了解，对相关农药的使用情况不明确，可能滥用农药。

（4）监管建议

对种植户开展农药使用知识和相关法律条规知识的培训，增强种植户的安全用药意识，改变其落后的农药使用观念；加强农药经营流通行为的监管，加强对农药生产单位的生产许可和销售单位的登记真实性的核查，对违法生产和销售禁用或限用农药的行为依法严惩；加强农作物中农药残留项目的抽检力度。

11. 啶虫脒

（1）化学结构式

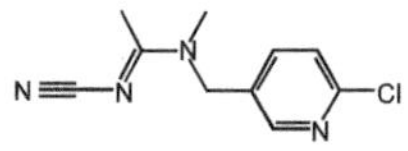

（2）风险描述

啶虫脒是一种具有触杀、渗透和传导作用的氯化烟碱类化合物，是一种新型杀虫剂。啶虫脒虽可用于蔬菜，但必须控制使用剂量和安全间隔期。啶虫脒中毒者会出现头痛、头昏、无力、视物模糊、抽搐、恶心、呕吐等症状。近年来，啶虫脒在普通白菜中被检出超标。

（3）来源分析

《食品安全国家标准　食品中农药最大残留限量》（GB 2763—2019）中规定，啶虫脒在不同农产品中有不同的限量值，0.02 ～ 10mg/kg，比如：啶虫脒在鳞茎类蔬菜（葱除外）中的最大残留限量为 0.02mg/kg，在莲子（鲜）和莲藕中的最大残留限量为 0.05mg/kg，在糙米、小麦、结球甘蓝、花椰菜、萝卜、柑、橘、橙等中的最大残留限量为 0.5mg/kg，在普通白菜、大白菜、番茄、茄子、黄瓜、茎用莴苣、枸杞（鲜）中的最大残留限量为 1mg/kg，在茶叶中的最大残留限量为 10mg/kg。

种植户对啶虫脒在不同农作物的安全间隔期不了解，对相关农药的使用情况不明确，可能滥用农药。

（4）监管建议

对种植户开展农药使用知识和相关法律条规知识的培训，增强种植户的安全用药意识，改变其落后的农药使用观念；加强农药经营流通行为的监管，加强对农药生产单位的生产许可和销售单位的登记真实性的核查，对违法生产和销售禁用或限用农药的行为依法严惩；加强农作物中农药残留项目的抽检力度。

12. 氟虫腈

（1）化学结构式

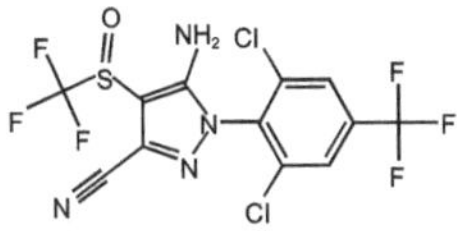

（2）风险描述

氟虫腈是一种苯基吡唑类杀虫剂、杀虫谱广，对害虫以胃毒作用为主，兼有触杀和一定的内吸作用，其作用机制在于阻碍昆虫 γ－氨基丁酸控制的氯化物代谢，因此对蚜虫、叶蝉、飞虱、鳞翅目幼虫、蝇类和鞘翅目等重要害虫有很高的杀虫活性，对作物无药害。因氟虫腈对甲壳类水生生物和蜜蜂具有高风险性，在水和土壤中降解慢，结合我国农业生产实际，为保护农业生产安全、生态环境安全和农民利益，农业部公告第 1157 号规定，除卫生用、玉米等部分旱田种子包衣剂外，其余食品中禁用。欧盟法律规定，氟虫腈不得用于人类食品产业链中的畜禽。世界卫生组织表示，大量进食含有高浓度氟虫腈的食品，会损害肝脏、甲状腺和肾脏。近年来，氟虫腈在普通白菜、菠菜和韭菜等中被检出超标。

（3）来源分析

《食品安全国家标准　食品中农药最大残留限量》（GB 2763—2019）中规定，氟虫腈在不同食品中有不同的限量值，0.002 ～ 0.1mg/kg，比如：氟虫腈在小麦、大麦、燕麦、黑麦、葵花籽等中的最大残留限量为 0.002mg/kg，在香蕉中的最大残留限量为0.005mg/kg，在糙米、花生仁、叶菜类蔬菜、瓜类蔬菜、豆类蔬菜、柑橘类水果、仁果类水果、瓜类水果、甘蔗、甜菜、蘑菇、蛋类等中的最大残留限量为0.02mg/kg，在玉米、鲜食玉米和牛肝中的最大残留限量为0.1mg/kg。种植户对相关农药的禁用或限用情况不明确，可能滥用农药，甚至违规使用一些禁用或限用的农药。

（4）监管建议

对种植户开展农药使用知识和相关法律条规知识的培训，增强种植户的安全用药意识，改变其落后的农药使用观念；加强农药经营流通行为的监管，加强对农药生产单位的生产许可和销售单位的登记真实性的核查，对违法生产和销售禁用或限用农药的行为依法严惩；加强农作物中农药残留项目的抽检力度。

13. 三唑磷

（1）化学结构式

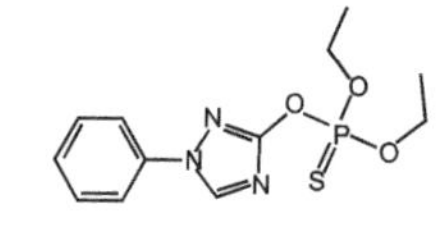

（2）风险描述

三唑磷属于中等毒性非内吸有机磷广谱杀虫剂、杀螨剂、杀线虫剂，具有胃毒和触杀作用，主要用于棉花、粮食、果树等鳞翅目害虫、害螨、蝇类幼虫及地下害虫等的防治。为保障农业生产安全、农产品质量安全和生态环境安全，维护人民生命安全和健康，农业部公告第2032号规定，自2016年12月31日起，禁止三唑磷和毒死蜱在蔬菜上使用。少量的三唑磷残留不会导致急性中毒，但长期食用三唑磷残留超标的水果，可能对人体健康产生不良影响。近年来，三唑磷在柑橘和稻谷等中被检出超标。

（3）来源分析

三唑磷残留超标可能由农药施药量过大，或者使用频率过高，或者没有严格执行农药停药期造成。

《食品安全国家标准　食品中农药最大残留限量》（GB 2763—2019）中规

定，三唑磷在不同食品中有不同的限量值，0.05 ～ 1mg/kg，比如：三唑磷在稻谷、小麦、大麦、燕麦、黑麦等中的最大残留限量为 0.05mg/kg，在结球甘蓝、节瓜、棉籽、根茎类调味料中的最大残留限量为 0.1mg/kg，在柑、橘、橙、苹果和荔枝中的最大残留限量为 0.2mg/kg，在大米中的最大残留限量为 0.6mg/kg，在棉籽毛油中的最大残留限量为 1mg/kg。种植户对三唑磷在不同农作物的安全间隔期不了解，对相关农药的禁用或限用情况不明确，可能滥用农药，甚至违规使用一些禁用或限用的农药。

（4）监管建议

对种植户开展农药使用知识和相关法律条规知识的培训，增强种植户的安全用药意识，改变其落后的农药使用观念；加强农药经营流通行为的监管，加强对农药生产单位的生产许可和销售单位的登记真实性的核查，对违法生产和销售禁用或限用农药的行为依法严惩；加强农作物中农药残留项目的抽检力度。

14. 丙溴磷

（1）化学结构式

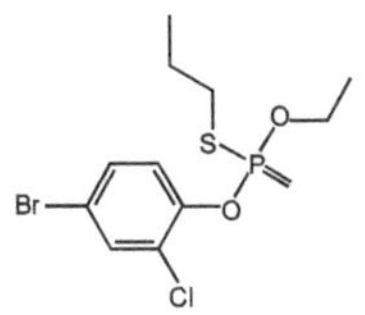

（2）风险描述

丙溴磷又称溴氯磷、多虫磷，是一种具有触杀和胃毒作用，无内吸作用，专用于杀灭刺吸式口器害虫的超高效有机磷杀虫剂。少量的丙溴磷残留不会引起人类急性中毒，但长期食用丙溴磷残留超标的水果，对人体健康有一定影响。近年来，丙溴磷在柑橘中多次被检出超标。

（3）来源分析

《食品安全国家标准　食品中农药最大残留限量》（GB 2763—2019）中规定，丙溴磷在不同食品中有不同的限量值，0.01 ～ 20mg/kg，比如：丙溴磷在生乳中的最大残留限量为 0.01mg/kg，在糙米和蛋类中的最大残留限量为 0.02mg/kg，在马铃薯、甘薯、苹果、根茎类调味料等中的最大残留限量为 0.05mg/kg，在柑、橘和橙中的最大残留限量为 0.2mg/kg，在棉籽和萝卜中的最大残留限量为 1mg/kg，在番茄和山竹中的最大残留限量为 10mg/kg，在干辣椒中的最大残留限量为 20mg/kg。种植户对不同作物的安全间隔期不了解，对相关农药的使用情况不明确，可能滥用农药。

（4）监管建议

对种植户开展农药使用知识和相关法律条规知识的培训，增强种植户的安全用药意识，改变其落后的农药使用观念；加强农药经营流通行为的监管，加强对农药生产单位的生产许可和销售单位的登记真实性的核查，对违法生产和销售禁用或限用农药的行为依法严惩；加强农作物中农药残留项目的抽检力度。

15. 联苯菊酯

（1）化学结构式

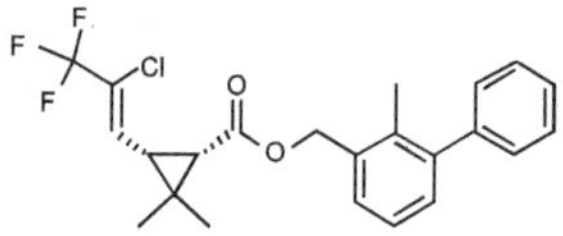

（2）风险描述

联苯菊酯是一种杀虫谱广、作用迅速，在土壤中不移动，对环境较为安全，残效期较长的拟除虫菊酯类杀虫剂，具有触杀、胃毒作用，无内吸、熏蒸作用，长期接触可能对人体神经、生殖及免疫系统等产生危害，对人畜毒性中等，对鱼毒性很高，对人的皮肤和眼睛无刺激作用，无致畸、致癌、致突变作用。近年来，联苯菊酯在柑橘中被检出超标。

（3）来源分析

《食品安全国家标准　食品中农药最大残留限量》（GB 2763—2019）中规定，联苯菊酯在不同食品中有不同的限量值，0.03 ～ 20mg/kg，比如：联苯菊酯在果类调味料中的最大残留限量为 0.03mg/kg，在大麦、玉米、油菜籽、根茎类和薯芋类蔬菜、柑、橘、橙、甘蔗、根茎类调味料等中的最大残留限量为0.05mg/kg，在小麦、番茄、辣椒、黄瓜、苹果、梨等中的最大残留限量为0.5mg/kg，在茶叶和干辣椒中的最大残留限量为5mg/kg，在啤酒花中的最大残留限量为20mg/kg。种植户对联苯菊酯在不同农作物的安全间隔期不了解，对相关农药的使用情况不明确，可能滥用农药。

（4）监管建议

对种植户开展农药使用知识和相关法律条规知识的培训，增强种植户的安全用药意识，改变其落后的农药使用观念；加强农药经营流通行为的监管，加强对农药生产单位的生产许可和销售单位的登记真实性的核查，对违法生产和销售禁用或限用农药的行为依法严惩；加强农作物中农药残留项目的抽检力度。

七、兽药残留

兽药残留是指用药后蓄积或存留于畜禽或水产机体或产品（如鲜蛋、奶制品、肉制品、水产制品等）中的原型药物或其代谢产物或兽药生产中所伴生的杂质，养殖环节用药不当是产生兽药残留的最主要原因。兽药残留超标导致食品不合格的主要原因可能有以下四条：①在养殖环节滥用或非法使用兽药、未经合理的休药期；②在销售环节经营户为了提高存活率，故意将抗生素喷洒在暂养池中；③禁止公告和相关法规宣传不到位，部分养殖者对农业部公告第2032号等公告不熟悉而仍在使用禁止的品种；④食品生产经营者对这些药物缺乏检测手段或原料把关不严。

1. 喹诺酮类（恩诺沙星、氧氟沙星、环丙沙星）

（1）化学结构式

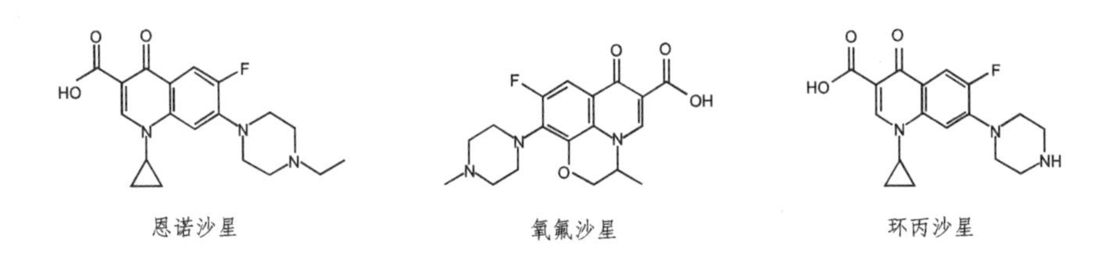

恩诺沙星　　氧氟沙星　　环丙沙星

（2）风险描述

恩诺沙星（代谢产品为环丙沙星）与氧氟沙星同为喹诺酮类药物，是一类人工合成的化学抗菌药物，该类药物抗菌谱广、抗菌力强、给药方便、价格便宜，已经广泛被应用于临床、畜牧和水产等领域。有研究表明，如果动物饲养过程中此类药物的不科学使用甚至滥用，容易在动物体内残留蓄积，并通过食物链进入人体内，产生潜在致癌、致畸、致突变作用，长期使用极易诱导致病菌产生耐药性，从而对人类的身体健康构成威胁。农业部公告第2292号规定，自2016年12月31日起，禁止氧氟沙星用于食品动物，在动物性食品中不得检出；《食品安全国家标准　食品中兽药最大残留限量》（GB 31650—2019）规定，恩诺沙星（最大残留限量以恩诺沙星和恩诺沙星代谢物——环丙沙星之和计）可用于牛、羊、猪、兔、禽等食用畜禽及其他动物，在动物肌肉、脂肪中的最大残留限量为100μg/kg（以恩诺沙星与环丙沙星之和计），在肝脏和肾脏中也有严格的限定，但在产蛋鸡中禁用（鸡蛋中不得检出）。

（3）来源分析

恩诺沙星超标主要集中在草鱼、牛蛙等水产品和禽蛋产品中，氧氟沙星超标主要集中在中华鳖、乌鳢等水产品中。喹诺酮类残留超标可能的原因是，饲养人员由于缺乏专业知识，过量使用药物及不遵循休药期，为片面地追求经济利益而在养殖过程中投入过量甚至禁用的喹诺酮类药物。

（4）监管建议

开展喹诺酮类兽药正确使用的相关知识培训，使养殖者了解该类药物残留可能造成的健康危害和法律后果，提高养殖者的法律意识和用药的自觉性；完善兽药的用药管理制度，如建立兽药的使用档案，建立兽药残留的常规监测制度等；食品监管部门应加大对养殖场、加工厂和农贸市场等场地的抽样检测力度，对发现的违法用药现象进行严厉处罚。

2. 硝基呋喃类（呋喃唑酮、呋喃它酮、呋喃西林和呋喃妥因）

（1）化学结构式

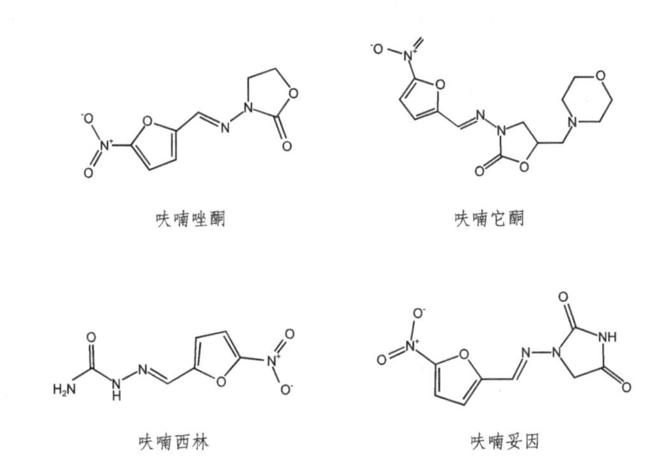

（2）风险描述

硝基呋喃类药物是合成的广谱抗生素，主要包括呋喃唑酮、呋喃它酮、呋喃西林和呋喃妥因等，可作用于微生物酶系统，抑制乙酰辅酶A，干扰微生物糖类的代谢，从而起到抑菌作用，广泛用于家禽、家畜、水产等动物传染病的预防与治疗。我国农业农村部公告第250号《食品动物中禁止使用的药品及其他化合物清单》中明确规定禁止将这类药物用于所有动物性食品中。硝基呋喃类药物在动物体内代谢迅速，而与蛋白结合的代谢物在生物体内能长期稳定残留，并具有潜在的致畸、致癌和诱导机体产生突变的作用。

（3）来源分析

硝基呋喃类药物超标主要集中在牛蛙、中华鳖、草鱼等水产品。由于此类药物价格低及抗菌效果好，养殖者在生产中为降低经济损失，违规使用。

（4）监管建议

开展兽药正确使用的相关知识培训，提高养殖者的法律意识和用药的自觉性；完善兽药的用药管理制度；应加大对养殖场、加工厂和农贸市场等场地的抽样检测力度，对发现的违法用药现象进行严厉处罚；从源头上对非法生产、销售禁用兽药的行为加大打击力度；整合监管部门的职责，使各部门能够更协调配合，形成监管合力，使监管工作更顺利执行。

3. 氯霉素类（氯霉素、氟苯尼考）

（1）化学结构式

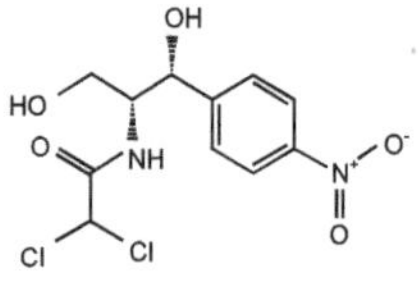

氯霉素 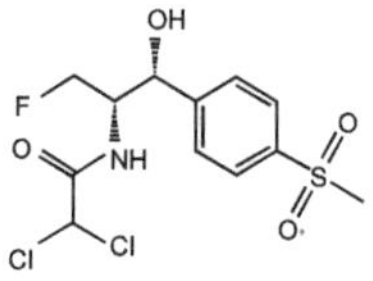　　氟苯尼考

（2）风险描述

氯霉素、氟苯尼考同为氯霉素类药物，是一类高效广谱的抗生素，对多种病原菌有抑制作用，能够用于预防和治疗动物的各种传染性疾病。我国农业农村部公告第250号《食品动物中禁止使用的药品及其他化合物清单》将氯霉素列为禁止使用的药物，在动物性食品中不得检出；《食品安全国家标准　食品中兽药最大残留限量》（GB 31650—2019）规定，氟苯尼考可用于猪、牛、羊、禽、鱼等禽畜，但在产蛋鸡中禁用（鸡蛋中不得检出）。人长期食用氯霉素残留超标的食品，可能引起肠道菌群失调，导致消化机能紊乱；人体过量摄入氯霉素可引起肝脏和骨髓造血机能的损害，导致再生障碍性贫血、血小板减少和肝损伤等健康危害；另外，长期暴露于低浓度的氯霉素，还会导致人体内致病菌的耐药性增强。

（3）来源分析

氯霉素超标主要集中在禽类、蜂制品和贝类产品中，氟苯尼考超标主要集中在禽蛋产品中。氯霉素类残留超标可能的原因：①饲养人员由于缺乏专业知识过量使用药物，不遵循休药期，甚至为片面地追求经济利益而在养殖过程中投入过量甚至禁用的药物；②环境中氯霉素残留物被动物富集后对动物源性食品造成污染。氯霉素在不同环境条件下的半衰期高度可变，使得不同地区氯霉素残留量差异很大。

（4）监管建议

开展兽药正确使用的相关知识培训，使养殖者了解氯霉素类兽药残留可能造成的健康危害和法律后果，提高养殖者的法律意识和用药的自觉性；完善兽药的用药管理制度，如建立兽药的使用档案，建立兽药残留的常规监测制度等；食品监管部门应加大对养殖场、加工厂和农贸市场等场地的抽样检测力度，对发现的违法用药现象进行严厉处罚。

4. 孔雀石绿

（1）化学结构式

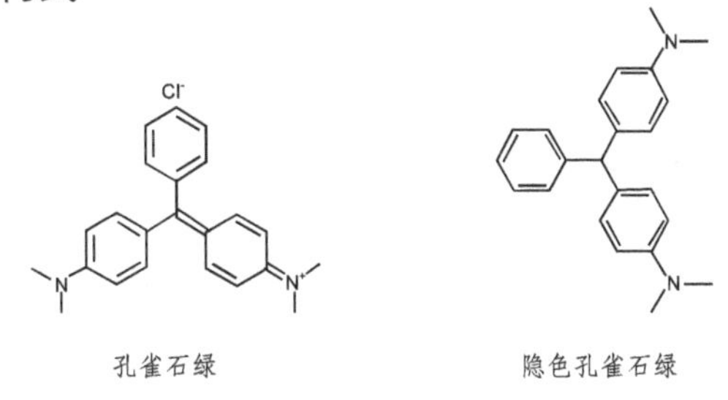

孔雀石绿　　隐色孔雀石绿

（2）风险描述

孔雀石绿（代谢产物为隐色孔雀石绿）是有毒的三苯甲烷类化学物，既是工业性染料，也是杀菌和杀寄生虫的化学制剂，可致癌。孔雀石绿对鱼体水霉病和鱼卵水霉病有特效，而市面上暂无能够短时间解决水霉病的特效药物，这也是孔雀石绿在水产业禁而不止，水产业养殖户违规使用的根本原因。我国农业农村部公告第 250 号《食品动物中禁止使用的药品及其他化合物清单》中明确规定，禁止将孔雀石绿用于所有动物性食品中。孔雀石绿在生物体内会代谢为毒性更大的隐性孔雀石绿，隐性孔雀石绿具有较高的亲脂性，在脂肪组织中代谢速度较慢，会形成稳定残留并有明显的蓄积现象，且具有高毒、高残留、致癌、致畸、致突变等特性，对生物体的组织、生殖、免疫系统均有影响。

（3）来源分析

孔雀石绿超标主要集中在乌鳢、黄颡鱼、鲫鱼等水产品中。可能的原因：①养殖户在养殖过程中将其用于鱼体碰撞刮伤治疗，防止细菌感染；②运输、贩卖过程中用于消毒，延长水产品的存活时间。

（4）监管建议

开展兽药正确使用的相关知识培训，提高养殖者的法律意识和用药的自觉性；完善兽药的用药管理制度；加大对养殖场、加工厂和农贸市场等场地的抽样检测力度，对发现的违法用药现象进行严厉处罚；从源头上对非法生产、销售禁用兽药的行为加大打击力度；整合监管部门的职责，使各部门能够更协调配合，形成监管合力，使监管工作更顺利执行。

5. β－受体激动剂（克伦特罗、莱克多巴胺）

（1）化学结构式

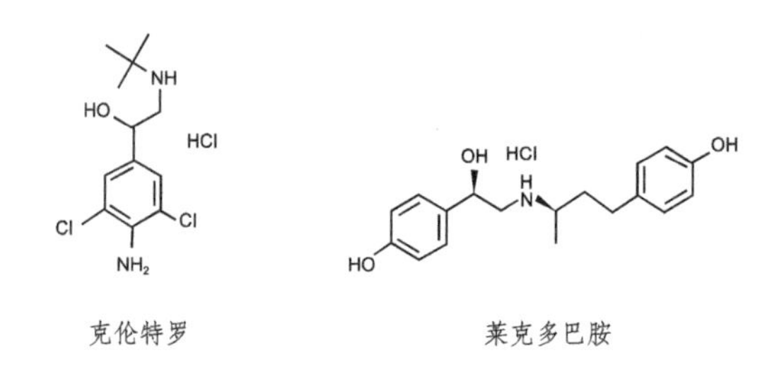

克伦特罗　　莱克多巴胺

（2）风险描述

克伦特罗和莱克多巴胺同为 β－受体激动剂类的药物，也就是俗称的“瘦肉精”。由于此类物质被发现能够使动物体内的营养成分由脂肪向肌肉转移，表现出营养再分配效应，从而显著增加胴体瘦肉率，增强饲料报酬率，故曾被当作促生长剂用在动物饲料中。但后来此类药物被发现在肉中的残留对人体存在健康危害，所以我国农业农村部公告第 250 号《食品动物中禁止使用的药品及其他化合物清单》中明确规定，禁止将 β－受体激动剂类药物用于所有动物性食品中。人体摄入残留有此类药物的食品中毒后，比较常见的症状有恶心、头晕、心慌、肌肉震颤、头痛、面部潮红、四肢无力、代谢紊乱、血钾降低等。此类药物对心律失常、高血压、青光眼、糖尿病、甲亢等疾病的患者毒性作用则更大。此外，莱克多巴胺作为一种激素，还可能会导致机体过敏或免疫功能下降等。它们在动物体内代谢后经动物粪便、尿液排泄到环境中，会对生态环境造成污染。

（3）来源分析

该类药物超标主要集中在牛肉、羊肉等畜产品中，可能的原因：消费者偏爱瘦肉率高的畜肉产品，使得畜瘦肉的定价偏高，养殖者为提高畜瘦肉的产量和饲料报酬率，违法使用此类药物。

（4）监管建议

从源头上对非法生产、销售克伦特罗/莱克多巴胺类药物的行为加大打击力度；整合监管部门的职责，使各部门能够更协调配合，形成监管合力，使监管工作更顺利执行；对家畜养殖者和屠宰企业等进行宣传培训，使其充分认识到这类违禁药物对人体的严重危害，增强其法律意识和社会责任感。

6. 磺胺类（总量）

（1）化学结构式

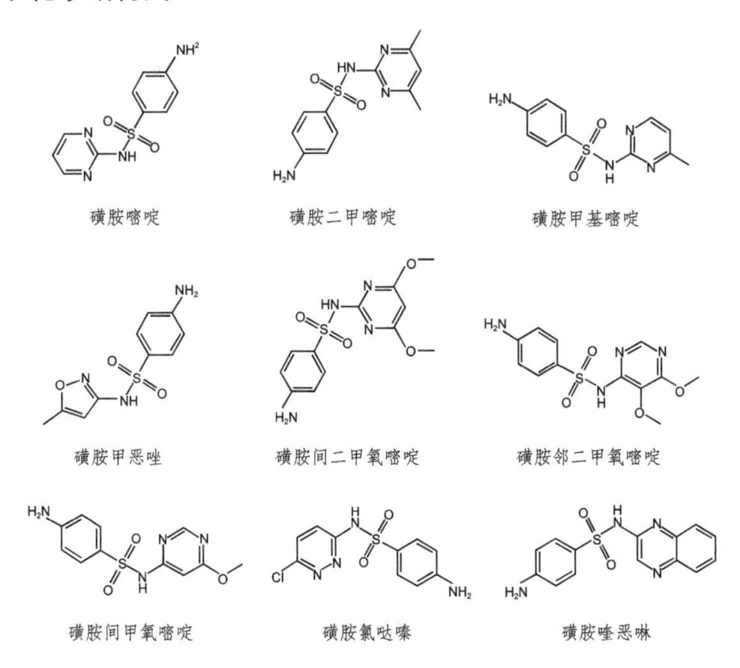

磺胺嘧啶　磺胺二甲嘧啶　磺胺甲基嘧啶

磺胺甲恶唑　磺胺间二甲氧嘧啶　磺胺邻二甲氧嘧啶

磺胺间甲氧嘧啶　磺胺氯哒嗪　磺胺喹恶啉

（2）风险描述

磺胺类药物是一类抗菌谱较广、性质稳定、使用简便的人工合成的抗菌药，对大多数革兰氏阳性菌和阴性菌都有较强抑制作用，被广泛用于防治鸡球虫病。

《食品安全国家标准　食品中兽药最大残留限量》（GB 31650—2019）规定磺胺类（总量）项目至少包含磺胺嘧啶、磺胺二甲嘧啶、磺胺甲基嘧啶、磺胺甲恶唑、磺胺间二甲氧嘧啶、磺胺邻二甲氧嘧啶、磺胺间甲氧嘧啶、磺胺氯哒嗪、磺胺喹恶啉等磺胺类药物，在所有食品动物的肌肉及脂肪中的最高残留限量为100μg/kg。磺胺类药物在人体内作用和代谢时间较长，长期摄入此类药物残留超标的动物性食品，可能导致该类药物在人体中的蓄积，从而产生泌尿系统和肝脏损伤等健康危害。

（3）来源分析

磺胺类药物超标主要集中在猪肉、中华鳖等产品中。残留超标可能的原因：饲养人员由于缺乏专业知识，过量使用此类药物，不遵循休药期，甚至片面地追求经济利益而在养殖过程中投入过量药物。

（4）监管建议

开展兽药使用的相关知识培训，使养殖者了解磺胺类药物残留可能造成的健康危害和法律后果，提高养殖者的法律意识和用药的自觉性；完善兽药的用药管理制度，如建立兽药的使用档案，建立兽药残留的常规监测制度等；食品监管部门应加大对养殖场、加工厂和农贸市场等场地的抽样检测力度，对发现的违法用药现象进行严厉处罚。

7. 镇静剂类（地西泮、氯丙嗪）

（1）化学结构式

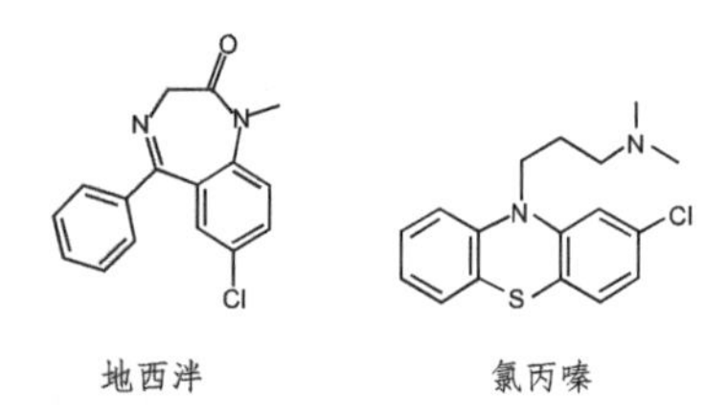

（2）风险描述

地西泮、氯丙嗪同为镇静剂类药物，是一类对中枢神经系统产生轻度抑制，具有抗惊厥、镇静催眠、抗焦虑、松弛肌肉和安定作用的药物。《食品安全国家

标准　食品中兽药最大残留限量》（GB 31650—2019）规定地西泮、氯丙嗪为允许用于治疗，但不得在动物性食品中检出的药物。此类药物代谢周期长，容易在动物体内蓄积，食用后会对人体中枢神经系统造成不良影响，增加机体代谢负担，甚至可导致功能性减退等问题。

（3）来源分析

地西泮超标主要集中在鲫鱼、草鱼等水产品中，氯丙嗪超标主要集中在猪肉等畜产品中。残留超标可能的原因：①在养殖过程中，使用此类药物以达到镇静催眠、增重催肥、缩短出栏时间的目的；②在运输过程中，使用此类药物可以减少动物死亡率和体重下降率，防止肉品质降低；③作为家畜术前麻醉药剂，用药后未严格控制休药期或超量使用。

（4）监管建议

开展兽药正确使用的相关知识培训，使养殖者了解地西泮、氯丙嗪残留可能造成的健康危害和法律后果，提高养殖者的法律意识和用药的自觉性；完善兽药的用药管理制度，如建立兽药的使用档案，建立兽药残留的常规监测制度等；食品监管部门应加大对养殖场、加工厂和农贸市场等场地的抽样检测力度，对发现的违法用药现象进行严厉处罚。

8. 四环素类（多西环素、土霉素）

（1）化学结构式

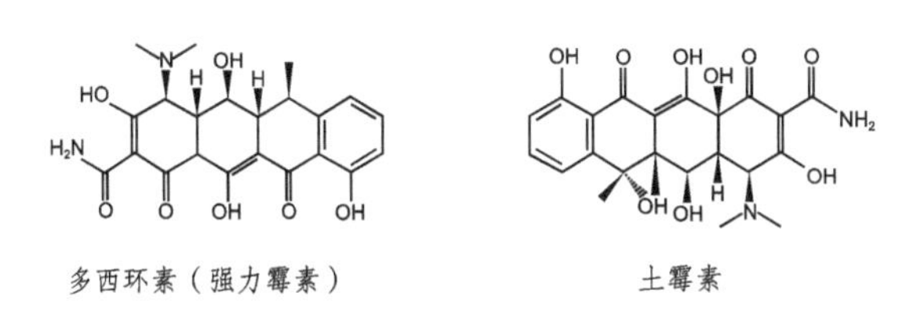

多西环素（强力霉素）　　土霉素

（2）风险描述

多西环素（强力霉素）、土霉素同为广谱四环素类药物，一般用于治疗衣原体支原体感染。《食品安全国家标准　食品中兽药最大残留限量》（GB 31650—2019）规定多西环素在禽（产蛋鸡禁用）的肌肉中最高残留限量为 100μg/kg，土霉素在所有食品动物的肌肉中最高残留限量为200μg/kg。长期食用此类药物超标的动物性食品，可能导致该类药物在人体中的蓄积，将会给人体的健康带来危害。

（3）来源分析

四环素类药物超标主要集中在南美白对虾、乌鳢等水产品，以及鸡和禽蛋产品中。残留超标可能的原因：饲养人员缺乏专业知识，过量使用药物，不遵循休药期，甚至片面地追求经济利益而在养殖过程中投入过量的四环素类药物。

（4）监管建议

开展兽药的正确使用的相关知识培训，使养殖者了解多西环素残留可能造成的健康危害和法律后果，提高养殖者的法律意识和用药的自觉性；完善兽药的用药管理制度，如建立兽药的使用档案，建立兽药残留的常规监测制度等；食品监管部门应加大对养殖场、加工厂和农贸市场等场地的抽样检测力度，对发现的违法用药现象进行严厉处罚。

9. 五氯酚酸钠

（1）化学结构式

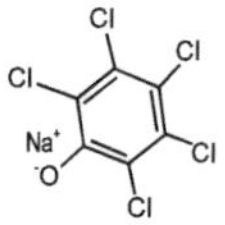

Cl Cl Cl Na^+ ^-O Cl Cl

五氯酚酸钠

（2）风险描述

五氯酚酸钠是有机氯农药五氯酚的钠盐，具有致畸、致癌、致突变等毒副作用。20世纪60年代，为消除血吸虫病，我国大量使用五氯酚及其钠盐来杀灭其中间宿主钉螺；近年来，渔业养殖过程中也存在非法使用五氯酚清塘等情况。五氯酚化学性质稳定，残留期长，可通过生物富集进入食物链；五氯酚酸钠具有较高的水溶性，易通过水载体广泛扩散，从而影响生态安全并产生生物蓄积。我国农业农村部公告第250号《食品动物中禁止使用的药品及其他化合物清单》规定五氯酚酸钠为禁止使用的药物，在动物性食品中不得检出。五氯酚酸钠会抑制生物代谢过程中氧化磷酸化作用，可能会造成人体的肝、肾及中枢神经系统损害。

（3）来源分析

五氯酚酸钠超标主要集中在沼虾、中华鳖等水产品和猪肉及其副产品中，可能的原因：①五氯酚及其钠盐作为清塘药剂容易吸附在沉积物中，随食物链被喜好在水体下层觅食的沼虾、中华鳖富集；②环境中的五氯酚及其钠盐被饲料用植物吸收，随食物链进入猪体内。

（4）监管建议

开展兽药正确使用的相关知识培训，使养殖者了解五氯酚酸钠残留可能造成的健康危害和法律后果，提高养殖者的法律意识和用药的自觉性；完善兽药的用药管理制度，如建立兽药的使用档案，建立兽药残留的常规监测制度等；食品监管部门应加大对养殖场、加工厂和农贸市场等场地的抽样检测力度，对发现的违法用药现象进行严厉处罚。

10. 喹乙醇

（1）化学结构式

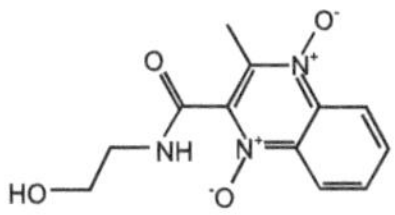

喹乙醇

（2）风险描述

喹乙醇（主要代谢物为 3- 甲基喹噁啉 -2- 羧酸），又名喹酰胺醇，因其不仅具有抗菌生物活性，对大肠杆菌、沙门氏杆菌等革兰氏阴性菌所致的消化道疾病具有良好的疗效，而且具有蛋白同化作用，能提高饲料转化率，自 20 世纪 80 年代起，曾在禽、畜及水产品养殖中广泛使用。但因其在生物体内有中度至明显的蓄积毒性，对大多数动物有明显的致畸作用，对人也有潜在的三致性，所以我国 2000 年版《中华人民共和国兽药典》中明确规定禁止在家禽及水产养殖中使用喹乙醇；《食品安全国家标准　食品中兽药最大残留限量》（GB

31650—2019）规定3-甲基喹噁啉-2-羧酸在猪肉中最高残留限量为4μg/kg，猪肝中最高残留限量为50μg/kg；我国农业部公告第2638号规定，自2019年5月1日起，停止经营、使用喹乙醇的原料药及各种试剂。喹乙醇及其代谢物3-甲基喹噁啉-2-羧酸容易在动物体内蓄积，具有明显的蓄积毒性和DNA损伤等副作用。

（3）来源分析

喹乙醇超标主要集中在猪肉、兔肉中。残留超标可能的原因：饲养人员由于缺乏专业知识在饲养过程中过量使用药物，不遵循休药期，为片面地追求经济利益而在养殖过程中投入过量的喹乙醇甚至超范围用药。

（4）监管建议

开展兽药的正确使用的相关知识培训，使养殖者了解喹乙醇残留可能造成的健康危害和法律后果，提高养殖者的法律意识和用药的自觉性；完善兽药的用药管理制度，如建立兽药的使用档案，建立兽药残留的常规监测制度等；食品监管部门应加大对养殖场、加工厂和农贸市场等场地的抽样检测力度，对发现的违法用药现象进行严厉处罚。

11. 尼卡巴嗪

（1）化学结构式

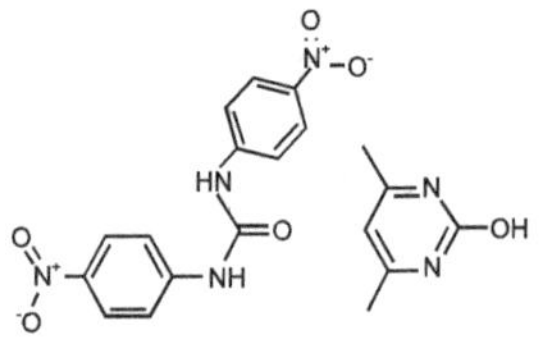

尼卡巴嗪

（2）风险描述

尼卡巴嗪是一种广谱、高效、性能稳定的抗球虫饲料药物添加剂，对鸡等禽类的球虫病有显著的预防和治疗效果。正常情况下消费者不必对可检出尼卡巴嗪的鸡肉过分担心，但长期食用尼卡巴嗪残留超标的鸡肉，对人体健康有一定风险。《食品安全国家标准　食品中兽药最大残留限量》（GB 31650—2019）

规定，尼卡巴嗪在鸡的肌肉、皮/脂、肝、肾中最高残留限量为200μg/kg。

（3）来源分析

尼卡巴嗪超标主要集中在鸡肉产品中。残留超标可能的原因：饲养人员由于缺乏专业知识过量使用药物，不遵循休药期，甚至片面地追求经济利益而在养殖过程中投入过量药物。

（4）监管建议

开展兽药的正确使用的相关知识培训，使养殖者了解尼卡巴嗪残留可能造成的健康危害和法律后果，提高养殖者的法律意识和用药的自觉性；完善兽药的用药管理制度，如建立兽药的使用档案，建立兽药残留的常规监测制度等；食品监管部门应加大对养殖场、加工厂和农贸市场等场地的抽样检测力度，对发现的违法用药现象进行严厉处罚。

八、品质指标

食品品质指标主要是指反映食品营养成分、感官品质、新鲜度等的指标。品质指标不合格主要是指产品的内在营养成分未达到标称值，或由于储存不当等因素导致产品食用品质发生了劣变，其主要危害在于降低了食品的食用价值。产品品质指标不达标的主要原因：①生产者为了提高产品的卖点，故意减少成本较高原辅料的配比或故意虚标欺骗消费者；②生产者对生产工艺控制不严，出厂检验把关不严；③生产者在配料时所用的计量器具不够精准；④选用原料时进货查验把关不严、仓储环境不合格等。

风险防范建议：针对上述产品品质指标不达标的问题，首先企业应更好地落实好主体责任，按照制定的生产工艺规范生产，并做好投料记录和生产台账，诚信生产、不偷工减料，不以次充好；其次，生产者应加强对原料的质量控制和出厂检验的把控。另外，监管部门应根据每次抽检结果和消费者反映情况建立产品优劣等级划分的长效竞争机制。

1. 酸价

（1）风险描述

酸价是油脂中游离脂肪酸含量指标。油脂在长期保藏过程中，由于光、酶和热的作用发生缓慢水解，产生游离脂肪酸。脂肪的质量与其中游离脂肪酸的含量有关，常用酸价作为衡量标准之一。在生产过程中，酸价可以作为油脂水解程度的评价指标，在储藏过程中，其可作为酸败的评价指标。酸价不合格，一般产品会有“哈喇”味。食用酸价超标的食品，可能引起人体肠胃不适、腹泻甚至损害肝脏，危害人体健康安全。

（2）原因分析

油脂原料保存不当或存放过久导致原料中的油脂发生水解酸败；生产过程中，操作工艺控制不当，加工温度过高，持续时间久，导致含有的油脂加速水解、氧化变质；产品包装不符合要求，受温度、湿度、空气、光线等影响油脂酸败，使产品酸价超标。

（3）监管建议

加强对生产、餐饮环节油脂原料抽检力度；加强对食品从业人员的食品卫生知识培训；加强对不合格生产企业和经营者的责任追溯和处罚力度。

2. 过氧化值

（1）风险描述

过氧化值是表示油脂和脂肪酸等被氧化程度的一种指标。过氧化值超标，则说明样品已被氧化而变质。在一般情况下，过氧化值略有升高不会对人体的健康产生损害，但是人食用过氧化值超标的食品后可能导致肠胃不适、腹泻、肠胃损害等多种不良后果。过氧化值越高，说明食品被氧化程度越高，对人体的危害也越大。

（2）原因分析

油脂原料保存不当或存放过久导致原料中的油脂发生氧化；生产过程中，操作工艺控制不当，加工温度过高，持续时间久，导致含有的油脂加速氧化；产品包装不符合要求，受温度、湿度、空气、光线等影响油脂氧化加速，使产品过氧化值超标。

（3）监管建议

加强对含油食品（如糕点、饼干、肉制品、调味料、坚果等）的抽检力度；增加对生产、餐饮环节油脂原料抽检频次；加强食品从业人员的食品卫生知识培训；加强对不合格生产企业和经营者的责任追溯和处罚力度；加强对消费者的宣传教育，增强公众法律意识，提醒消费者不要购买“三无产品”，畅通投诉渠道。

3. 溶剂残留量

（1）风险描述

溶剂残留量中的溶剂是指浸出工艺生产植物油所用的溶剂。溶剂残留量可以表明油脂产品质量是否符合标准，同时也能反映出生产成本的大小。因此，为了严格控制食油中的溶剂残留量，保证食用安全，国家食用植物油标准中将溶剂残留量列为强制性限量指标。食用油中溶剂残留量过高，长期大量摄入可能对人体的神经系统和造血系统产生影响。

（2）原因分析

溶剂残留量超标的可能原因：生产加工过程中使用浸提溶剂后，没有在后续工艺中采取有效措施去除溶剂，或又将此类产品违规标称为压榨。

（3）监管建议

加强对食用油的抽检力度；加强食品从业人员的食品卫生知识培训；加强对不合格生产企业和经营者的责任追溯和处罚力度；加强对消费者的宣传教育，增强公众法律意识，提醒消费者不要购买“三无产品”，畅通投诉渠道。

4. 水分

（1）风险描述

水分是食品的天然成分，通常不看作营养素，但它是动植物体内不可缺少的重要成分，具有十分重要的生理意义。食品中水分含量的多少，直接影响食品的感官性状，影响胶体状态的形成和稳定。水分是间接反映食品卫生质量的指标，控制食品水分的含量，可防止食品的腐败变质和营养成分的水解。食品的含水量对食品的鲜度、硬软性、流动性、呈味性、保藏性、加工性等许多方面有重要的影响。如果产品中水分过高，则易于细菌、霉菌的繁殖，从而缩短产品的保质期。

（2）原因分析

企业未严格按相关产品的标准去组织生产，生产工艺控制不当或干燥过程中控制不到位；出厂检验控制不严；储存、运输等环节中企业对产品的防护、控制不严。

（3）监管建议

在全市食品生产企业大力推行建立 HACCP 食品安全管理体系，设定相应温度和时间的关键控制点；加强食品从业人员的食品卫生知识培训；加强对不合格生产企业和经营者的责任追溯和处罚力度。

5. 蛋白质、脂肪

（1）风险描述

蛋白质、脂肪是食品的重要理化指标。蛋白质是生物体细胞的重要组成成分，能够调节体内的新陈代谢，是人体内氮元素的唯一来源；脂肪（脂类）是油、脂肪、类脂的总称，广泛存在于食品中，属于五大核心营养素，是人体热量的重要来源，也是构成人体细胞重要成分，是人体必需脂肪酸的来源。食用蛋白质指标不合格的产品，就得不到食品应具备的必要营养，影响身体的正常生长发育，当人体蛋白质严重缺乏时，甚至会出现四肢细短、头脸胖大变成畸形的“大头娃娃”，直至危及生命。产品中脂肪含量过低，可能会导致营养摄入量不足，影响身体健康。

（2）原因分析

食品中蛋白质、脂肪不合格的可能原因：生产企业使用劣质原料或对原料质量把关不严；生产企业经营者质量意识不高，为片面追求企业利润、降低成本，不按标准组织生产，减少原料投入；企业工艺控制不严，操作不当，引起产品质量降低；成品质量检验把关不够或缺少必要的检测手段。

（3）监管建议

加强对食品的抽检力度；增加对生产企业的原料抽检频次；加强食品从业人

员的食品卫生知识培训；加强对不合格生产企业和经营者的责任追溯和处罚力度；政府相关部门应加强食品生产厂家的资质审核；加强对消费者的宣传教育，增强公众法律意识，提醒消费者不要购买“三无产品”，畅通投诉渠道。

6. 非脂乳固体

（1）风险描述

非脂乳固体是指牛奶中除了脂肪（一般刚从奶牛乳房中挤出的鲜牛奶的脂肪含量为3%左右，根据季节不同略有区别）和水分之外的物质总称，是反映产品内在质量的极为重要的指标，主要组成为蛋白质类（27%～29%）、糖类、酸类、维生素类等。非脂乳固体含量过低会影响乳制品的营养价值。

（2）原因分析

食品中非脂乳固体不合格的可能原因：牛奶原料品质较差或生产工艺控制不严，生产过程中标准化和均质两个工艺参数控制不严等。

（3）监管建议

加强对食品的抽检力度；增加对生产企业的原料抽检频次；加强食品从业人员的食品卫生知识培训；加强对不合格生产企业和经营者的责任追溯和处罚力度；政府相关部门应加强食品生产厂家的资质审核；加强对消费者的宣传教育，增强公众法律意识，提醒消费者不要购买“三无产品”，畅通投诉渠道。

7. 脂肪酸

（1）风险描述

脂肪酸是由碳、氢、氧三种元素组成的一类化合物，是中性脂肪、磷脂和糖脂的主要成分。脂肪酸分为饱和脂肪酸、单不饱和脂肪酸和多不饱和脂肪酸。不含双键的脂肪酸称为饱和脂肪酸，是构成脂质的基本成分之一，所有动物油的主要脂肪酸都是饱和脂肪酸。一般较多见的饱和脂肪酸有辛酸、癸酸、月桂酸、豆蔻酸、软脂酸、硬脂酸、花生酸等。除饱和脂肪酸以外的脂肪酸就是不饱和脂肪酸。不饱和脂肪酸是构成人体内脂肪的一种脂肪酸，是人体必需的脂肪酸。不饱和脂肪酸根据双键个数的不同，分为单不饱和脂肪酸和多不饱和脂肪酸两种。食物脂肪中，单不饱和脂肪酸有油酸，多不饱和脂肪酸有亚油酸、亚麻酸、花生四烯酸等。人体不能合成亚油酸和亚麻酸，必须从膳食中补充。

脂肪酸不合格影响产品品质，对人类营养均衡有一定的影响。

（2）原因分析

脂肪酸不合格可能是部分企业为降低成本，采用花生、大豆或其他原料，部分替代或者全部替代核桃仁进行加工生产所致。

（3）监管建议

加强对食品的抽检力度；增加对生产企业的原料抽检频次；加强食品从业人员的食品卫生知识培训；加强对不合格生产企业和经营者的责任追溯和处罚力度；政府相关部门应加强食品生产厂家的资质审核；加强对消费者的宣传教育，增强公众法律意识，提醒消费者不要购买“三无产品”，畅通投诉渠道。

8. 谷氨酸钠、呈味核苷酸二钠

（1）化学结构式

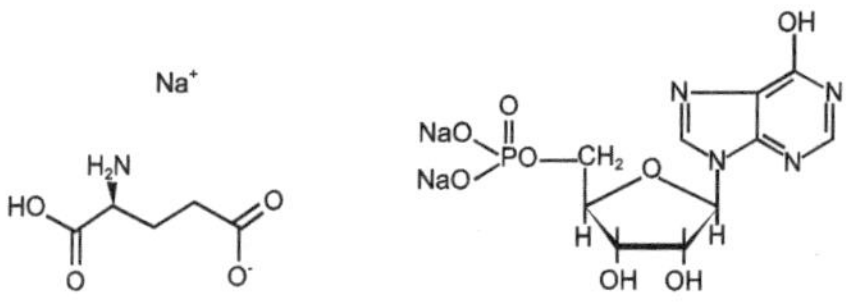

谷氨酸钠　　　　呈味核苷酸二钠

（2）风险描述

谷氨酸钠化学名为 α－氨基戊二酸一钠，具有强烈的肉类鲜味，作为味精的主要成分广泛用于家庭、饮食业、食品加工业（汤、香肠、鱼糕、辣酱油、罐头等食品加工）。过量摄入谷氨酸钠，可能会抑制人体中各种神经功能，从而导致眩晕、头痛、嗜睡、肌肉痉挛等一系列症状。鸡精除了含有味精外，还含有呈味核苷酸二钠等重要成分。过量摄入呈味核苷酸二钠，则常引起口干舌燥、头痛、恶心、发热等症状，还可能导致高血糖。因此，老年人及患有高血压、肾炎、水肿等疾病的患者应慎重食用。

（3）原因分析

谷氨酸钠和呈味核苷酸二钠不达标，表明产品鲜味不足，质量不过关。可能原因是部分企业生产工艺存在问题，或是对产品相关标准了解不够，生产添加时计量不准确。

（4）监管建议

加强对食品的抽检力度；增加对生产企业的原料抽检频次；加强食品从业人员的食品卫生知识培训；加强对不合格生产企业和经营者的责任追溯和处罚力度；政府相关部门应加强食品生产厂家的资质审核；加强对消费者的宣传教育，增强公众法律意识，提醒消费者不要购买“三无产品”，畅通投诉渠道。

9. 氨基酸态氮（以氮计）

（1）风险描述

氨基酸态氮指的是以氨基酸形式存在的氮元素的含量。氨基酸态氮是判定发酵产品（如酱油、料酒、酿造醋等）发酵程度的特性指标。该指标越高，说明产品中的氨基酸含量越高，营养越好。氨基酸态氮不合格，主要影响的是产品的风味。

（2）原因分析

氨基酸态氮含量不达标的原因：企业违规标注明示值；产品生产工艺不符合标准要求，未达到要求发酵的时间，或产品配方存在缺陷；产品本身等级较低，企业为增加销量违规标注高等级等；存在个别企业在生产过程中为降低成本而故意掺假的情况。

（3）监管建议

加强对食品的抽检力度；增加对生产企业的原料抽检频次；加强食品从业人员的食品卫生知识培训；加强对不合格生产企业和经营者的责任追溯和处罚力度；政府相关部门应加强食品生产厂家的资质审核；加强对消费者的宣传教育，增强公众法律意识，提醒消费者不要购买“三无产品”，畅通投诉渠道。

10. 挥发性盐基氮

（1）风险描述

挥发性盐基氮是动物性食品由于酶和细菌的作用，在腐败过程中，蛋白质分解而产生的氨以及胺类等碱性含氮物质。挥发性盐基氮与动物性食品腐败变质有关，是食品鲜度的主要指标，其含量越高，表明氨基酸被破坏的越多，特别是蛋氨酸和酪氨酸，食品营养价值越低。

（2）原因分析

挥发性盐基氮超标可能为食品运输时间过长、温度过高、保存不当所致。

（3）监管建议

加强对食品的抽检力度；增加对生产企业的原料抽检频次；加强食品从业人员的食品卫生知识培训；加强对不合格生产企业和经营者的责任追溯和处罚力度；政府相关部门应加强食品生产厂家的资质审核；加强对消费者的宣传教育，增强公众法律意识，提醒消费者不要购买“三无产品”，畅通投诉渠道。

11. 酒精度

（1）风险描述

酒精度又叫酒度，是白酒的一个理化指标，是指在20℃时，100mL白酒中含有乙醇（酒精）的毫升数，即体积（容量）百分数。白酒中酒精度不达标会影响白酒的品质。

（2）原因分析

白酒中酒精度不达标的原因：生产企业检验能力不足，造成检验结果偏差；包装不严密造成酒精挥发，导致酒精度降低以致不合格；企业为降低成本，用低度酒冒充高度酒。

（3）监管建议

加强对食品的抽检力度；增加对生产企业的原料抽检频次；加强食品从业人员的食品卫生知识培训；加强对不合格生产企业和经营者的责任追溯和处罚力度；政府相关部门应加强食品生产厂家的资质审核；加强对消费者的宣传教育，增强公众法律意识，提醒消费者不要购买“三无产品”，畅通投诉渠道。

12. 色值

（1）风险描述

色值是食糖的品质指标之一，是白砂糖、绵白糖、冰糖等质量等级划分的主要依据之一，它主要影响糖品的外观，是杂质多寡的一种反映，也是生产工艺水平的一种体现。色值越低，糖品质越高。

（2）原因分析

导致产品色值不达标的原因：可能与生产工艺水平有关，企业生产工艺水平不足、提纯度不够高、食糖的运输和储存条件不佳可能导致其色值升高。

（3）监管建议

加强对食品的抽检力度；增加对生产企业的原料抽检频次；加强食品从业人员的食品卫生知识培训；加强对不合格生产企业和经营者的责任追溯和处罚力度；政府相关部门应加强食品生产厂家的资质审核；加强对消费者的宣传教育，增强公众法律意识，提醒消费者不要购买“三无产品”，畅通投诉渠道。

13. 总糖

（1）风险描述

蜂王浆中总糖的含量是其产品等级和理化要求的一项重要检测指标。总糖不合格可能由于人为掺假，影响产品原本品质，达不到预期保健效果，影响人体均衡营养。

（2）原因分析

蜂王浆中总糖含量超标的原因：个别企业在生产过程中为降低成本而故意人为掺假。蜂王浆掺假会影响其品质。

（3）监管建议

加强对食品的抽检力度；增加对生产企业的原料抽检频次；加强食品从业人员的食品卫生知识培训；加强对不合格生产企业和经营者的责任追溯和处罚力度；政府相关部门应加强食品生产厂家的资质审核；加强对消费者的宣传教育，增强公众法律意识，提醒消费者不要购买“三无产品”，畅通投诉渠道。

14. 钙（Ca）

（1）风险描述

钙为营养素补充剂类保健食品的功效 / 标志性成分，是具有生理活性的物质，能够调节人体的机能。长期食用钙含量不达标的保健食品，可能对人体健康帮助不大，起不到保健功效。

（2）原因分析

钙含量不达标的原因：生产企业对原料质量把控和投料控制不严、生产工艺设计不合理、储存条件不达标等。

（3）监管建议

加强对食品的抽检力度；增加对生产企业的原料抽检频次；加强食品从业人员的食品卫生知识培训；加强对不合格生产企业和经营者的责任追溯和处罚力度；政府相关部门应加强食品生产厂家的资质审核；加强对消费者的宣传教育，增强公众法律意识，提醒消费者不要购买“三无产品”，畅通投诉渠道。

15. 钠（Na）

（1）风险描述

钠是人体必需的营养元素。长期食用钠含量不达标的食品，可能影响人体均衡营养。

（2）原因分析

钠含量不达标的原因：原辅料质量控制不严，包括食品营养强化剂不满足质量规格要求、食品原料本底含量不清等；生产加工环节控制不严，包括生产加工过程中搅拌不均匀、企业未按标签明示值或企业标准的要求进行添加。

（3）监管建议

加强对食品的抽检力度；增加对生产企业的原料抽检频次；加强食品从业人员的食品卫生知识培训；加强对不合格生产企业和经营者的责任追溯和处罚力度；政府相关部门应加强食品生产厂家的资质审核；加强对消费者的宣传教育，增强公众法律意识，提醒消费者不要购买“三无产品”，畅通投诉渠道。

16. 界限指标

（1）风险描述

界限指标是区别天然矿泉水与其他饮用水的主要品质指标。界限指标包括锂、锶、锌、碘化物、偏硅酸、硒、游离二氧化碳和溶解性总固体八个项目，饮用天然矿泉水产品应有一项（或一项以上）指标符合标准的规定要求。

（2）原因分析

天然矿泉水界限指标不达标的原因：水处理过度使元素损失；水源受环境、季节等因素影响而使界限指标含量波动。

（3）监管建议

加强对食品的抽检力度；增加对生产企业的原料抽检频次；加强食品从业人员的食品卫生知识培训；加强对不合格生产企业和经营者的责任追溯和处罚力度；政府相关部门应加强食品生产厂家的资质审核；加强对消费者的宣传教育，增强公众法律意识，提醒消费者不要购买“三无产品”，畅通投诉渠道。

17. 维生素 A

（1）化学结构式

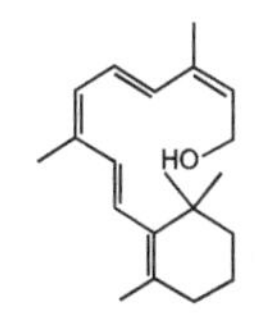

（2）风险描述

维生素 A 又称维生素甲、视黄醇等，为脂溶性维生素，可提高机体免疫功能，促进生长和骨的发育，是婴幼儿谷类辅助食品的基本营养成分。食用维生素不达标食品，可能达不到预期保健效果，影响人体营养均衡。

（3）原因分析

维生素 A 含量不达标的原因：由于受生产工艺条件的限制，食品在生产加工过程中损耗了大量的营养物质；企业未按标签明示值或企业标准的要求进行添加等。

（4）监管建议

加强对食品的抽检力度；增加对生产企业的原料抽检频次；加强食品从业人员的食品卫生知识培训；加强对不合格生产企业和经营者的责任追溯和处罚力

度；政府相关部门应加强食品生产厂家的资质审核；加强对消费者的宣传教育，增强公众法律意识，提醒消费者不要购买“三无产品”，畅通投诉渠道。

18. 叶酸

（1）化学结构式

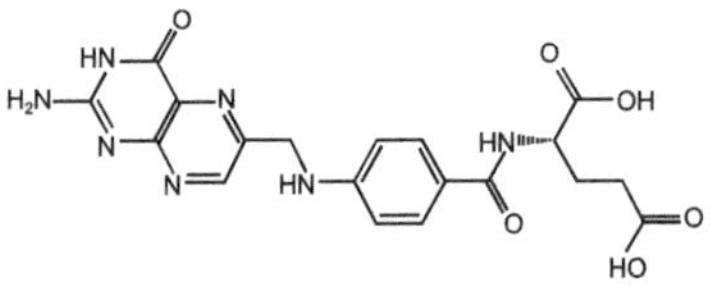

（2）风险描述

叶酸是一种水溶性维生素，属于婴幼儿谷类辅助食品中可选择添加的营养成分。叶酸缺乏可导致贫血。食用叶酸含量不达标的食品，可能达不到预期保健效果，影响人体均衡营养。

（3）原因分析

叶酸含量不达标的原因：原辅料用食品营养强化剂不满足质量规格要求；生产加工过程中搅拌不均匀；企业未按标签明示值或企业标准的要求进行添加等。

（4）监管建议

加强对食品的抽检力度；增加对生产企业的原料抽检频次；加强食品从业人员的食品卫生知识培训；加强对不合格生产企业和经营者的责任追溯和处罚力度；政府相关部门应加强食品生产厂家的资质审核；加强对消费者的宣传教育，增强公众法律意识，提醒消费者不要购买“三无产品”，畅通投诉渠道。

19. 核苷酸

（1）化学结构式

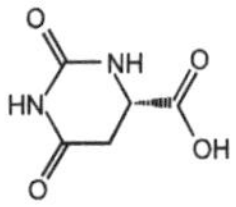

（2）风险描述

核苷酸是组成核酸大分子的基本结构单位，是代谢上极为重要的生命物质。作为 DNA 和 RNA 的前体以及分解产物，核苷酸几乎参与细胞代谢的所有过程。它对婴儿特别是新生儿的免疫调节功能有重要作用，还有助于提高记忆力，改善肠道菌群及促进脂质代谢等。食用核苷酸不达标的食品，可能达不到预期保健效果，影响人体营养均衡。

（3）原因分析

产品核苷酸含量不符合其相应的企业标准以及产品明示值。核苷酸含量偏低的原因：生产企业未充分考虑核苷酸的稳定性，产品配方添加量不足以满足储存、运输以及货架期过程的损耗；未严格按照生产配方生产；搅拌不均匀；核苷酸质量规格不达标等。

（4）监管建议

加强对食品的抽检力度；增加对生产企业的原料抽检频次；加强食品从业人员的食品卫生知识培训；加强对不合格生产企业和经营者的责任追溯和处罚力度；政府相关部门应加强食品生产厂家的资质审核；加强对消费者的宣传教育，增强公众法律意识，提醒消费者不要购买“三无产品”，畅通投诉渠道。

20. 腺苷、总皂苷

（1）风险描述

腺苷、总皂苷为保健食品中具有特定生理活性的物质，能够调节人体机能，具有特定的保健功能。食用腺苷、总皂苷不达标的保健食品，可能对人体健康帮助不大，但会起不到保健效果。

（2）原因分析

腺苷、总皂苷含量不符合要求的原因：生产企业使用劣质原料或对原料质量把关不严，或未按照配方标准投料生产，或生产工艺设计不合理导致有效成分流失或分解等。

（3）监管建议

加强对食品的抽检力度；增加对生产企业的原料抽检频次；加强食品从业人

员的食品卫生知识培训；加强对不合格生产企业和经营者的责任追溯和处罚力度；政府相关部门应加强食品生产厂家的资质审核；加强对消费者的宣传教育，增强公众法律意识，提醒消费者不要购买“三无产品”，畅通投诉渠道。

第三章　食品安全监管常用法规解读

食品安全抽检工作是食品安全监管的关键环节，是保障食品安全的有力武器，是重要的技术支撑手段，在打击违法犯罪、营造公平竞争市场环境、客观评价区域食品安全状况、促进产业健康发展等方面发挥着重要的作用。抽检工作高度复杂和严谨，必须全流程做到科学、公开、公平、公正。抽检过程中总会碰到的难题和困惑，需应用和参考很多的法律法规、国家标准等解答，现对较为常用的《食品安全法实施条例》、《食品安全抽样检验管理办法》两个法规文件进行解读。

一、《食品安全法实施条例》解读

（一）原文

中华人民共和国国务院令

第 721 号

《中华人民共和国食品安全法实施条例》已经 2019 年 3 月 26 日国务院第 42 次常务会议修订通过，现将修订后的《中华人民共和国食品安全法实施条例》公布，自 2019 年 12 月 1 日起施行。

总　理　李克强

2019 年 10 月 11 日

中华人民共和国食品安全法实施条例

（2009 年 7 月 20 日中华人民共和国国务院令第 557 号公布

根据 2016 年 2 月 6 日《国务院关于修改部分行政法规的决定》

修订　2019 年 3 月 26 日国务院第 42 次常务会议修订通过）

第一章　总则

第一条　根据《中华人民共和国食品安全法》（以下简称食品安全法），制定本条例。

第二条　食品生产经营者应当依照法律、法规和食品安全标准从事生产经营活动，建立健全食品安全管理制度，采取有效措施预防和控制食品安全风险，保证食品安全。

第三条　国务院食品安全委员会负责分析食品安全形势，研究部署、统筹指导食品安全工作，提出食品安全监督管理的重大政策措施，督促落实食品安全监督管理责任。县级以上地方人民政府食品安全委员会按照本级人民政府规定的职责开展工作。

第四条　县级以上人民政府建立统一权威的食品安全监督管理体制，加强食品安全监督管理能力建设。

县级以上人民政府食品安全监督管理部门和其他有关部门应当依法履行职责，加强协调配合，做好食品安全监督管理工作。

乡镇人民政府和街道办事处应当支持、协助县级人民政府食品安全监督管理部门及其派出机构依法开展食品安全监督管理工作。

第五条　国家将食品安全知识纳入国民素质教育内容，普及食品安全科学常识和法律知识，提高全社会的食品安全意识。

第二章　食品安全风险监测和评估

第六条　县级以上人民政府卫生行政部门会同同级食品安全监督管理等部门建立食品安全风险监测会商机制，汇总、分析风险监测数据，研判食品安全风险，形成食品安全风险监测分析报告，报本级人民政府；县级以上地方人民政府卫生行政部门还应当将食品安全风险监测分析报告同时报上一级人民政府卫生行政部门。食品安全风险监测会商的具体办法由国务院卫生行政部门会同国务院食品安全监督管理等部门制定。

第七条　食品安全风险监测结果表明存在食品安全隐患，食品安全监督管理等部门经进一步调查确认有必要通知相关食品生产经营者的，应当及时通知。

接到通知的食品生产经营者应当立即进行自查，发现食品不符合食品安全标准或者有证据证明可能危害人体健康的，应当依照食品安全法第六十三条的规定停止生产、经营，实施食品召回，并报告相关情况。

第八条　国务院卫生行政、食品安全监督管理等部门发现需要对农药、肥料、兽药、饲料和饲料添加剂等进行安全性评估的，应当向国务院农业行政部门提出安全性评估建议。国务院农业行政部门应当及时组织评估，并向国务院有关部门通报评估结果。

第九条　国务院食品安全监督管理部门和其他有关部门建立食品安全风险信息交流机制，明确食品安全风险信息交流的内容、程序和要求。

第三章　食品安全标准

第十条　国务院卫生行政部门会同国务院食品安全监督管理、农业行政等部门制定食品安全国家标准规划及其年度实施计划。国务院卫生行政部门应当在其网站上公布食品安全国家标准规划及其年度实施计划的草案，公开征求意见。

第十一条　省、自治区、直辖市人民政府卫生行政部门依照食品安全法第二十九条的规定制定食品安全地方标准，应当公开征求意见。省、自治区、直辖市人民政府卫生行政部门应当自食品安全地方标准公布之日起30个工作日内，将地方标准报国务院卫生行政部门备案。国务院卫生行政部门发现备案的食品安全地方标准违反法律、法规或者食品安全国家标准的，应当及时予以纠正。

食品安全地方标准依法废止的，省、自治区、直辖市人民政府卫生行政部门应当及时在其网站上公布废止情况。

第十二条　保健食品、特殊医学用途配方食品、婴幼儿配方食品等特殊食品不属于地方特色食品，不得对其制定食品安全地方标准。

第十三条　食品安全标准公布后，食品生产经营者可以在食品安全标准规定的实施日期之前实施并公开提前实施情况。

第十四条　食品生产企业不得制定低于食品安全国家标准或者地方标准要求的企业标准。食品生产企业制定食品安全指标严于食品安全国家标准或者地方标准的企业标准的，应当报省、自治区、直辖市人民政府卫生行政部门备案。

食品生产企业制定企业标准的，应当公开，供公众免费查阅。

第四章　食品生产经营

第十五条　食品生产经营许可的有效期为5年。

食品生产经营者的生产经营条件发生变化，不再符合食品生产经营要求的，食品生产经营者应当立即采取整改措施；需要重新办理许可手续的，应当依法办理。

第十六条　国务院卫生行政部门应当及时公布新的食品原料、食品添加剂新品种和食品相关产品新品种目录以及所适用的食品安全国家标准。

对按照传统既是食品又是中药材的物质目录，国务院卫生行政部门会同国务院食品安全监督管理部门应当及时更新。

第十七条　国务院食品安全监督管理部门会同国务院农业行政等有关部门明确食品安全全程追溯基本要求，指导食品生产经营者通过信息化手段建立、完善食品安全追溯体系。

食品安全监督管理等部门应当将婴幼儿配方食品等针对特定人群的食品以及其他食品安全风险较高或者销售量大的食品的追溯体系建设作为监督检查的重点。

第十八条　食品生产经营者应当建立食品安全追溯体系，依照食品安全法的规定如实记录并保存进货查验、出厂检验、食品销售等信息，保证食品可追溯。

第十九条　食品生产经营企业的主要负责人对本企业的食品安全工作全面负责，建立并落实本企业的食品安全责任制，加强供货者管理、进货查验和出厂检验、生产经营过程控制、食品安全自查等工作。食品生产经营企业的食品安全管理人员应当协助企业主要负责人做好食品安全管理工作。

第二十条　食品生产经营企业应当加强对食品安全管理人员的培训和考核。食品安全管理人员应当掌握与其岗位相适应的食品安全法律、法规、标准和专业知识，具备食品安全管理能力。食品安全监督管理部门应当对企业食品安全管理人员进行随机监督抽查考核。考核指南由国务院食品安全监督管理部门制定、公布。

第二十一条　食品、食品添加剂生产经营者委托生产食品、食品添加剂的，应当委托取得食品生产许可、食品添加剂生产许可的生产者生产，并对其生产行为进行监督，对委托生产的食品、食品添加剂的安全负责。受托方应当依照法律、法规、食品安全标准以及合同约定进行生产，对生产行为负责，并接受委托方的监督。

第二十二条　食品生产经营者不得在食品生产、加工场所贮存依照本条例第六十三条规定制定的名录中的物质。

第二十三条　对食品进行辐照加工，应当遵守食品安全国家标准，并按照食品安全国家标准的要求对辐照加工食品进行检验和标注。

第二十四条　贮存、运输对温度、湿度等有特殊要求的食品，应当具备保温、冷藏或者冷冻等设备设施，并保持有效运行。

第二十五条　食品生产经营者委托贮存、运输食品的，应当对受托方的食品安全保障能力进行审核，并监督受托方按照保证食品安全的要求贮存、运输食品。受托方应当保证食品贮存、运输条件符合食品安全的要求，加强食品贮存、运输过程管理。

接受食品生产经营者委托贮存、运输食品的，应当如实记录委托方和收货方的名称、地址、联系方式等内容。记录保存期限不得少于贮存、运输结束后2年。

非食品生产经营者从事对温度、湿度等有特殊要求的食品贮存业务的，应当自取得营业执照之日起30个工作日内向所在地县级人民政府食品安全监督管理部门备案。

第二十六条　餐饮服务提供者委托餐具饮具集中消毒服务单位提供清洗消毒服务的，应当查验、留存餐具饮具集中消毒服务单位的营业执照复印件和消毒合格证明。保存期限不得少于消毒餐具饮具使用期限到期后6个月。

第二十七条　餐具饮具集中消毒服务单位应当建立餐具饮具出厂检验记录制度，如实记录出厂餐具饮具的数量、消毒日期和批号、使用期限、出厂日期以及委托方名称、地址、联系方式等内容。出厂检验记录保存期限不得少于消毒餐具饮具使用期限到期后6个月。消毒后的餐具饮具应当在独立包装上标注单位名称、地址、联系方式、消毒日期和批号以及使用期限等内容。

第二十八条　学校、托幼机构、养老机构、建筑工地等集中用餐单位的食堂应当执行原料控制、餐具饮具清洗消毒、食品留样等制度，并依照食品安全法第四十七条的规定定期开展食堂食品安全自查。

承包经营集中用餐单位食堂的，应当依法取得食品经营许可，并对食堂的食品安全负责。集中用餐单位应当督促承包方落实食品安全管理制度，承担管理责任。

第二十九条　食品生产经营者应当对变质、超过保质期或者回收的食品进行显著标示或者单独存放在有明确标志的场所，及时采取无害化处理、销毁等措施并如实记录。

食品安全法所称回收食品，是指已经售出，因违反法律、法规、食品安全标准或者超过保质期等原因，被召回或者退回的食品，不包括依照食品安全法第六十三条第三款的规定可以继续销售的食品。

第三十条　县级以上地方人民政府根据需要建设必要的食品无害化处理和销毁设施。食品生产经营者可以按照规定使用政府建设的设施对食品进行无害化处理或者予以销毁。

第三十一条　食品集中交易市场的开办者、食品展销会的举办者应当在市场开业或者展销会举办前向所在地县级人民政府食品安全监督管理部门报告。

第三十二条　网络食品交易第三方平台提供者应当妥善保存入网食品经营者的登记信息和交易信息。县级以上人民政府食品安全监督管理部门开展食品安全监督检查、食品安全案件调查处理、食品安全事故处置确需了解有关信息的，经其负责人批准，可以要求网络食品交易第三方平台提供者提供，网络食品交易第三方平台提供者应当按照要求提供。县级以上人民政府食品安全监督管理部门及其工作人员对网络食品交易第三方平台提供者提供的信息依法负有保密义务。

第三十三条　生产经营转基因食品应当显著标示，标示办法由国务院食品安全监督管理部门会同国务院农业行政部门制定。

第三十四条　禁止利用包括会议、讲座、健康咨询在内的任何方式对食品进行虚假宣传。食品安全监督管理部门发现虚假宣传行为的，应当依法及时处理。

第三十五条　保健食品生产工艺有原料提取、纯化等前处理工序的，生产企业应当具备相应的原料前处理能力。

第三十六条　特殊医学用途配方食品生产企业应当按照食品安全国家标准规定的检验项目对出厂产品实施逐批检验。

特殊医学用途配方食品中的特定全营养配方食品应当通过医疗机构或者药品零售企业向消费者销售。医疗机构、药品零售企业销售特定全营养配方食品的，不需要取得食品经营许可，但是应当遵守食品安全法和本条例关于食品销售的规定。

第三十七条　特殊医学用途配方食品中的特定全营养配方食品广告按照处方药广告管理，其他类别的特殊医学用途配方食品广告按照非处方药广告管理。

第三十八条　对保健食品之外的其他食品，不得声称具有保健功能。

对添加食品安全国家标准规定的选择性添加物质的婴幼儿配方食品，不得以选择性添加物质命名。

第三十九条　特殊食品的标签、说明书内容应当与注册或者备案的标签、说明书一致。销售特殊食品，应当核对食品标签、说明书内容是否与注册或者备案的标签、说明书一致，不一致的不得销售。省级以上人民政府食品安全监督管理部门应当在其网站上公布注册或者备案的特殊食品的标签、说明书。

特殊食品不得与普通食品或者药品混放销售。

第五章　食品检验

第四十条　对食品进行抽样检验，应当按照食品安全标准、注册或者备案的特殊食品的产品技术要求以及国家有关规定确定的检验项目和检验方法进行。

第四十一条　对可能掺杂掺假的食品，按照现有食品安全标准规定的检验项目和检验方法以及依照食品安全法第一百一十一条和本条例第六十三条规定制定的检验项目和检验方法无法检验的，国务院食品安全监督管理部门可以制定补充检验项目和检验方法，用于对食品的抽样检验、食品安全案件调查处理和食品安全事故处置。

第四十二条　依照食品安全法第八十八条的规定申请复检的，申请人应当向复检机构先行支付复检费用。复检结论表明食品不合格的，复检费用由复检申请人承担；复检结论表明食品合格的，复检费用由实施抽样检验的食品安全监督管理部门承担。

复检机构无正当理由不得拒绝承担复检任务。

第四十三条　任何单位和个人不得发布未依法取得资质认定的食品检验机构出具的食品检验信息，不得利用上述检验信息对食品、食品生产经营者进行等级评定，欺骗、误导消费者。

第六章　食品进出口

第四十四条　进口商进口食品、食品添加剂，应当按照规定向出入境检验检疫机构报检，如实申报产品相关信息，并随附法律、行政法规规定的合格证明材料。

第四十五条　进口食品运达口岸后，应当存放在出入境检验检疫机构指定或者认可的场所；需要移动的，应当按照出入境检验检疫机构的要求采取必要的安全防护措施。大宗散装进口食品应当在卸货口岸进行检验。

第四十六条　国家出入境检验检疫部门根据风险管理需要，可以对部分食品实行指定口岸进口。

第四十七条　国务院卫生行政部门依照食品安全法第九十三条的规定对境外出口商、境外生产企业或者其委托的进口商提交的相关国家（地区）标准或者国际标准进行审查，认为符合食品安全要求的，决定暂予适用并予以公布；暂予适用的标准公布前，不得进口尚无食品安全国家标准的食品。

食品安全国家标准中通用标准已经涵盖的食品不属于食品安全法第九十三条规定的尚无食品安全国家标准的食品。

第四十八条　进口商应当建立境外出口商、境外生产企业审核制度，重点审核境外出口商、境外生产企业制定和执行食品安全风险控制措施的情况以及向我国出口的食品是否符合食品安全法、本条例和其他有关法律、行政法规的规定以及食品安全国家标准的要求。

第四十九条　进口商依照食品安全法第九十四条第三款的规定召回进口食品的，应当将食品召回和处理情况向所在地县级人民政府食品安全监督管理部门和所在地出入境检验检疫机构报告。

第五十条　国家出入境检验检疫部门发现已经注册的境外食品生产企业不再符合注册要求的，应当责令其在规定期限内整改，整改期间暂停进口其生产的食品；经整改仍不符合注册要求的，国家出入境检验检疫部门应当撤销境外食品生产企业注册并公告。

第五十一条　对通过我国良好生产规范、危害分析与关键控制点体系认证的境外生产企业，认证机构应当依法实施跟踪调查。对不再符合认证要求的企业，认证机构应当依法撤销认证并向社会公布。

第五十二条　境外发生的食品安全事件可能对我国境内造成影响，或者在进口食品、食品添加剂、食品相关产品中发现严重食品安全问题的，国家出入境检验检疫部门应当及时进行风险预警，并可以对相关的食品、食品添加剂、食品相关产品采取下列控制措施：

（一）退货或者销毁处理；

（二）有条件地限制进口；

（三）暂停或者禁止进口。

第五十三条　出口食品、食品添加剂的生产企业应当保证其出口食品、食品添加剂符合进口国家（地区）的标准或者合同要求；我国缔结或者参加的国际条约、协定有要求的，还应当符合国际条约、协定的要求。

第七章　食品安全事故处置

第五十四条　食品安全事故按照国家食品安全事故应急预案实行分级管理。县级以上人民政府食品安全监督管理部门会同同级有关部门负责食品安全事故调查处理。

县级以上人民政府应当根据实际情况及时修改、完善食品安全事故应急预案。

第五十五条　县级以上人民政府应当完善食品安全事故应急管理机制，改善应急装备，做好应急物资储备和应急队伍建设，加强应急培训、演练。

第五十六条　发生食品安全事故的单位应当对导致或者可能导致食品安全事故的食品及原料、工具、设备、设施等，立即采取封存等控制措施。

第五十七条　县级以上人民政府食品安全监督管理部门接到食品安全事故报告后，应当立即会同同级卫生行政、农业行政等部门依照食品安全法第一百零五条的规定进行调查处理。食品安全监督管理部门应当对事故单位封存的食品及原料、工具、设备、设施等予以保护，需要封存而事故单位尚未封存的应当直接封存或者责令事故单位立即封存，并通知疾病预防控制机构对与事故有关的因素开展流行病学调查。

疾病预防控制机构应当在调查结束后向同级食品安全监督管理、卫生行政部门同时提交流行病学调查报告。

任何单位和个人不得拒绝、阻挠疾病预防控制机构开展流行病学调查。有关部门应当对疾病预防控制机构开展流行病学调查予以协助。

第五十八条　国务院食品安全监督管理部门会同国务院卫生行政、农业行政等部门定期对全国食品安全事故情况进行分析，完善食品安全监督管理措施，预防和减少事故的发生。

第八章　监督管理

第五十九条　设区的市级以上人民政府食品安全监督管理部门根据监督管理工作需要，可以对由下级人民政府食品安全监督管理部门负责日常监督管理的食品生产经营者实施随机监督检查，也可以组织下级人民政府食品安全监督管理部门对食品生产经营者实施异地监督检查。

设区的市级以上人民政府食品安全监督管理部门认为必要的，可以直接调查处理下级人民政府食品安全监督管理部门管辖的食品安全违法案件，也可以指定其他下级人民政府食品安全监督管理部门调查处理。

第六十条　国家建立食品安全检查员制度，依托现有资源加强职业化检查员队伍建设，强化考核培训，提高检查员专业化水平。

第六十一条　县级以上人民政府食品安全监督管理部门依照食品安全法第一百一十条的规定实施查封、扣押措施，查封、扣押的期限不得超过30日；情况复杂的，经实施查封、扣押措施的食品安全监督管理部门负责人批准，可以延长，延长期限不得超过45日。

第六十二条　网络食品交易第三方平台多次出现入网食品经营者违法经营或者入网食品经营者的违法经营行为造成严重后果的，县级以上人民政府食品安全监督管理部门可以对网络食品交易第三方平台提供者的法定代表人或者主要负责人进行责任约谈。

第六十三条　国务院食品安全监督管理部门会同国务院卫生行政等部门根据食源性疾病信息、食品安全风险监测信息和监督管理信息等，对发现的添加或者可能添加到食品中的非食品用化学物质和其他可能危害人体健康的物质，制定名录及检测方法并予以公布。

第六十四条　县级以上地方人民政府卫生行政部门应当对餐具饮具集中消毒服务单位进行监督检查，发现不符合法律、法规、国家相关标准以及相关卫生规范等要求的，应当及时调查处理。监督检查的结果应当向社会公布。

第六十五条　国家实行食品安全违法行为举报奖励制度，对查证属实的举报，给予举报人奖励。举报人举报所在企业食品安全重大违法犯罪行为的，应当加大奖励力度。有关部门应当对举报人的信息予以保密，保护举报人的合法权益。食品安全违法行为举报奖励办法由国务院食品安全监督管理部门会同国务院财政等有关部门制定。

食品安全违法行为举报奖励资金纳入各级人民政府预算。

第六十六条　国务院食品安全监督管理部门应当会同国务院有关部门建立守信联合激励和失信联合惩戒机制，结合食品生产经营者信用档案，建立严重违法生产经营者黑名单制度，将食品安全信用状况与准入、融资、信贷、征信等相衔接，及时向社会公布。

第九章　法律责任

第六十七条　有下列情形之一的，属于食品安全法第一百二十三条至第一百二十六条、第一百三十二条以及本条例第七十二条、第七十三条规定的情节严重情形：

（一）违法行为涉及的产品货值金额2万元以上或者违法行为持续时间3个月以上；

（二）造成食源性疾病并出现死亡病例，或者造成30人以上食源性疾病但未出现死亡病例；

（三）故意提供虚假信息或者隐瞒真实情况；

（四）拒绝、逃避监督检查；

（五）因违反食品安全法律、法规受到行政处罚后1年内又实施同一性质的食品安全违法行为，或者因违反食品安全法律、法规受到刑事处罚后又实施食品安全违法行为；

（六）其他情节严重的情形。

对情节严重的违法行为处以罚款时，应当依法从重从严。

第六十八条　有下列情形之一的，依照食品安全法第一百二十五条第一款、本条例第七十五条的规定给予处罚：

（一）在食品生产、加工场所贮存依照本条例第六十三条规定制定的名录中的物质；

（二）生产经营的保健食品之外的食品的标签、说明书声称具有保健功能；

（三）以食品安全国家标准规定的选择性添加物质命名婴幼儿配方食品；

（四）生产经营的特殊食品的标签、说明书内容与注册或者备案的标签、说明书不一致。

第六十九条　有下列情形之一的，依照食品安全法第一百二十六条第一款、本条例第七十五条的规定给予处罚：

（一）接受食品生产经营者委托贮存、运输食品，未按照规定记录保存信息；

（二）餐饮服务提供者未查验、留存餐具饮具集中消毒服务单位的营业执照复印件和消毒合格证明；

（三）食品生产经营者未按照规定对变质、超过保质期或者回收的食品进行标示或者存放，或者未及时对上述食品采取无害化处理、销毁等措施并如实记录；

（四）医疗机构和药品零售企业之外的单位或者个人向消费者销售特殊医学用途配方食品中的特定全营养配方食品；

（五）将特殊食品与普通食品或者药品混放销售。

第七十条　除食品安全法第一百二十五条第一款、第一百二十六条规定的情形外，食品生产经营者的生产经营行为不符合食品安全法第三十三条第一款第五项、第七项至第十项的规定，或者不符合有关食品生产经营过程要求的食品安全国家标准的，依照食品安全法第一百二十六条第一款、本条例第七十五条的规定给予处罚。

第七十一条　餐具饮具集中消毒服务单位未按照规定建立并遵守出厂检验记录制度的，由县级以上人民政府卫生行政部门依照食品安全法第一百二十六条第一款、本条例第七十五条的规定给予处罚。

第七十二条　从事对温度、湿度等有特殊要求的食品贮存业务的非食品生产经营者，食品集中交易市场的开办者、食品展销会的举办者，未按照规定备案或者报告的，由县级以上人民政府食品安全监督管理部门责令改正，给予警告；拒不改正的，处1万元以上5万元以下罚款；情节严重的，责令停产停业，并处5万元以上20万元以下罚款。

第七十三条　利用会议、讲座、健康咨询等方式对食品进行虚假宣传的，由县级以上人民政府食品安全监督管理部门责令消除影响，有违法所得的，没收违法所得；情节严重的，依照食品安全法第一百四十条第五款的规定进行处罚；属于单位违法的，还应当依照本条例第七十五条的规定对单位的法定代表人、主要负责人、直接负责的主管人员和其他直接责任人员给予处罚。

第七十四条　食品生产经营者生产经营的食品符合食品安全标准但不符合食品所标注的企业标准规定的食品安全指标的，由县级以上人民政府食品安全监督管理部门给予警告，并责令食品经营者停止经营该食品，责令食品生产企业改正；拒不停止经营或者改正的，没收不符合企业标准规定的食品安全指标的食品，货值金额不足1万元的，并处1万元以上5万元以下罚款，货值金额1万元以上的，并处货值金额5倍以上10倍以下罚款。

第七十五条　食品生产经营企业等单位有食品安全法规定的违法情形，除依照食品安全法的规定给予处罚外，有下列情形之一的，对单位的法定代表人、主要负责人、直接负责的主管人员和其他直接责任人员处以其上一年度从本单位取得收入的1倍以上10倍以下罚款：

（一）故意实施违法行为；

（二）违法行为性质恶劣；

（三）违法行为造成严重后果。

属于食品安全法第一百二十五条第二款规定情形的，不适用前款规定。

第七十六条　食品生产经营者依照食品安全法第六十三条第一款、第二款的规定停止生产、经营，实施食品召回，或者采取其他有效措施减轻或者消除食品安全风险，未造成危害后果的，可以从轻或者减轻处罚。

第七十七条　县级以上地方人民政府食品安全监督管理等部门对有食品安全法第一百二十三条规定的违法情形且情节严重，可能需要行政拘留的，应当及时将案件及有关材料移送同级公安机关。公安机关认为需要补充材料的，食品安全监督管理等部门应当及时提供。公安机关经审查认为不符合行政拘留条件的，应当及时将案件及有关材料退回移送的食品安全监督管理等部门。

第七十八条 公安机关对发现的食品安全违法行为，经审查没有犯罪事实或者立案侦查后认为不需要追究刑事责任，但依法应当予以行政拘留的，应当及时作出行政拘留的处罚决定；不需要予以行政拘留但依法应当追究其他行政责任的，应当及时将案件及有关材料移送同级食品安全监督管理等部门。

第七十九条 复检机构无正当理由拒绝承担复检任务的，由县级以上人民政府食品安全监督管理部门给予警告，无正当理由1年内2次拒绝承担复检任务的，由国务院有关部门撤销其复检机构资质并向社会公布。

第八十条 发布未依法取得资质认定的食品检验机构出具的食品检验信息，或者利用上述检验信息对食品、食品生产经营者进行等级评定，欺骗、误导消费者的，由县级以上人民政府食品安全监督管理部门责令改正，有违法所得的，没收违法所得，并处10万元以上50万元以下罚款；拒不改正的，处50万元以上100万元以下罚款；构成违反治安管理行为的，由公安机关依法给予治安管理处罚。

第八十一条 食品安全监督管理部门依照食品安全法、本条例对违法单位或者个人处以30万元以上罚款的，由设区的市级以上人民政府食品安全监督管理部门决定。罚款具体处罚权限由国务院食品安全监督管理部门规定。

第八十二条 阻碍食品安全监督管理等部门工作人员依法执行职务，构成违反治安管理行为的，由公安机关依法给予治安管理处罚。

第八十三条 县级以上人民政府食品安全监督管理等部门发现单位或者个人违反食品安全法第一百二十条第一款规定，编造、散布虚假食品安全信息，涉嫌构成违反治安管理行为的，应当将相关情况通报同级公安机关。

第八十四条 县级以上人民政府食品安全监督管理部门及其工作人员违法向他人提供网络食品交易第三方平台提供者提供的信息的，依照食品安全法第一百四十五条的规定给予处分。

第八十五条 违反本条例规定，构成犯罪的，依法追究刑事责任。

第十章　附则

第八十六条　本条例自2019年12月1日起施行。

（二）解析

党中央、国务院高度重视食品安全。2015 年新修订的《食品安全法》的实施，有力地推动了我国食品安全整体水平的提升。经过多年的努力，当前食品安全态势稳中向好，但依然严峻。《食品安全实施条例》是《食品安全法》的配套行政法规，为使《食品安全法》在执行层面更为具体化和程序化。《食品安全实施条例》的修订和实施，为食品的安全生产和高质量发展，以及食品安全水平的提升提供了坚实的制度保障。

新修订的《食品安全实施条例》，共 10 章 86 条。较 2016 年 2 月实施的《食品安全法实施条例》增加了 22 条。总体思路：①细化并严格落实新《食品安全法》，进一步增强制度的可操作性；②坚持问题导向，针对新《食品安全法》实施以来依然存在的问题，完善相关制度措施；③重点细化过程管理、处罚规定等内容，夯实企业责任，加大违法成本，震慑违法行为。详细解析如下：

第四条对监管职责进行了延伸，明确了乡镇人民政府和街道办事处应当支持、协助依法开展食品安全监督管理工作。

第五条首次将食品安全知识纳入国民素质教育体系。

第六条至第九条进一步强化了食品安全风险监测结果的应用和指导意义。风险监测工作是一项以预防为主的专业技术措施。监测结果表明存在食品安全隐患的，通知并要求相关食品生产经营者立即自查，如发现问题应要按法律规定采取措施，停止生产、经营，实施食品召回，并报告情况。可以最大限度地防范食品安全事故的发生，是制度性优化的一大进步。

第十二条明确规定，特殊食品不属于地方特色食品，不得对其制定食品安全地方标准。这一规定对强化保健食品、特殊医学用途配方食品、婴幼儿配方食品等特殊食品的统一、规范管理，防止地方保护主义和不正当竞争具有重要作用。

第十三条明确了食品安全标准公布后可以提前实施，解决了一直以来的困惑。

第十四条规定食品生产企业制定的企业标准应当公开，供公众免费查阅。重申了企业标准的备案范围：食品生产企业制定食品安全指标严于食品安全国家标准或者地方标准的企业标准。标准要公开透明，才能更有利于接受各方面的监督，提高食品安全水平。

第十五条将食品生产经营许可的有效期由原来的 3 年改为 5 年。减轻了企业负担，有利于实施相对稳定的动态监管。

第十六条，第十七条、第十八条细化了法律规定，明确了追溯体系的基本要求和追溯体系建设。从制度和机制层面更进一步规范食品生产经营行为。

第十九条至第三十九条对学校、托幼机构、养老机构、建筑工地等集中用餐食堂及网络交易第三方平台提供者等重点关注的单位和转基因食品、辐照食品、特殊食品、保健食品、特殊医学用途配方食品、婴幼儿配方食品、回收食品等重点关注的食品，做出更为明确细致的规定，进一步明确了生产经营者的主体责任和义务，对生产、流通、餐饮、运输、存贮等各个环节的食品安全提出规定性要求，使相应的制度和机制更加完善。

第四十条至第四十三条明确，对食品抽样检验必须按照相关标准技术要求以及检验方法进行，强化了食品检验的制度建设。对于特殊情况（如可能掺杂掺假的食品）的抽样检验、案件调查、事故处理等，可由国务院食品安全监督管理部门制定相应检验项目和方法。检验方法的规定，对于确保检验数据的精准性、一致性、科学性具有重要价值。另外，强调出具食品检验信息的机构必须依法取得资质认定，否则检验结果无效，并要受到相应处罚。检验机构的公信力、检验报告的科学性、准确性和权威性，在某种程度上是食品安全的生命线。

第四十四条至第五十三条进一步完善进出口食品监管制度，明确了进出口食品安全是我国食品安全整体状况的重要内容。进一步细化流程，明确主体责任，更具操作性。特别要求进口商要建立境外出口商、境外生产企业审核制度，重点审查其执行相关法规、标准、质量安全保障及食品安全风险防控措施等情况，履行主体责任。对通过相关认证的境外企业，认证机构要持续跟踪调查，发现问题及时处置。另外，强调出入境检验检疫部门要严格执行风险预警制度，发现严重食品安全问题，应当及时发出警报，做出退货、销毁、限制进口、暂停或禁止进口的决定。在经济全球化不断深化之际，以口岸检验为核心的进出口食品监管，既要同国内市场监管有效衔接，又要同国际惯例一致，仍需深入研究。

第五十九条进一步完善食品安全的监管制度，体现了监管下沉，强化设区市级政府的监督责任；在监督检查权、行政执法权等方面，明确规定了上级监管部门对下级监管部门管理的食品生产经营者具有随机检查权、组织异地检查权，对下级管辖的案件有直接查处权和指定管辖查处权，其目的是打破地方保护，提高效率和监管水平。

第六十条首次明确建立食品安全检查员制度。加强职业化、专业化食品安全检查员队伍建设，加强培训教育，提高监管能力，充实人力资源，是保障食品安全的必要条件。

第六十五条提到，对食品安全违法行为实行举报奖励制度时，特别强调企业内部人举报本单位违法犯罪行为的，加大奖励力度，对举报人给予合法保护。这对遏制企业食品安全违法犯罪将会起到重要作用。

第六十六条首次提出建立守信联合激励和失信联合惩戒机制，建立信用档案，建立黑名单制度，这是一种探索性地尝试。

第六十七条至第八十五条进一步明确细化了相关法律责任；细化、补充、增设了相应罚责，使法规更具操作性、执行性和权威性；细化了食品安全行政监管部门同公安司法机关的协作、衔接和相互配合的规定。

二、《食品安全抽样检验管理办法》解读

（一）原文

国家市场监督管理总局令

第15号

《食品安全抽样检验管理办法》已于2019年7月30日经国家市场监督管理总局2019年第11次局务会议审议通过，现予公布，自2019年10月1日起施行。

局长 肖亚庆

2019年8月8日

食品安全抽样检验管理办法

（2019 年 8 月 8 日国家市场监督管理总局令第 15 号公布）

第一章　总　则

第一条　为规范食品安全抽样检验工作，加强食品安全监督管理，保障公众身体健康和生命安全，根据《中华人民共和国食品安全法》等法律法规，制定本办法。

第二条　市场监督管理部门组织实施的食品安全监督抽检和风险监测的抽样检验工作，适用本办法。

第三条　国家市场监督管理总局负责组织开展全国性食品安全抽样检验工作，监督指导地方市场监督管理部门组织实施食品安全抽样检验工作。

县级以上地方市场监督管理部门负责组织开展本级食品安全抽样检验工作，并按照规定实施上级市场监督管理部门组织的食品安全抽样检验工作。

第四条　市场监督管理部门应当按照科学、公开、公平、公正的原则，以发现和查处食品安全问题为导向，依法对食品生产经营活动全过程组织开展食品安全抽样检验工作。

食品生产经营者是食品安全第一责任人，应当依法配合市场监督管理部门组织实施的食品安全抽样检验工作。

第五条　市场监督管理部门应当与承担食品安全抽样、检验任务的技术机构（以下简称承检机构）签订委托协议，明确双方权利和义务。

承检机构应当依照有关法律、法规规定取得资质认定后方可从事检验活动。承检机构进行检验，应当尊重科学，恪守职业道德，保证出具的检验数据和结论客观、公正，不得出具虚假检验报告。

市场监督管理部门应当对承检机构的抽样检验工作进行监督检查，发现存在检验能力缺陷或者有重大检验质量问题等情形的，应当按照有关规定及时处理。

第六条　国家市场监督管理总局建立国家食品安全抽样检验信息系统，定期分析食品安全抽样检验数据，加强食品安全风险预警，完善并督促落实相关监督管理制度。

县级以上地方市场监督管理部门应当按照规定通过国家食品安全抽样检验信息系统，

及时报送并汇总分析食品安全抽样检验数据。

第七条　国家市场监督管理总局负责组织制定食品安全抽样检验指导规范。

开展食品安全抽样检验工作应当遵守食品安全抽样检验指导规范。

第二章　计　划

第八条　国家市场监督管理总局根据食品安全监管工作的需要，制定全国性食品安全抽样检验年度计划。

县级以上地方市场监督管理部门应当根据上级市场监督管理部门制定的抽样检验年度计划并结合实际情况，制定本行政区域的食品安全抽样检验工作方案。

市场监督管理部门可以根据工作需要不定期开展食品安全抽样检验工作。

第九条　食品安全抽样检验工作计划和工作方案应当包括下列内容：

（一）抽样检验的食品品种；

（二）抽样环节、抽样方法、抽样数量等抽样工作要求；

（三）检验项目、检验方法、判定依据等检验工作要求；

（四）抽检结果及汇总分析的报送方式和时限；

（五）法律、法规、规章和食品安全标准规定的其他内容。

第十条　下列食品应当作为食品安全抽样检验工作计划的重点：

（一）风险程度高以及污染水平呈上升趋势的食品；

（二）流通范围广、消费量大、消费者投诉举报多的食品；

（三）风险监测、监督检查、专项整治、案件稽查、事故调查、应急处置等工作表明存在较大隐患的食品；

（四）专供婴幼儿和其他特定人群的主辅食品；

（五）学校和托幼机构食堂以及旅游景区餐饮服务单位、中央厨房、集体用餐配送单位经营的食品；

（六）有关部门公布的可能违法添加非食用物质的食品；

（七）已在境外造成健康危害并有证据表明可能在国内产生危害的食品；

（八）其他应当作为抽样检验工作重点的食品。

第三章　抽　样

第十一条　市场监督管理部门可以自行抽样或者委托承检机构抽样。食品安全抽样工作应当遵守随机选取抽样对象、随机确定抽样人员的要求。

县级以上地方市场监督管理部门应当按照上级市场监督管理部门的要求，配合做好食品安全抽样工作。

第十二条　食品安全抽样检验应当支付样品费用。

第十三条　抽样单位应当建立食品抽样管理制度，明确岗位职责、抽样流程和工作纪律，加强对抽样人员的培训和指导，保证抽样工作质量。

抽样人员应当熟悉食品安全法律、法规、规章和食品安全标准等的相关规定。

第十四条　抽样人员执行现场抽样任务时不得少于2人，并向被抽样食品生产经营者出示抽样检验告知书及有效身份证明文件。由承检机构执行抽样任务的，还应当出示任务委托书。

案件稽查、事故调查中的食品安全抽样活动，应当由食品安全行政执法人员进行或者陪同。

承担食品安全抽样检验任务的抽样单位和相关人员不得提前通知被抽样食品生产经营者。

第十五条　抽样人员现场抽样时，应当记录被抽样食品生产经营者的营业执照、许可证等可追溯信息。

抽样人员可以从食品经营者的经营场所、仓库以及食品生产者的成品库待销产品中随机抽取样品，不得由食品生产经营者自行提供样品。

抽样数量原则上应当满足检验和复检的要求。

第十六条　风险监测、案件稽查、事故调查、应急处置中的抽样，不受抽样数量、抽样地点、被抽样单位是否具备合法资质等限制。

第十七条　食品安全监督抽检中的样品分为检验样品和复检备份样品。

现场抽样的，抽样人员应当采取有效的防拆封措施，对检验样品和复检备份样品分别封样，并由抽样人员和被抽样食品生产经营者签字或者盖章确认。

抽样人员应当保存购物票据，并对抽样场所、贮存环境、样品信息等通过拍照或者录像等方式留存证据。

第十八条　市场监督管理部门开展网络食品安全抽样检验时，应当记录买样人员以及付款账户、注册账号、收货地址、联系方式等信息。买样人员应当通过截图、拍照或者录像等方式记录被抽样网络食品生产经营者信息、样品网页展示信息，以及订单信息、支付记录等。

抽样人员收到样品后，应当通过拍照或者录像等方式记录拆封过程，对递送包装、样品包装、样品储运条件等进行查验，并对检验样品和复检备份样品分别封样。

第十九条　抽样人员应当使用规范的抽样文书，详细记录抽样信息。记录保存期限不得少于2年。

现场抽样时，抽样人员应当书面告知被抽样食品生产经营者依法享有的权利和应当承担的义务。被抽样食品生产经营者应当在食品安全抽样文书上签字或者盖章，不得拒绝或者阻挠食品安全抽样工作。

第二十条　现场抽样时，样品、抽样文书以及相关资料应当由抽样人员于5个工作日内携带或者寄送至承检机构，不得由被抽样食品生产经营者自行送样和寄送文书。因客观原因需要延长送样期限的，应当经组织抽样检验的市场监督管理部门同意。

对有特殊贮存和运输要求的样品，抽样人员应当采取相应措施，保证样品贮存、运输过程符合国家相关规定和包装标示的要求，不发生影响检验结论的变化。

第二十一条　抽样人员发现食品生产经营者涉嫌违法、生产经营的食品及原料没有合法来源或者无正当理由拒绝接受食品安全抽样的，应当报告有管辖权的市场监督管理部门进行处理。

第四章　检验与结果报送

第二十二条　食品安全抽样检验的样品由承检机构保存。

承检机构接收样品时，应当查验、记录样品的外观、状态、封条有无破损以及其他可能对检验结论产生影响的情况，并核对样品与抽样文书信息，将检验样品和复检备份样品分别加贴相应标识后，按照要求入库存放。

对抽样不规范的样品，承检机构应当拒绝接收并书面说明理由，及时向组织或者实施食品安全抽样检验的市场监督管理部门报告。

第二十三条　食品安全监督抽检应当采用食品安全标准规定的检验项目和检验方法。没有食品安全标准的，应当采用依照法律法规制定的临时限量值、临时检验方法或者补充检验方法。

风险监测、案件稽查、事故调查、应急处置等工作中，在没有前款规定的检验方法的情况下，可以采用其他检验方法分析查找食品安全问题的原因。所采用的方法应当遵循技术手段先进的原则，并取得国家或者省级市场监督管理部门同意。

第二十四条　食品安全抽样检验实行承检机构与检验人负责制。承检机构出具的食品安全检验报告应当加盖机构公章，并有检验人的签名或者盖章。承检机构和检验人对出具的食品安全检验报告负责。

承检机构应当自收到样品之日起20个工作日内出具检验报告。市场监督管理部门与承检机构另有约定的，从其约定。

未经组织实施抽样检验任务的市场监督管理部门同意，承检机构不得分包或者转包检验任务。

第二十五条　食品安全监督抽检的检验结论合格的，承检机构应当自检验结论作出之日起3个月内妥善保存复检备份样品。复检备份样品剩余保质期不足3个月的，应当保存至保质期结束。

检验结论不合格的，承检机构应当自检验结论作出之日起6个月内妥善保存复检备份样品。复检备份样品剩余保质期不足6个月的，应当保存至保质期结束。

第二十六条　食品安全监督抽检的检验结论合格的，承检机构应当在检验结论作出后7个工作日内将检验结论报送组织或者委托实施抽样检验的市场监督管理部门。

抽样检验结论不合格的，承检机构应当在检验结论作出后2个工作日内报告组织或者委托实施抽样检验的市场监督管理部门。

第二十七条　国家市场监督管理总局组织的食品安全监督抽检的检验结论不合格的，承检机构除按照相关要求报告外，还应当通过食品安全抽样检验信息系统及时通报抽样地以及标称的食品生产者住所地市场监督管理部门。

地方市场监督管理部门组织或者实施食品安全监督抽检的检验结论不合格的，抽样地与标称食品生产者住所地不在同一省级行政区域的，抽样地市场监督管理部门应当在收到不合格检验结论后通过食品安全抽样检验信息系统及时通报标称的食品生产者住所地同级市场监督管理部门。同一省级行政区域内不合格检验结论的通报按照抽检地省级市场监督管理部门规定的程序和时限通报。

通过网络食品交易第三方平台抽样的，除按照前两款的规定通报外，还应当同时通报网络食品交易第三方平台提供者住所地市场监督管理部门。

第二十八条　食品安全监督抽检的抽样检验结论表明不合格食品可能对身体健康和生命安全造成严重危害的，市场监督管理部门和承检机构应当按照规定立即报告或者通报。

案件稽查、事故调查、应急处置中的检验结论的通报和报告，不受本办法规定时限限制。

第二十九条　县级以上地方市场监督管理部门收到监督抽检不合格检验结论后，应当按照省级以上市场监督管理部门的规定，在5个工作日内将检验报告和抽样检验结果通知书送达被抽样食品生产经营者、食品集中交易市场开办者、网络食品交易第三方平台提供者，并告知其依法享有的权利和应当承担的义务。

第五章　复检和异议

第三十条　食品生产经营者对依照本办法规定实施的监督抽检检验结论有异议的，可以自收到检验结论之日起7个工作日内，向实施监督抽检的市场监督管理部门或者其上一级市场监督管理部门提出书面复检申请。向国家市场监督管理总局提出复检申请的，国家市场监督管理总局可以委托复检申请人住所地省级市场监督管理部门负责办理。逾期未提出的，不予受理。

第三十一条　有下列情形之一的，不予复检：

（一）检验结论为微生物指标不合格的；

（二）复检备份样品超过保质期的；

（三）逾期提出复检申请的；

（四）其他原因导致备份样品无法实现复检目的的；

（五）法律、法规、规章以及食品安全标准规定的不予复检的其他情形。

第三十二条　市场监督管理部门应当自收到复检申请材料之日起5个工作日内，出具受理或者不予受理通知书。不予受理的，应当书面说明理由。

市场监督管理部门应当自出具受理通知书之日起5个工作日内，在公布的复检机构名录中，遵循便捷高效原则，随机确定复检机构进行复检。复检机构不得与初检机构为同一机构。因客观原因不能及时确定复检机构的，可以延长5个工作日，并向申请人说明理由。

复检机构无正当理由不得拒绝复检任务，确实无法承担复检任务的，应当在2个工作日内向相关市场监督管理部门作出书面说明。

复检机构与复检申请人存在日常检验业务委托等利害关系的，不得接受复检申请。

第三十三条 初检机构应当自复检机构确定后3个工作日内，将备份样品移交至复检机构。因客观原因不能按时移交的，经受理复检的市场监督管理部门同意，可以延长3个工作日。复检样品的递送方式由初检机构和申请人协商确定。

复检机构接到备份样品后，应当通过拍照或者录像等方式对备份样品外包装、封条等完整性进行确认，并做好样品接收记录。复检备份样品封条、包装破坏，或者出现其他对结果判定产生影响的情况，复检机构应当及时书面报告市场监督管理部门。

第三十四条 复检机构实施复检，应当使用与初检机构一致的检验方法。实施复检时，食品安全标准对检验方法有新的规定的，从其规定。

初检机构可以派员观察复检机构的复检实施过程，复检机构应当予以配合。初检机构不得干扰复检工作。

第三十五条 复检机构应当自收到备份样品之日起10个工作日内，向市场监督管理部门提交复检结论。市场监督管理部门与复检机构对时限另有约定的，从其约定。复检机构出具的复检结论为最终检验结论。

市场监督管理部门应当自收到复检结论之日起5个工作日内，将复检结论通知申请人，并通报不合格食品生产经营者住所地市场监督管理部门。

第三十六条 复检申请人应当向复检机构先行支付复检费用。复检结论与初检结论一致的，复检费用由复检申请人承担。复检结论与初检结论不一致的，复检费用由实施监督抽检的市场监督管理部门承担。

复检费用包括检验费用和样品递送产生的相关费用。

第三十七条 在食品安全监督抽检工作中，食品生产经营者可以对其生产经营食品的抽样过程、样品真实性、检验方法、标准适用等事项依法提出异议处理申请。

对抽样过程有异议的，申请人应当在抽样完成后7个工作日内，向实施监督抽检的市场监督管理部门提出书面申请，并提交相关证明材料。

对样品真实性、检验方法、标准适用等事项有异议的，申请人应当自收到不合格结论通知之日起7个工作日内，向组织实施监督抽检的市场监督管理部门提出书面申请，并提交相关证明材料。

向国家市场监督管理总局提出异议申请的，国家市场监督管理总局可以委托申请人住所地省级市场监督管理部门负责办理。

第三十八条 异议申请材料不符合要求或者证明材料不齐全的，市场监督管理部门应当当场或者在5个工作日内一次告知申请人需要补正的全部内容。

市场监督管理部门应当自收到申请材料之日起5个工作日内，出具受理或者不予受理通知书。不予受理的，应当书面说明理由。

第三十九条　异议审核需要其他市场监督管理部门协助的，相关市场监督管理部门应当积极配合。

对抽样过程有异议的，市场监督管理部门应当自受理之日起20个工作日内，完成异议审核，并将审核结论书面告知申请人。

对样品真实性、检验方法、标准适用等事项有异议的，市场监督管理部门应当自受理之日起30个工作日内，完成异议审核，并将审核结论书面告知申请人。需商请有关部门明确检验以及判定依据相关要求的，所需时间不计算在内。

市场监督管理部门应当根据异议核查实际情况依法进行处理，并及时将异议处理申请受理情况及审核结论，通报不合格食品生产经营者住所地市场监督管理部门。

第六章　核查处置及信息发布

第四十条　食品生产经营者收到监督抽检不合格检验结论后，应当立即采取封存不合格食品，暂停生产、经营不合格食品，通知相关生产经营者和消费者，召回已上市销售的不合格食品等风险控制措施，排查不合格原因并进行整改，及时向住所地市场监督管理部门报告处理情况，积极配合市场监督管理部门的调查处理，不得拒绝、逃避。

在复检和异议期间，食品生产经营者不得停止履行前款规定的义务。食品生产经营者未主动履行的，市场监督管理部门应当责令其履行。

在国家利益、公共利益需要时，或者为处置重大食品安全突发事件，经省级以上市场监督管理部门同意，可以由省级以上市场监督管理部门组织调查分析或者再次抽样检验，查明不合格原因。

第四十一条　食品安全风险监测结果表明存在食品安全隐患的，省级以上市场监督管理部门应当组织相关领域专家进一步调查和分析研判，确认有必要通知相关食品生产经营者的，应当及时通知。

接到通知的食品生产经营者应当立即进行自查，发现食品不符合食品安全标准或者有证据证明可能危害人体健康的，应当依照食品安全法第六十三条的规定停止生产、经营，实施食品召回，并报告相关情况。

食品生产经营者未主动履行前款规定义务的，市场监督管理部门应当责令其履行，并可以对食品生产经营者的法定代表人或者主要负责人进行责任约谈。

第四十二条　食品经营者收到监督抽检不合格检验结论后，应当按照国家市场监督管理总局的规定在被抽检经营场所显著位置公示相关不合格产品信息。

第四十三条　市场监督管理部门收到监督抽检不合格检验结论后，应当及时启动核查处置工作，督促食品生产经营者履行法定义务,依法开展调查处理。必要时，上级市场监督管理部门可以直接组织调查处理。

县级以上地方市场监督管理部门组织的监督抽检，检验结论表明不合格食品含有违法添加的非食用物质，或者存在致病性微生物、农药残留、兽药残留、生物毒素、重金属以及其他危害人体健康的物质严重超出标准限量等情形的，应当依法及时处理并逐级报告至国家市场监督管理总局。

第四十四条　调查中发现涉及其他部门职责的，应当将有关信息通报相关职能部门。有委托生产情形的，受托方食品生产者住所地市场监督管理部门在开展核查处置的同时，还应当通报委托方食品生产经营者住所地市场监督管理部门。

第四十五条　市场监督管理部门应当在90日内完成不合格食品的核查处置工作。需要延长办理期限的，应当书面报请负责核查处置的市场监督管理部门负责人批准。

第四十六条　市场监督管理部门应当通过政府网站等媒体及时向社会公开监督抽检结果和不合格食品核查处置的相关信息，并按照要求将相关信息记入食品生产经营者信用档案。市场监督管理部门公布食品安全监督抽检不合格信息，包括被抽检食品名称、规格、商标、生产日期或者批号、不合格项目，标称的生产者名称、地址，以及被抽样单位名称、地址等。

可能对公共利益产生重大影响的食品安全监督抽检信息，市场监督管理部门应当在信息公布前加强分析研判，科学、准确公布信息，必要时，应当通报相关部门并报告同级人民政府或者上级市场监督管理部门。

任何单位和个人不得擅自发布、泄露市场监督管理部门组织的食品安全监督抽检信息。

第七章　法律责任

第四十七条　食品生产经营者违反本办法的规定，无正当理由拒绝、阻挠或者干涉食品安全抽样检验、风险监测和调查处理的，由县级以上人民政府市场监督管理部门依照食品安全法第一百三十三条第一款的规定处罚；违反治安管理处罚法有关规定的，由市场监督管理部门依法移交公安机关处理。

食品生产经营者违反本办法第三十七条的规定，提供虚假证明材料的，由市场监督管理部门给予警告，并处1万元以上3万元以下罚款。

违反本办法第四十二条的规定，食品经营者未按规定公示相关不合格产品信息的，由市场监督管理部门责令改正；拒不改正的，给予警告，并处2000元以上3万元以下罚款。

第四十八条　违反本办法第四十条、第四十一条的规定，经市场监督管理部门责令履行后，食品生产经营者仍拒不召回或者停止经营的，由县级以上人民政府市场监督管理部门依照食品安全法第一百二十四条第一款的规定处罚。

第四十九条　市场监督管理部门应当依法将食品生产经营者受到的行政处罚等信息归集至国家企业信用信息公示系统，记于食品生产经营者名下并向社会公示。对存在严重违法失信行为的，按照规定实施联合惩戒。

第五十条　有下列情形之一的，市场监督管理部门应当按照有关规定依法处理并向社会公布；构成犯罪的，依法移送司法机关处理。

（一）调换样品、伪造检验数据或者出具虚假检验报告的；

（二）利用抽样检验工作之便牟取不正当利益的；

（三）违反规定事先通知被抽检食品生产经营者的；

（四）擅自发布食品安全抽样检验信息的；

（五）未按照规定的时限和程序报告不合格检验结论，造成严重后果的；

（六）有其他违法行为的。

有前款规定的第（一）项情形的，市场监督管理部门终身不得委托其承担抽样检验任务；有前款规定的第（一）项以外其他情形的，市场监督管理部门五年内不得委托其承担抽样检验任务。

复检机构有第一款规定的情形，或者无正当理由拒绝承担复检任务的，由县级以上人民政府市场监督管理部门给予警告；无正当理由1年内2次拒绝承担复检任务的，由国务院市场监督管理部门商有关部门撤销其复检机构资质并向社会公布。

第五十一条　市场监督管理部门及其工作人员有违反法律、法规以及本办法规定和有关纪律要求的，应当依据食品安全法和相关规定，对直接负责的主管人员和其他直接责任人员，给予相应的处分；构成犯罪的，依法移送司法机关处理。

第八章　附　则

第五十二条　本办法所称监督抽检是指市场监督管理部门按照法定程序和食品安全标准等规定，以排查风险为目的，对食品组织的抽样、检验、复检、处理等活动。

本办法所称风险监测是指市场监督管理部门对没有食品安全标准的风险因素，开展监测、分析、处理的活动。

第五十三条　市场监督管理部门可以参照本办法的有关规定组织开展评价性抽检。

评价性抽检是指依据法定程序和食品安全标准等规定开展抽样检验，对市场上食品总体安全状况进行评估的活动。

第五十四条　食品添加剂的检验，适用本办法有关食品检验的规定。

餐饮食品、食用农产品进入食品生产经营环节的抽样检验以及保质期短的食品、节令性食品的抽样检验，参照本办法执行。

市场监督管理部门可以参照本办法关于网络食品安全监督抽检的规定对自动售卖机、无人超市等没有实际经营人员的食品经营者组织实施抽样检验。

第五十五条　承检机构制作的电子检验报告与出具的书面检验报告具有同等法律效力。

第五十六条　本办法自2019年10月1日起施行。

（二）解析

为贯彻党中央、国务院决策部署，落实《关于深化改革加强食品安全工作的意见》和《地方党政领导干部食品安全责任制规定》要求，进一步规范食品安全抽样检验工作，加强食品安全监督管理，保障公众身体健康和生命安全，国家市场监督管理总局对 2014 年 12 月国家食品药品监督管理总局制定的《食品安全抽样检验管理办法》（国家食品药品监督管理总局令第 11 号）进行了修订。2019 年 7 月 30 日，国家市场监督管理总局第 1 次局务会议审议通过《食品安全抽样检验管理办法》（国家市场监督管理总局令第 15 号）。

修订的内容主要体现在以下几方面：①明确了食品抽样检验工作计划的重点；②细化了食品抽样检验程序的具体要求；③完善了食品复检、异议程序的具体规定；④强化了核查处置措施和法律责任。详细解析如下：

第二条明确了本办法适用的部门和任务类型。

第三条明确了职责分工，总局组织开展并监督指导地方抽样检验工作，省、市、县按规定实施上级组织的抽样检验工作。

第四条明确了抽样检验工作的原则，以发现和查处问题为导向，实现全过程覆盖。

第五条明确了承检机构从事抽样检验活动的资格和要求，市场监督管理部门对其进行监督检查，严格按照签订的协议执行。

第六条明确了建立并使用国家食品安全抽样检验信息系统，便于食品安全风险预警。

第九条、第十条明确了食品安全抽样检验工作计划和工作方案的内容及重点。

第十一条对抽样工作提出随机概念，应随机选取抽样对象、随机确定抽样人员。

第十二条强调抽样检验应当支付样品费用。

第十三条、第十四条、第十五条、第十七条、第十九条、第二十条对抽样单位、抽样人员相关的制度、培训、抽样过程、样品封存、抽样文书、样品贮存、运输过程、接样时间等提出明确要求。

第十六条明确指出，风险监测、案件稽查、事故调查、应急处置中的抽样，不受抽样数量、抽样地点、被抽样单位是否具备合法资质等限制。

第十八条明确了网络抽检的具体要求。

第二十一条明确抽样人员的报告义务和内容范围。

第二十二条明确承检机构保存食品安全抽样检验的样品，并对样品进行核实、登记，必要时可拒收。

第二十三条明确了抽检应采用规定的检验项目和检验方法，应当遵循技术手段先进的原则。

第二十四条明确了承检机构和检验人对出具的检验报告负责，规定了出具报告的时间及允许分包的具体要求。

第二十五条明确了样品保存的周期要求。

第二十六条明确了检验结论报送的时间节点要求。

第二十七条、第二十八条明确了检验结论不合格的通报要求。

第二十九条规定了监管部门收到监督抽检不合格检验结论后通知的时限要求。

第三十条、第三十一条明确了提出复检申请的时间要求及不予复检的情形。

第三十二条明确了复检是否受理的回复及复检机构确认的时限要求。

第三十三条、第三十四条、第三十五条、第三十六条明确了复检样的移交、接收、复检方法、复检结论出具、复检费用支付等具体要求。

第三十七条明确了食品生产经验者对抽样过程及检验结论提出异议的时限要求。

第三十八条明确了异议申请材料受理或者不予受理出具的时限要求。

第三十九条明确了监管部门完成异议审核的时限要求。

第四十条、第四十二条明确食品生产经营者收到监督抽检不合格检验结论后，应采取的措施。

第四十一条明确了监管部门和食品生产经营者对存在食品安全隐患风险监测结果应采取的措施。

第四十三条至第四十六条明确了核查处置工作的开展、时限要求、抽检信息公示等。

第四十七条至第四十九条明确食品生产经营者违反本办法的规定时应承担的法律责任。

第五十条明确承检机构出现违法行为时应承担的法律责任。

第五十一条明确监管部门出现违法行为时应承担的法律责。

第五十二条、第五十三条明确监督抽检、风险监测、评价性抽检的定义。

第五十四条明确食品添加剂、餐饮食品、食用农产品等的抽检可参照本办法执行。

第五十五条明确承检机构制作的电子检验报告与出具的书面检验报告具有同等法律效力。

第四章 食品安全抽样风险

一、抽样流程

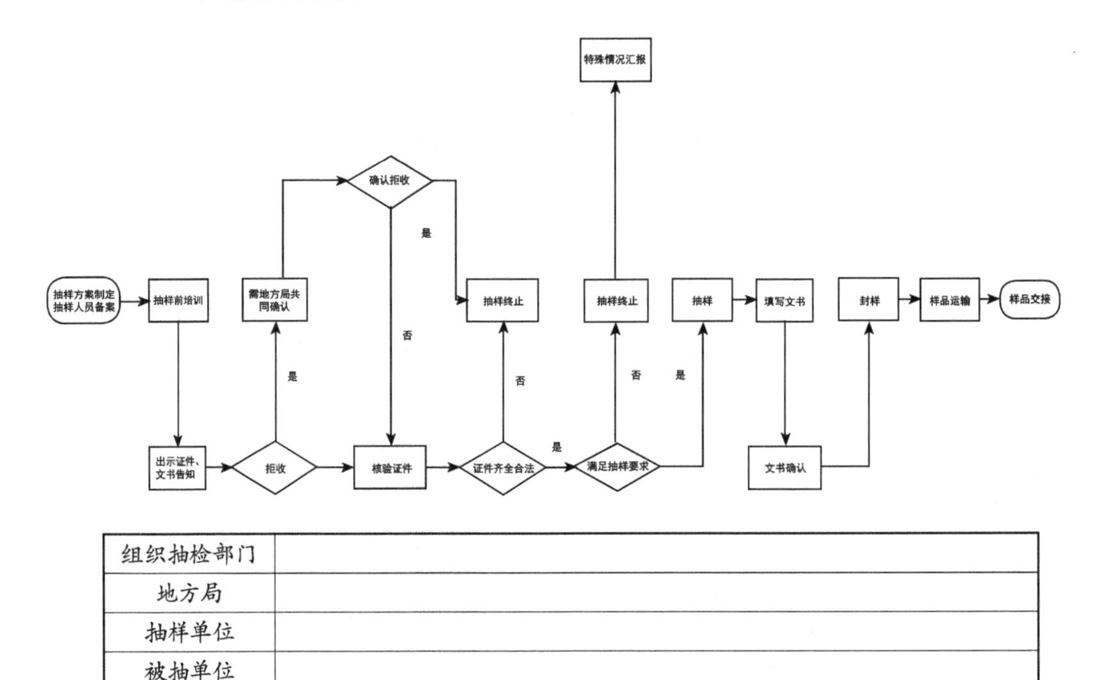

组织抽检部门	
地方局	
抽样单位	
被抽单位	

二、抽样过程注意事项

（一）抽样方案制定、抽样人员的确定

1.过程要求

（1）抽样方案包括抽样地区、抽样环节、抽样人员分组、抽样时间节点，以及食品品种及数量的分配等内容；必要时还应包括被抽样单位信息、样品贮运、路线规划、联系方式等内容。

（2）地方承担的抽检监测开展抽样工作前，各抽样单位应确定抽样人员名单。抽检监测工作实施抽检分离，抽样人员与检验人员不得为同一人。抽样人员应经考核合格后，持证上岗。应根据任务的量合理安排抽样人员，一组不少于2人，抽样人员应选择政治素质过硬，廉洁自律，身体健康，具有一定专业知识，沟通能力和应变能力较强的人员。

2.过程风险

（1）抽样实施之前未制定抽样方案。

（2）抽样方案制定不合理。

（3）抽样过程未严格按照方案执行，造成偏离。

（4）抽样人员能力无法满足此次任务需求。

（5）抽样时未考虑抽检分离，导致抽样人员与检验人员为同一人。

（二）抽样前培训、物资准备

1.过程要求

（1）抽样单位应对抽样人员进行培训，培训内容包括《中华人民共和国食品安全法》《食品安全抽样检验管理办法》《国家食品安全监督抽检实施细则》等相关法律法规、产品知识、抽样文书填写、抽样方法以及其他相关内容，并做好相关培训记录。

（2）抽样人员在抽样前应先准备好相关工作证件、抽样文书、采样所需工具文具、贮运工具、购样资金等必要的物资。

2.过程风险

（1）未对抽样人员进行相关的法律法规及专业知识的培训或培训内容缺乏针对性。

（2）培训后，未及时做好相关的培训记录。

（3）物资的准备工作不充分，造成后期抽样工作无法进行。

（三）抽样对象的确定

1.过程要求

应根据监测任务要求随机选择被抽样单位，抽样工作不得预先通知被抽检监测食品生产经营者。

2.过程风险

（1）未随机选择被抽样单位。

（2）抽样前预先通知被抽检监测食品生产经营者。

（四）出示证件，讲明来意，告知权益，查验证照，核对资质

1.过程要求

（1）抽样人员不得少于2名，抽样时应向被抽样单位出示《国家食品安全抽样检验告知书》《国家食品安全抽样检验任务委托书》和抽样人员有效身份证件，告知被抽样单位阅读文书背面的《被抽样单位须知》，并向被抽样单位告知抽检监测性质、抽检监测食品范围等相关信息。

（2）抽样时，抽样人员应当核对被抽样单位的营业执照、许可证等资质证明文件。如有发现被抽样单位无证经营或超范围经营，应停止抽样并上报对应市场监督管理局。

2.过程风险

（1）未向被抽样单位出示相关文书或者证件，讲明来意。

（2）未主动向被抽样单位告知其权利和义务。

（3）未核对被抽样单位的营业执照、许可证等资质证明文件。

（五）依据实施细则及相关产品抽样方法抽取样品

1.过程要求

抽样人员应当根据实施细则及相关产品抽样方法的要求从食品生产者的成品库待销产品中或者从食品经营者仓库和用于经营的食品中随机抽取样品。至少有2名抽样人员同时现场抽取，不得由被抽样单位自行提供。抽样量要同时满足实施细则中对重量和独立包装数的要求。

2.过程风险

（1）未从食品生产者的成品库待销产品中或者从食品经营者仓库和用于经营的食品中抽取样品。

（2）未做到随机抽取样品。

（3）未做到 2 名抽样人员同时现场抽取样品。

（4）由被抽样单位自行提供样品。

（5）抽样量未同时满足实施细则中对重量和独立包装数的要求。

（六）过程记录，留存证据

1.过程要求

抽样人员可通过拍照或录像等方式对被抽样品状态、食品库存及其他可能影响抽检监测结果的情形进行现场信息采集。

2.过程风险

（1）未对被抽样品状态、食品库存及其他可能影响抽检监测结果的情形进行现场信息采集。

（2）现场信息采集不完整，影响结果判定。

（七）做好标记，共同封样

1.过程要求

样品一经抽取，抽样人员应在现场以妥善的方式进行封样，并贴上盖有抽样单位公章的《国家食品安全抽样检验封条》，以防止样品被擅自拆封、动用及调换。封条上应由被抽样单位和抽样人员双方签字或盖章确认，注明抽样日期。所抽样品分为检验样品和复检备份样品，复检备份样品应单独封样，交由承检机构保存。

2.过程风险

（1）未在抽样现场，当着被抽样单位面进行封样。

（2）未以妥善的方式进行封样，如水产品封样，未用胶带再次封缠。

（3）由他人代签、捺印。

（4）所抽样品未分成检验样品和复检备份样品两份。

（5）复检备份样品未保存在承检机构。

（八）填写文书，签字确认

1.过程要求

抽样人员应当使用规定的《国家食品安全抽样检验抽样单》，详细完整记录抽样信息。抽样文书应当字迹工整、清楚，容易辨认，不得随意更改。如需要更改信息应当由被抽样单位签字或盖章确认。

2.过程风险

（1）抽样文书的填写字迹潦草、模糊，不易辨认。

（2）抽样人员随意更改抽样单，未让被抽样单位签字或盖章确认。

（九）付费买样，索取票证

1.过程要求

抽样人员应向被抽样单位支付样品购置费并索取发票（或相关购物凭证）及所购样品明细，可现场支付费用，或先出具《国家食品安全抽样检验样品购置费用告知书》随后支付费用。

2.过程风险

（1）抽样人员未向被抽样单位支付样品购置费用。

（2）未向被抽样单位索取发票（或相关购物凭证）及所购样品明细。

（3）无法现场支付费用的，未开具具《国家食品安全抽样检验样品购置费用告知书》。

（十）妥当运输，完整移交

1.过程要求

（1）现场抽样时，样品、抽样文书以及相关资料应当由抽样人员于5个工作日内携带或者寄送至承检机构，不得由被抽样食品生产经营者自行送样和寄送文书。因客观原因需要延长送样期限的，应当经组织抽样检验的市场监督管理部门同意。

（2）对于易碎品、冷藏、冷冻或其他有特殊贮运条件要求的食品样品，抽样人员应当采取适当措施，保证样品运输过程符合标准或样品标示要求的运输条件。

2.过程风险

（1）未经组织抽样检验的市场监督管理部门同意，样品、抽样文书以及相关资料超出 5 个工作日内携带或者寄送至承检机构。

（2）由被抽样食品生产经营者自行送样和寄送文书。

（3）对保质期短的食品未及时送至承检机构。

（4）样品运输过程，未采取适当措施保证样品运输过程符合标准或样品标示要求的运输条件。

三、问题案例分析

案例1：某检验机构在抽检过程中，将在同一超市抽检的两款分别由不同企业生产的酱卤肉类产品的产品名称写反。经检验，其中一款产品某项目不合格。相关企业在收到检验报告后，提出异议，声称该企业并无生产报告中涉及的产品。后经核实，检验机构发现错误，并将情况汇报给本次抽检组织方并申请撤回不合格报告。

问题分析　抽样人员将酱卤肉类产品的产品名称写错。

不符合规范　该行为不符合《食品安全监督抽检和风险监测工作规范》“136 抽样单填写”中相关规定：抽样单上样品名称应按照食品标示信息填写。若无食品标示的，可根据被抽样单位提供的食品名称填写，需在备注栏中注明“样品名称由被抽样单位提供”，并由被抽样单位签字确认。若标注的食品名称无法反映其真实属性，或使用俗名、简称时，应同时注明食品的标称名称（标准名称或真实属性名称），如“稻花香（大米）”。

案例2：某国内前十大型食用油生产企业的棕榈油被某县抽检发现棕榈酸项目不合格，该企业获知信息后，立即开展调查，在确定抽检样品确为其产品后，便申请复检，复检结果仍不合格。因该企业十分重视产品质量，且其棕榈油产品质量未出现过质量问题，故企业找到S机构帮助排查原因。通过对复检留存样品的分析，怀疑问题出在抽样过程，抽样人员在分装过程中未按照分装要求抽样，导致样品不均匀，从而使得棕榈酸项目不合格。后通过验证，复核现场抽样情况，确认抽样人员分装过程中未按照要求抽样。最终，该县撤销了上述不合格报告。

问题分析　抽样人员在分装过程中未按照分装要求抽样。

不符合规范　未按《动植物油脂扦样》（GB/T 5524—2008）中的相关规定进行扦样。

案例3：某地市场监督管理局委托食品第三方检测机构对当地一家生产牛肉干的大型企业进行监督抽检。现场抽样时，发现该品种样品数量不满足抽样量。刚好样品旁边有一些该品种“试制”样品，当地市场监管人员要求对其进行抽检，抽样员立即向其言明应不予抽样，并告知不予抽样的原因。该市场监管人员依然坚持抽样，后经检测，发现该批次牛肉干样品铅参数不合格，该地市场监督管理局对该企业进行了处罚。该企业提出异议，称抽样人员抽样不规范，抽取的样品为试制样品，最终导致不合格报告被撤销。

问题分析　虽说抽样人员在现场及时向陪同的市场监管人员建议不予抽样，但由于对监管人员的绝对盲从，导致最终不合格报告被撤销。

不符合规范　该行为不符合《食品安全监督抽检和风险监测工作规范》中“1.3.4 不予抽样的情形”。抽样时，抽样人员应当核对被抽样单位的营业执照、许可证等资质证明文件。遇有下列情况之一且能提供有效证明的，不予抽样：①食品标签、包装、说明书标有“试制”或者“样品”等字样的；②有充分证据证明拟抽检监测的食品为被抽样单位全部用于出口的；③食品已经由食品生产经营者自行停止经营并单独存放、明确标注进行封存待处置的；④超过保质期或已腐败变质的；⑤被抽样单位存有食品明显不符合有关法律法规和部门规章要求的；⑥法律、法规和规章规定的其他情形。

案例4：2015年9月30日，江苏省高邮市市场监督管理局收到湖北省食品药品监督管理局送达的关于百仓储恩施购物广场有限公司咸丰购物广场销售的生产单位标称为高邮市新文游面粉有限公司、生产日期（批号）为“2015-7-11”的面粉的不合格报告，不合格项目为铝残留量。高邮市市监局随即向高邮市新文游面粉有限公司进行了告知。随后新文游面粉公司会同高邮市局前往湖北省咸丰县开展了实地调查。经查，他们发现，抽样人员现场抽样不规范，程序违法。

问题分析 1　国家食品安全抽样检验抽样单上食品规格型号和抽样基数两个项目被随意更改（检验抽样单一式五联）。抽样单首联上规格型号“散装称重”被更改为“25kg/ 袋”，抽样基数“100 斤”被更改为“2 袋”。咸丰县食药监局抽样人员和咸丰购物广场手中的抽样单上规格型号仍为“散装称重”，抽样基数还是“100 斤”。而新文游面粉公司收到的抽样单又与咸丰县食药监局抽样人员和咸丰购物广场手中的抽样单不同，有更改的痕迹。

不符合规范 1　该行为不符合《食品安全监督抽检和风险监测工作规范》“1.3.6 抽样单填写”中相关规定：详细完整记录抽样信息。抽样文书应当字迹工整、清楚，容易辨认，不得随意更改。如需要更改信息应当由被抽样单位签字或盖章确认。

问题分析 2　现场抽样人员未按规定要求咸丰购物广场提供所抽检面粉的面粉包装袋和带有生产日期的生产合格证，更没有对现场拍照以确认样品生产厂家和生产批号。

不符合规范 2　该行为不符合《食品安全监督抽检和风险监测工作规范》“1.3.7 现场信息采集”中相关规定。抽样人员可通过拍照或录像等方式对被抽样品状态、食品库存及其他可能影响抽检监测结果的情形进行现场信息采集。不符合《食品安全抽样检验管理办法》第十七条相关内容：抽样人员应当保存购物票据，并对抽样场所、贮存环境、样品信息等通过拍照或者录像等方式留存证据。

案例5：某抽样单位对一餐厅进行鲜面条样品的抽检，由于样品量不够，现场与被抽样单位沟通，抽样人员同意餐厅负责人再去购买一些作为样品的提议（在同一个供应商那里取货）。后检测出该鲜面条样品铅参数不合格，该餐厅负责人提出了异议，称抽样人员抽样不规范，要求其临时购买样品，最终导致不合格报告被撤销。

问题分析　抽样人员现场提出让被抽样单位去购买样品。

不符合规范　该行为不符合《食品安全抽样检验管理办法》（国家市场监督管理总局令第 15 号）第十五条抽样人员可以从食品经营者的经营场所、仓库以及食品生产者的成品库待销产品中随机抽取样品，不得由食品生产经营者自行提供样品。

案例6：某检验机构执行生产环节的抽样工作，要对某生产企业进行抽样。到达该企业后，抽样人员要求到产品库进行抽样。该企业负责人表现非常热情，一直以各种方式拖延随时间，二十多分钟后在抽样人员再三要求下才领抽样人员到成品库。到成品库发现已经没有产品。该负责人声称近期未有生产，因为没有样品抽样人员只好让对方填写了未生产情况说明，无法对其进行抽样。后经调查发现该企业当天将产品转移，并不是不生产。

问题分析　该企业阻挠抽样工作。

不符合规范　该企业行为不符合《食品安全抽样检验管理办法》第四条中以下内容：食品生产经营者是食品安全第一责任人，应当依法配合市场监督管理部门组织实施的食品安全抽样检验工作。不符合第十九条中以下内容：现场抽样时，抽样人员应当书面告知被抽样食品生产经营者依法享有的权利和应当承担的义务。被抽样食品生产经营者应当在食品安全抽样文书上签字或者盖章，不得拒绝或者阻挠食品安全抽样工作。

案例7：某检验机构在某生产企业抽样时，由于现场无法开具发票，企业表示样品货值不高，无偿提供。抽样人员便未支付购样费用，且在抽样单中单价一栏写0元，并备注抽检样品由企业无偿提供。后经检验该样品不合格。执法人员在进行后处理时，企业声称抽检的样品为试制样品，无价值，故在抽检时无偿提供，未收取费用。根据监督抽检工作规范的规定，抽检不得抽取试制品，故主张检验报告无效。

问题分析1　抽样人员未支付购样费用。

不符合规范1　该行为不符合《食品安全抽样检验管理办法》第十二条，食品安全抽样检验应当支付样品费用。不符合《中华人民共和国食品安全法》第八十七条，进行抽样检验，应当购买抽取的样品，委托符合本法规定的食品检验机构进行检验，并支付相关费用；不得向食品生产经营者收取检验费和其他费用。不符合《食品安全监督抽检和风险监测工作规范》“1.3.8 样品的获取方式”中相关规定：抽样人员应向被抽样单位支付样品购置费并索取发票（或相关购物凭证）及所购样品明细，可现场支付费用或先出具《国家食品安全抽样检验样品购置费用告知书》随后支付费用。

问题分析 2 抽样人员抽取了试制样品。

不符合规范 2 该行为不符合《食品安全监督抽检和风险监测工作规范》“1.3.4 不予抽样的情形”。抽样时，抽样人员应当核对被抽样单位的营业执照、许可证等资质证明文件。遇有下列情况之一且能提供有效证明的，不予抽样：①食品标签、包装、说明书标有“试制”或者“样品”等字样的；②有充分证据证明拟抽检监测的食品为被抽样单位全部用于出口的；③食品已经由食品生产经营者自行停止经营并单独存放、明确标注进行封存待处置的；④超过保质期或已腐败变质的；⑤被抽样单位存有食品明显不符合有关法律法规和部门规章要求的；⑥法律、法规和规章规定的其他情形。

案例8：某检验机构在超市抽取冷冻饮品，因车载冰箱较难移动，故将其留在车辆中，并带到抽样现场。在完成现场抽样程序后，抽样人员考虑到现场离其车辆只有百米左右的距离，便自行携带样品快速赶往车辆，将样品放置于车载冰箱中。后经检验，该样品菌落总数超标。企业在收到结果后，提出异议，声称抽样人员未按照样品保存条件运输样品导致样品菌落总数超标，并提供了抽样人员现场运送样品的视频。最终导致不合格报告被撤销。

问题分析 抽样人员未及时将样品放置于车载冰箱中。

不符合规范 该行为不符合《食品安全抽样检验管理办法》第二十条，对有特殊贮存和运输要求的样品，抽样人员应当采取相应措施，保证样品贮存、运输过程符合国家相关规定和包装标示的要求，不发生影响检验结论的变化。

案例9：某检测机构进行针对农贸市场的抽样工作，随机对王某摊位的猪肉进行抽样。一开始王某对抽样工作非常配合，但在要求王某在抽样文书上签字时，旁边摊位的李某劝王某不要签字，表示没有义务配合抽样。在李某的挑唆下，王某认为自己有权力拒绝抽样工作，于是决定不配合抽样。抽样人员再三劝说，向其说明食品经营者配合抽检工作的义务和拒绝抽检的后果，但是由于李某多次挑唆，王某最终还是不愿配合抽样，导致抽样工作无法进行下去。王某和李某也因拒检行为，被有关主管部门责令停业，并处以一定金额的罚款。

问题分析　经营者拒绝或阻挠抽样工作。

不符合规范　上述两人的行为不符合《食品安全抽样检验管理办法》第四条中以下内容：食品生产经营者是食品安全第一责任人，应当依法配合市场监督管理部门组织实施的食品安全抽样检验工作。不符合第十九条中以下内容：被抽样食品生产经营者应当在食品安全抽样文书上签字或者盖章，不得拒绝或者阻挠食品安全抽样工作。

案例10：某检验机构进行餐饮环节的抽样，要对一家餐厅进行抽样，抽到一个韭菜样品。在询问该餐厅负责人样品信息时，该负责人表示该韭菜是当天从附近某农贸市场购进，因为嫌麻烦并没有保存相关进货凭证。后经检验该样品氧乐果参数超标，检测结果不合格。由于该餐厅未保存相关进货凭证，无法追溯到该样品的供货方及种植户。

问题分析　该餐厅未保存相关进货凭证。

不符合规范　该餐厅的行为不符合《中华人民共和国食品安全法》第五十三条中相关内容：食品经营企业应当建立食品进货查验记录制度，如实记录食品的名称、规格、数量、生产日期或者生产批号、保质期、进货日期以及供货者名称、地址、联系方式等内容，并保存相关凭证。

案例11：某地市场监督管理局委托食品第三方检测机构对当地流通环节进行监督抽检，抽检方案要求抽检蔬菜10批次，且需要录入国家食品安全抽检监测信息系统。现场抽样时，陪同的市场监督人员要求抽取马铃薯样品，抽样人员提出马铃薯样品无法录入国家食品安全抽样检验信息系统，建议不予抽样。该市场监管人员依然坚持抽样，言明往常都是如此抽样。抽样人员只好抽取该样品。样品运抵至公司后，确属无法录入系统而作废，重新补抽。

问题分析　虽然抽样人员在现场及时向陪同的市场监管人员建议不予抽取马铃薯样品，但由于对监管人员的绝对盲从，导致最终样品作废。

不符合规范　超出《国家食品安全监督抽检实施细则》蔬菜类别范围。

案例12：某地市场监督管理局委托食品第三方检测机构对当地小食杂店经营的桶装水进行“应急投诉”监督抽检，检测项目包含微生物参数。现场抽样时，经检查，抽样人员发现该小食杂店经营的桶装水存在密封性差的情况，于是当场向陪同的市场监管人员建议最好不予抽样。但市场监管人员考虑到此次抽检为应急投诉，且认为包装密封性差不代表微生物会超标，言明如果最终因为包装密封性差而导致微生物超标，不会给予处罚。现场抽样人员只能挑选同一批次密封较完整的桶装水进行抽样，并在整个运输过程中对样品采取了妥善的保护。后经检测，该批次桶装水样品铜绿假单胞菌参数不合格。该地市场监管人员根据核查处置原则，对该小食杂店进行了处罚。该小食杂店提出异议，称抽样人员抽样不规范，抽取的样品为不密封样品，导致微生物参数超标，并向法院起诉，至今悬而未决。

问题分析　虽说抽样人员在现场及时向陪同的市场监管人员建议最好不予抽样，但由于对监管人员的绝对盲从，导致最终核查处置流程无法进行下去。

案例13：某检验机构在某餐饮单位抽样，对该餐饮单位鱼缸中的鲫鱼进行抽检，后经检测该鲫鱼“氯霉素”参数不合格。该餐饮单位提出异议，声称当时其鱼缸中的鲫鱼分别是从A单位和B单位两个不同的单位购进，并怀疑当时抽样人员所抽鲫鱼既有从A单位购进又有从B单位购进，认为抽样人员没有从同一批次产品中抽取样品，抽样不规范。最终该检验机构撤销不合格报告。

问题分析　抽样人员在询问购进单位时不够仔细，未从同一批次水产品中抽取样品。

不符合规范　不符合《国家食品安全监督抽检实施细则》中关于水产品抽样方法及数量的相关规定。

案例14：某检验机构一次抽检某生产企业产品时，现场严格按照抽样规范抽取样品，封样，填写单据后，将告知书、抽样单、纪律反馈单交受检单位负责人。后经检验，抽取样品不合格。企业在收到检验报告后，提出异议，声称抽检人员未向其出示《国家食品安全抽样检验任务委托书》，抽样程序违法，本次抽检无效。经查，抽样人员确实没有向其出示委托书。最终，本次抽检结果被撤销。

问题分析　抽样人员在抽样过程中未向被抽样单位出示《国家食品安全抽样检验任务委托书》。

不符合规范　该行为不符合《食品安全抽样检验管理办法》第十四条中相关

规定：抽样人员执行现场抽样任务时不得少于 2 人，并向被抽样食品生产经营者出示抽样检验告知书及有效身份证明文件。由承检机构执行抽样任务的，还应当出示任务委托书。

附　录

一、食品中可能存在的本底物质

部分食品或食品原料本身并未添加某种食品添加剂或某类化学物质，但终产品却有检出。可能来源于原料本身的天然存在，或来源于环境污染、原辅料污染、包装材料迁移，或在动植物生长过程中代谢产生、食品加工工程中微生物代谢生成（如发酵工艺等）。以下汇总了常见的可能存在本底物质的食品情况（附表 1）。

附表1　可能存在本底物质的食品汇总一览表

序号	食品及食品原料	可能存在的本底物质
1	乳制品及含乳食品（如奶粉、干酪等）、水果干品（如干红枣、蔓越莓等）、蜂产品（如蜂蜜、蜂王浆等）、发酵食品（如葡萄酒、酸奶、黄酒、豆豉）等、香辛料（如花椒等）	苯甲酸
2	香辛料（如葱、蒜、八角等）、水产品、畜肉（如猪肉、牛肉等）、酒类（如葡萄酒、果酒等）	二氧化硫
3	水产品、食用菌（如香菇）	甲醛
4	藻类及其制品、水产干制品、粮食及粮食加工品（如面条、馒头等）、花椒、茶叶、水果制品、蔬菜制品等	铝
5	肉及肉制品、水产品	硝酸盐
6	小麦粉、畜禽肉、水产品	磷酸盐
7	畜禽肉、水产品等	亚硝酸盐
8	乳及乳制品	硫氰酸钠
9	豆类及豆类制品（如各种干豆、腐竹、豆皮等）、粮食及粮食加工品（如面条、馒头等）、速冻面米食品（如汤圆、水饺等）	硼酸/硼砂/硼
10	豆类及豆类制品（如各种干豆、腐竹、豆皮等）	铜
11	小麦粉	二氧化钛
12	甲壳类水产品（如梭子蟹、河虾等）	呋喃西林代谢物

另外，以下产品标准中列举了特定食品中可能存在的本底数据，在平时工作中可以借鉴和引用。

（1）NY/T 843—2015 绿色食品畜禽肉制品，亚硝酸盐（以 $NaNO_2$ 计）＜ 4mg/kg。

（2）NY/T 898—2016 绿色食品含乳饮料，苯甲酸及其钠盐（以苯甲酸计）≤ 10mg/kg。

（3）GB/T 21732—2008 含乳饮料，苯甲酸≤ 30mg/kg。

（4）GB/T 13662—2018 黄酒，苯甲酸≤ 50mg/kg（标准中备注黄酒发酵及贮存过程中自然产生的苯甲酸）。

（5）GB/T 15037—2006 葡萄酒，苯甲酸≤ 50mg/kg。

备注：本材料只依据现有资料列举了可能的本底情况，但因客观情况不能给出具体的水平值，也未能囊括可能存在的其他所有本底情况，这需要我们在工作开展中不断积累和发现分析。

二、国家禁限用农药名录

《农药管理条例》规定，农药生产应取得农药登记证和生产许可证，农药经营应取得经营许可证，农药使用应按照标签规定的使用范围、安全间隔期用药，不得超范围用药。剧毒、高毒农药不得用于防治卫生害虫，不得用于蔬菜、瓜果、茶叶、菌类、中草药材的生产，不得用于水生植物的病虫害防治。

2019 年 11 月 29 日，农业农村部农药管理司整理公布了禁限用农药名录，具体如附表 2 和附表 3。

附表2　禁止（停止）使用的农药（46种）

六六六、滴滴涕、毒杀芬、二溴氯丙烷、杀虫脒、二溴乙烷、除草醚、艾氏剂、狄氏剂、汞制剂、砷类、铅类、敌枯双、氟乙酰胺、甘氟、毒鼠强、氟乙酸钠、毒鼠硅、甲胺磷、对硫磷、甲基对硫磷、久效磷、磷胺、苯线磷、地虫硫磷、甲基硫环磷、磷化钙、磷化镁、磷化锌、硫线磷、蝇毒磷、治螟磷、特丁硫磷、氯磺隆、胺苯磺隆、甲磺隆、福美胂、福美甲胂、三氯杀螨醇、林丹、硫丹、溴甲烷、氟虫胺、杀扑磷、百草枯、2,4-滴丁酯

注：氟虫胺自2020年1月1日起禁止使用。百草枯可溶胶剂自2020年9月26日起禁止使用。2,4-滴丁酯自2023年1月29日起禁止使用。溴甲烷可用于“检疫熏蒸处理”。杀扑磷已无制剂登记。

附表3 在部分范围禁止使用的农药（20种）

通用名	禁止使用范围
甲拌磷、甲基异柳磷、克百威、水胺硫磷、氧乐果、灭多威、涕灭威、灭线磷	禁止在蔬菜、瓜果、茶叶、菌类、中草药材上使用，禁止用于防治卫生害虫，禁止用于水生植物的病虫害防治
甲拌磷、甲基异柳磷、克百威	禁止在甘蔗作物上使用
内吸磷、硫环磷、氯唑磷	禁止在蔬菜、瓜果、茶叶、中草药材上使用
乙酰甲胺磷、丁硫克百威、乐果	禁止在蔬菜、瓜果、茶叶、菌类和中草药材上使用
毒死蜱、三唑磷	禁止在蔬菜上使用
丁酰肼（比久）	禁止在花生上使用
氰戊菊酯	禁止在茶叶上使用
氟虫腈	禁止在所有农作物上使用（玉米等部分旱田种子包衣除外）
氟苯虫酰胺	禁止在水稻上使用

三、国家禁限用兽药及水产养殖用药清单

1.食品动物中禁止使用的药品及其他化合物

为进一步规范养殖用药行为，保障动物源性食品安全，根据《兽药管理条例》有关规定，农业农村部于2020年01月06日发布了关于食品动物中禁止使用的药品及其他化合物清单（附表4）的第250号文件，且自发布之日起施行，同时废止原农业部公告第193号、235号、560号等文件中的相关内容。

附表4 食品动物中禁止使用的药品及其他化合物文件清单

序号	药品及其他化合物名称
1	酒石酸锑钾（antimony potassium tartrate）
2	β-兴奋剂（β-agonists）类及其盐、酯
3	汞制剂：氯化亚汞（甘汞）（calomel）、醋酸汞（mercurous acetate）、硝酸亚汞（mercurous nitrate）、吡啶基醋酸汞（pyridyl mercurous acetate）
4	毒杀芬（氯化烯）（camahechlor）
5	卡巴氧（carbadox）及其盐、酯
6	呋喃丹（克百威）（Carbofuran）
7	氯霉素（chloramphenicol）及其盐、酯
8	杀虫脒（克死螨）（chlordimeform）
9	氨苯砜（dapsone）

续表

序号	药品及其他化合物名称
10	硝基呋喃类：呋喃西林（furacilinum）、呋喃妥因（furadantin）、呋喃它酮（furaltadone）、呋喃唑酮（furazolidone）、呋喃苯烯酸钠（nifurstyrenate sodium）
11	林丹（lindane）
12	孔雀石绿（malachite green）
13	类固醇激素：醋酸美仑孕酮(melengestrol Acetate)、甲基睾丸酮(methyltestosterone)、群勃龙（去甲雄三烯醇酮）(trenbolone)、玉米赤霉醇（zeranal）
14	安眠酮（methaqualone）
15	硝呋烯腙（nitrovin）
16	五氯酚酸钠（pentachlorophenol sodium）
17	硝基咪唑类：洛硝达唑（ronidazole）、替硝唑（tinidazole）
18	硝基酚钠（sodium nitrophenolate）
19	己二烯雌酚（dienoestrol）、己烯雌酚（diethylstilbestrol）、己烷雌酚（hexoestrol）及其盐、酯
20	锥虫砷胺（tryparsamile）
21	万古霉素（vancomycin）及其盐、酯

2.食品动物中停止使用的兽药

附表5　食品动物中停止使用的兽药

序号	名称	依据
1	洛美沙星、培氟沙星、氧氟沙星、诺氟沙星等四种兽药的原料药的各种盐、酯及其各种制剂	农业部公告第 2292 号
2	噬菌蛭弧菌微生态制剂（生物制菌王）	农业部公告第 2294 号
3	非泼罗尼及相关制剂	农业部公告第 2583 号
4	喹乙醇、氨苯胂酸、洛克沙胂等 3 种兽药的原料药及各种制剂	农业部公告第 2638 号

3.水产养殖用药清单

截至2020年6月30日，农业农村部渔业渔政管理局、中国水产科学研究院、全国水产技术推广总站整理汇总了水产养殖用药清单，具体如附表6。

附表6　水产养殖用药清单

序号	名称	依据	休药期
抗生素			
1	甲砜霉素粉*	A	500 度日
2	氟苯尼考粉*	A	375 度日

续表

序号	名称	依据	休药期
3	氟苯尼考注射液	A	375 度日
4	氟甲喹粉*	B	175 度日
5	恩诺沙星粉（水产用）*	B	500 度日
6	盐酸多西环素粉（水产用）*	B	750 度日
7	维生素 C 磷酸酯镁盐酸环丙沙星预混剂	B	500 度日
8	硫酸新霉素粉（水产用）*	B	500 度日
9	磺胺间甲氧嘧啶钠粉（水产用）*	B	500 度日
10	复方磺胺嘧啶粉（水产用）*	B	500 度日
11	复方磺胺二甲嘧啶粉（水产用）*	B	500 度日
12	复方磺胺甲噁唑粉（水产用）*	B	500 度日
驱虫和杀虫药			
13	复方甲苯咪唑粉	A	150 度日
14	甲苯咪唑溶液（水产用）*	B	500 度日
15	地克珠利预混剂（水产用）	B	500 度日
16	阿苯达唑粉（水产用）	B	500 度日
17	吡喹酮预混剂（水产用）精制敌百虫粉（水产用）	B	500 度日
18	辛硫磷溶液（水产用）*	B	500 度日
19	敌百虫溶液（水产用）*	B	500 度日
20	精致敌百虫粉（水产用）*	B	500 度日
21	盐酸氯苯胍粉（水产用）	B	500 度日
22	氯硝柳胺粉（水产用）	B	500 度日
23	硫酸锌粉（水产用）	B	未规定
24	硫酸锌三氯异氰脲酸粉（水产用）	B	未规定
25	硫酸铜硫酸亚铁粉（水产用）	B	未规定
26	氰戊菊酯溶液（水产用）*	B	500 度日
27	溴氰菊酯溶液（水产用）*	B	500 度日
28	高效氯氰菊酯溶液（水产用）*	B	500 度日
抗真菌剂			
29	复方甲霜灵粉	C2505	240 度日
消毒剂			
30	三氯异氰脲酸粉	B	未规定
31	三氯异氰脲酸粉（水产用）	B	未规定
32	戊二醛苯扎溴铵溶液（水产用）	B	未规定
33	稀戊二醛溶液（水产用）	B	未规定
34	浓戊二醛溶液（水产用）	B	未规定

续表

序号	名称	依据	休药期
35	次氯酸钠溶液（水产用）	B	未规定
36	过碳酸钠（水产用）	B	未规定
37	过硼酸钠粉（水产用）	B	0度日
38	过氧化钙粉（水产用）	B	未规定
39	过氧化氢溶液（水产用）	B	未规定
40	含氯石灰（水产用）	B	未规定
41	苯扎溴铵溶液（水产用）	B	未规定
42	癸甲溴铵碘复合溶液聚维酮碘溶液（Ⅱ）	B	未规定
43	高碘酸钠溶液（水产用）	B	未规定
44	蛋氨酸碘粉	B	虾0日
45	蛋氨酸碘溶液	B	鱼虾0日
46	硫代硫酸钠粉（水产用）氯硝柳胺粉（水产用）	B	未规定
47	硫酸铝钾粉（水产用）	B	未规定
48	碘附（Ⅰ）	B	未规定
49	复合碘溶液（水产用）	B	未规定
50	溴氯海因粉（水产用）	B	未规定
51	聚维酮碘溶液（Ⅱ）	B	未规定
52	聚维酮碘溶液（水产用）	B	500度日
53	复合亚氯酸钠粉	C2236	0度日
54	过硫酸氢钾复合物粉	C2357	无
中药材和中成药			
55	大黄末	A	未规定
56	大黄芩鱼散	A	未规定
57	虾蟹脱壳促长散	A	未规定
58	穿梅三黄散	A	未规定
59	蚌毒灵散	A	未规定
60	七味板蓝根散	B	未规定
中药材和中成药			
61	大黄末（水产用）	B	未规定
62	大黄解毒散	B	未规定
63	大黄芩蓝散	B	未规定
64	大黄侧柏叶合剂	B	未规定
65	大黄五倍子散	B	未规定
66	三黄散（水产用）	B	未规定
67	山青五黄散	B	未规定

续表

序号	名称	依据	休药期
68	川楝陈皮散	B	未规定
69	六味地黄散（水产用）	B	未规定
70	六味黄龙散	B	未规定
71	双黄白头翁散	B	未规定
72	双黄苦参散	B	未规定
73	五倍子末	B	未规定
74	五味常青颗粒	B	未规定
75	石知散（水产用）	B	未规定
76	龙胆泻肝散（水产用）	B	未规定
77	加减消黄散（水产用）	B	未规定
78	百部贯众散	B	未规定
79	地锦草末	B	未规定
80	地锦鹤草散	B	未规定
81	芪参散	B	未规定
82	驱虫散（水产用）	B	未规定
83	苍术香连散（水产用）	B	未规定
84	扶正解毒散（水产用）	B	未规定
85	肝胆利康散	B	未规定
86	连翘解毒散	B	未规定
87	板黄散	B	未规定
88	板蓝根末	B	未规定
89	板蓝根大黄散	B	未规定
90	青莲散	B	未规定
91	青连白贯散	B	未规定
92	青板黄柏散	B	未规定
93	苦参末	B	未规定
94	虎黄合剂	B	未规定
中药材和中成药			
95	虾康颗粒	B	未规定
96	柴黄益肝散	B	未规定
97	根莲解毒散	B	未规定
98	清健散	B	未规定
99	清热散（水产用）	B	未规定
100	脱壳促长散	B	未规定
101	黄连解毒散（水产用）	B	未规定

续表

序号	名称	依据	休药期
102	黄芪多糖粉	B	未规定
103	银翘板蓝根散	B	未规定
104	雷丸槟榔散	B	未规定
105	蒲甘散	B	未规定
106	博落回散	C2374	未规定
107	银黄可溶性粉	C2415	未规定
疫苗			
108	草鱼出血病灭活疫苗	A	未规定
109	草鱼出血病活疫苗（GCHV-892 株）	B	未规定
110	牙鲆鱼溶藻弧菌、鳗弧菌、迟缓爱德华氏菌病多联抗独特型抗体疫苗	B	未规定
111	嗜水气单胞菌败血症灭活疫苗	B	未规定
112	鱼虹彩病毒病灭活疫苗	C2152	未规定
113	大菱鲆迟缓爱德华氏菌活疫苗（EIBAV1 株）	C2270	未规定
114	大菱鲆鳗弧菌基因工程活疫苗（MVAV6203 株）	D158	未规定
115	鳜传染性脾肾坏死病灭活疫苗（NH0618 株）	D253	未规定
维生素类			
116	亚硫酸氢钠甲萘醌粉（水产用）	B	未规定
117	维生素 C 钠粉（水产用）	B	未规定
生物制品			
118	注射用促黄体素释放激素 A_2	B	未规定
119	注射用促黄体素释放激素 A_3	B	未规定
120	注射用复方鲑鱼促性腺激素释放激素类似物	B	未规定
121	注射用复方绒促性素 A 型（水产用）	B	未规定
122	注射用复方绒促性素 B 型（水产用）	B	未规定
123	注射用绒促性素（I）	B	未规定
其他			
124	多潘立酮注射液	B	未规定
125	盐酸甜菜碱预混剂（水产用）	B	0 度日

备注：1.本材料参考了农业农村部于2020年9月发布的《水产养殖用药明白纸2020年2号》。已批准的兽药名称、用法用量和休药期以兽药典、兽药质量标准和相关公告为准，本材料仅供参考。2.代码解释：A.兽药典2015年版；B.兽药质量标准2017年版；C.农业部公告；D.农业农村部公告。3.休药期中“度日”是指水温与停药天数乘积，如某种兽药休药期为500度日，当水温25℃时，至少需停药20天以上，即25℃×20日=500度日。4.兽药名称、用法、用量和休药期等以相关文件或兽药标签和说明书为准。5.带*的兽药，为凭借执业兽医处方可以购买和使用的兽用处方药。

图书在版编目（CIP）数据

常见食品安全风险因子速查指南 / 尤坚萍主编. — 杭州 ： 浙江大学出版社，2020.11
ISBN 978-7-308-20724-9

Ⅰ. ①常… Ⅱ. ①尤… Ⅲ. ①食品安全－风险管理－指南 Ⅳ. ①TS201.6-62

中国版本图书馆CIP数据核字（2020）第208458号

常见食品安全风险因子速查指南
尤坚萍 主编

责任编辑 潘晶晶
责任校对 殷晓彤
封面设计 周 灵
出版发行 浙江大学出版社
（杭州市天目山路148号 邮政编码 310007）
（网址：http：//www.zjupress.com）
排 版 杭州林智广告有限公司
印 刷 广东虎彩云印刷有限公司绍兴分公司
开 本 710mm×1000mm 1/16
印 张 15.25
字 数 257千
版 印 次 2020年11月第1版 2020年11月第1次印刷
书 号 ISBN 978-7-308-20724-9
定 价 62.00元

浙江大学出版社市场运营中心联系方式：0571-88925591；http：//zjdxcbs.tmall.com